啤酒品飲
聖經

25種關鍵香氣、50種重要類型、數千家釀酒廠、一萬年歷史
全球最權威的啤酒指南

蘭迪‧穆沙（Randy Mosher）著
鍾偉凱（Victor Chung）譯
林幼航 審訂

Tasting Beer

25種關鍵香氣、50種重要類型、數千家釀酒廠、一萬年歷史

全球最權威的啤酒指南

Beer

啤酒品飲聖經

蘭迪‧穆沙（Randy Mosher）著 ｜ 鍾偉凱（Victor Chung）譯 ｜ 林幼航 審訂

積木文化

VV0059
啤酒品飲聖經

原 書 名／Tasting Beer: An Insider's Guide
　　　　　to the World's Greatest Drink
著 者／蘭迪・穆沙（Randy Mosher）
審 訂／林幼航
譯 者／鍾偉凱

啤酒品飲聖經 / 蘭迪.穆沙(Randy Mosher)著；
鍾偉凱譯. -- 初版. -- 臺北市：積木文化出版：
家庭傳媒城邦分公司發行, 民105.05
　　面；　公分. -- (不歸類；VV0059)
譯自：Tasing beer : an insider's guide to the
world's greatest drink
ISBN 978-986-459-040-7(平裝)
1.啤酒 2.品酒
463.821　　　　　　　　　　　　　105008210

總 編 輯／王秀婷
責 任 編 輯／魏嘉儀
版 權／向艷宇
行 銷 業 務／黃明雪

發 行 人／涂玉雲
出 版／積木文化
　　　　104台北市民生東路二段141號5樓
　　　　官方部落格：http://cubepress.com.tw/
　　　　電話：(02) 2500-7696　　傳真：(02) 2500-1953
　　　　讀者服務信箱：service_cube@hmg.com.tw
發 行／英屬蓋曼群島商家庭傳媒股份有限公司城邦分公司
　　　　台北市民生東路二段141號11樓
　　　　讀者服務專線：(02)25007718-9　　24小時傳真專線：(02)25001990-1
　　　　服務時間：週一至週五上午09:30-12:00、下午13:30-17:00
　　　　郵撥：19863813　　戶名：書蟲股份有限公司
　　　　網站：城邦讀書花園　網址：www.cite.com.tw
香港發行所／城邦（香港）出版集團有限公司
　　　　香港灣仔駱克道193號東超商業中心1樓
　　　　電話：852-25086231　　傳真：852-25789337
　　　　電子信箱：hkcite@biznetvigator.com
馬新發行所／城邦（馬新）出版集團
　　　　Cite (M) Sdn Bhd
　　　　41, Jalan Radin Anum, Bandar Baru Sri Petaling,
　　　　57000 Kuala Lumpur, Malaysia.
　　　　Tel: (603) 90578822　Fax:(603) 90576622
　　　　email:cite@cite.com.my

美 術 設 計　　許瑞玲
內 頁 排 版　　陳素芳
製 版 印 刷　　上晴彩色印刷製版有限公司

2016年6月16日 初版一刷
2018年7月31日 初版二刷
售價／NT$550
ISBN：978-986-459-040-7

目錄

誌謝

這樣一本書只有在北美地區繞著傑出啤酒打轉的社群裡才得以誕生。本書幕後推手實在族繁不及備載，推手們，我想你們知道我說的就是你。

在此特別感謝：西伯爾學院（Sieble Institute）的 Lyn Kruger 與 Keith Lemcke，他們提供許多技術資訊，並允許我把他們的學生當作磨刀石，磨練我的技巧與故事。謝謝我的技術編輯 Stan Hieronymus 和許多協助校閱部分章節或全書的人，包括：Ed Bronson、Steve Hamburg 與 Tom Schmidlin。謝謝 Dick Cantwell、Adam Ellis、Ken Grossman、Jim Koch、Marty Jones、Mark Linsner、Andy Musser 與 Charlie Papazian 提供各種趣聞。另外，特別感謝為我拍攝肖像的 Jonathan Levin。

其他讓本書順利起步的包括 Sam Calagione、我的經紀人 Clare Pelino，以及 Storey 出版社的好夥伴：Margaret Sutherland、Molly Jackel、Sarah Guare 與 Dan Williams。感謝 Ray Daniels 的想法見識、友誼與持續督促。也感謝已逝的酒書作家麥可・傑克森（Michael Jackson）提供我關於出版世界與種種成就的扼要洞見。

如果沒有精釀與業餘釀酒師社群，包括我所屬芝加哥啤酒學會（Chicago Beer Society）的溫暖支持，這本書也不可能出版。當然，也要向我的太太 Nancy 與其他家人致上無盡感謝。祝福大家。

推薦序

當我遇見蘭迪‧穆沙（Randy Mosher）時，他正拿著榔頭，帶著瘋狂的笑容向我走來。那時我們身在 1998 年的芝加哥真愛爾啤酒節（Chicago's Real Ale Festival），而他正協助準備未過濾、未滅菌、自然充氣的真愛爾。他的熱忱富有感染力——就和酒桶裡的啤酒一樣鮮活。之後的五年，隨著我們共同參與啤酒製造商協會（Brewers Association）理事，我也更加認識蘭迪。他不僅為自己贏得美國自釀者協會（American Homebrewers Association）的代表身分，隨著時間，他的觀點、博學和熱情明顯征服了整個啤酒迷與釀酒師的世界，不論是狂熱啤酒迷、業餘或專業人士。蘭迪是一位真正的啤酒傳道士。他用本書以及生活大小層面，一杯接一杯地拯救靈魂。

本書以不致嚇跑啤酒新手的程度，描述技術與科學資訊，探討選擇及飲用啤酒的經驗。蘭迪沒有鼓吹他的個人偏好，反而讚揚人們味覺就如雪花一般，每一片都獨一無二。啤酒歷史、釀造科學、品飲與品評原則、啤酒類型、食物搭配、術語等，全都在這兒了。本書就像一只滿盈知識的帝國品脫杯。希望本書除了啤酒愛好者之外，在專業人士書架上也有專屬位置。我實在想不到有什麼更好工具書，能同時幫助釀酒師、酒保、品飲家、主廚、銷售人員等等種啤酒界同好增進啤酒智商了。

雖然啤酒的歷史其實和葡萄酒一樣古老，啤酒類型及風味更比葡萄酒多，但啤酒仍被太多老饕和品飲家看做是普通而不複雜的飲品。蘭迪用本書致力消除這種迷思。世界各地暢銷的啤酒多數屬於稍作變化的淡拉格類型，但蘭迪指出在德國〈啤酒純粹令〉（Reinheitsgebot）頒布的幾世紀前，啤酒曾以各種原料釀製，如蜂蜜、香桃木、蔓越莓和芫荽子（coriander）等。今日的精釀啤酒廠正復興這項古代傳統，使用香料、藥草、糖、水果及更多其他食材。蘭迪對各式形色、令人興奮的啤酒（從富異國情調的怪酒款，到廣受歡迎的經典類型）都一視同仁地討論。

隨著國際啤酒文化進展，這些令人興奮的精釀啤酒，逐漸獲得遠勝於集團企業型的量產淡啤酒的成長與認可，讀畢本書便能知其原委。啤酒文化極端多樣、出色而微妙。就像蘭迪說的：「正如任何藝術，啤酒必須在適當脈絡下，才真正引人入勝。」本書無疑就是這個脈絡。邊讀邊喝這世上最傳奇，也最受人喜愛的成人飲品吧，乾杯！

——山姆‧卡拉喬尼（Sam Calagione）
Dogfish Head Craft Brewery 的擁有者
與《釀出門生意》（*Brewing Up a Business*）的作者

前言

當你翻開本書時,也讓手裡握有一杯盛滿啤酒的玻璃杯吧。湊近看,細究液體的鮮豔色彩與些許黏性;觀察光線如何在亮處閃耀;端詳泡泡如何形成,並慵懶地穿越啤酒浮升,加入頂部綿密的泡沫。

將啤酒湊近鼻子,但先在這裡停一下,吸口氣並玩味香氣。感受如麵包、焦糖或烘焙香的麥芽基底,和呈現對比的啤酒花清新植物氣息,以及混合了廚房香料和水果、土地與樹木的種種氣味。這些香氣可以挑動潛藏在被遺忘記憶角落中的歡樂神經,如其他任何形式的藝術體驗一樣有力量。

最後,嘗一口吧,入口的啤酒或清涼爽冽,或溫暖豐厚。體會風味的第一印象,以及二氧化碳略帶酸味的刺激。隨著啤酒在口中回溫,它會釋放新一輪風味與感受:麥芽甜味、帶明亮藥草調性的啤酒花、些許烤麵包氣息。所有風味一起營造出漸強的苦甜感。這並不僅只是嘗一口,而是不斷開展與演變的戲劇性體驗。輕吸一口氣便能激發新的啤酒香氣層次,而這份愉悅已被人類共享了數千年。

如果能從這些感受讀出意涵,就如同整個啤酒釀造歷程在眼前開展,一路從金色大麥田,到充滿蒸汽的釀酒間,以及人類最早馴化的微生物——酵母的辛勤工作。

綿延餘韻是輝煌的最終樂章,帶著幾許悠長的樹脂、烤麵包或蜂蜜氣息,最後或許以喉中一股柔和溫暖的酒精感結尾。只見剩下的空杯,覆蓋著一抹輕挑的蕾絲……。

手裡沒啤酒,
千萬別閱讀本書

歡迎來到啤酒世界

我願啤酒總是叫人著迷，而好啤酒也真能如此。老實說，啤酒經常沒能受到應有的注意，而我們也因此損失不少。就像生活的任何面向，享受啤酒的極致風味，需要知識、經驗與恰當的心情。

這並不表示學習和欣賞啤酒是件苦差事。反之，這大概是最令人愉快的經驗之一。啤酒或許看似平凡，但絕不簡單。為了盡情發掘啤酒，你得花點心力了解它。而本書便以具邏輯、系統的方式，呈現最美妙的啤酒體驗。

任何穀物能生長的地方幾乎都有釀造啤酒，但諷刺的是，如今獨獨漏了它曾經在中東的家鄉。它跨足了神聖與世俗，同時熱情地參與古代宗教聖禮，以及喧囂的聯誼狂歡。無論是作為安全飲水的來源、提供必要養分，或是當作稀有昂貴的奢侈品，啤酒總能滿足每個需求與每份隨興。啤酒可能以鐮刀收割，在簍中釀製，以蘆桿飲用，或在自動化的先進啤酒廠中簡單按個鈕變出來。啤酒可能是千篇一律的工業化商品，或是和最好的葡萄酒一樣成為令人驚豔與珍愛的工藝作品。色淺、色深，酒烈、酒輕，氣泡多、氣泡少，罐裝、瓶裝或桶裝，啤酒早已順利適應每個角色，而且演繹得極為出色。啤酒就是這樣的普世飲品。

然而，即便有這樣的經歷，人們對啤酒的認識仍然少得令人吃驚。縱使是最基礎的概念也模糊不清：「什麼是啤酒？」「它是用什麼做的？」「為什麼有的啤酒顏色好深？」如果我們繼續一無所知，就會被困在有限的啤酒世界，並錯過很多樂趣，像是哪款啤酒能完美的搭配烤肉三明治，或何時可以退回變質的啤酒。我們需要一些資訊來開啟非凡的啤酒天地。

啤酒是個複雜的主題，若是論其杯中物的成分究竟為何，可以說是比葡萄酒更難掌握。啤酒可由數十種以千百樣方式處理的原料釀成。不同於葡萄酒釀酒師，啤酒釀酒師以設計酒譜創造自己的產品。每款啤酒的釀造過程需要不斷作出抉擇，如果熟知釀造歷程，便可從杯裡嘗到釀酒師做的每項選擇。數十種的啤酒類型並不是固定如燈塔的指標，而是隨世代浪潮漂移的沙洲，每種類型都有它的過去、現在和未來。最後，啤酒的錯誤訊息也充斥各處。

麥酒與瓊漿生氣勃勃，使我的繆思勇冠赫克特（Hector）
——理查・布雷斯韋特（Richard Brathwaite）《巴納拜遊記》（*Barnabae Itinerarium*, 1638）

啤酒的深度與廣度

本書希望用簡約且視覺化的方式介紹啤酒，化身為工具讓你進一步了解啤酒的廣博世界，更重要的是，幫助你享受啤酒。

啤酒的歷史起源比文明更早，期間啤酒不斷地形塑我們，正如我們塑造啤酒。了解我們與啤酒間的關係，便可掌握它在社會扮演眾多角色的關鍵，也可以了解為何啤酒家族包括眾多的色彩、強度與風味。啤酒操之在人類手中。它不遷就於良好的地塊或特定地理環境。製麥者和釀酒師一次次的抉擇創造出香氣、風味、質地和色彩，將幾樣簡單的物品轉變成精緻的藝術作品。任何有技術、熱情和創意的人，都能學習釀造傑出的啤酒。反之，品飲者對啤酒的每一瞥、每一絲氣息和玩味再三的每一口，都可以凝視至釀酒師的靈魂深處。這一切都倚仗我們人類，而非上蒼賜與——這也是啤酒最大的樂趣之一。

身為熱愛啤酒人士，可能你偶爾會受邀介紹它的迷人之處。記住，就像所有事物，決定成敗的關鍵有一半來自於如何「呈現」。我沒有在開玩笑。一款傑出啤酒能在最佳環境，以剛好的溫度倒入完美的杯具，絕對應該是我們的終極目標。任何欠缺的情況都可能會蒙蔽釀酒師和飲者。讀完本書，再加上多次練習後，你將會開始深入了解一杯佳釀啤酒應具備的各種要素，並徹底享受這杯美好。

啤酒共同體

德文 Gemütlichkeit 意為「溫馨感」，最常用來描述溫暖愉悅的氣氛，就像身在美國威斯康辛（Wisconsin）以圓木和動物標本裝飾的酒吧裡。這是個很棒的單字，我喜歡把這個字更重要的意涵廣義地想成「親屬感」。那是一種舒適的群體感受，在某些場合，人們會放下歧見與猜疑，致力於待人和善。捷克、荷蘭、俄羅斯與丹麥的語言中都有相似概念，但英語得借用德語的說法。

我想這一定和啤酒有點關係。看看布勒哲爾（Breughel）畫作中生活困苦且充滿挑戰的法蘭德斯（Flanders）農夫，他們在喝啤酒跳舞時的無比歡樂。凡是有壺啤酒的地方，文明與禮儀就成長茁壯。啤酒讓人在共通點上團結，幾千年來始終如此。啤酒也讓人們在商業沙場中發展出友情。在商場競爭者就像冷戰時期彼此憎惡的年代中，啤酒業卻很難看到這種相互怨恨。行銷人員可能會彼此拼命，釀酒師卻能稱兄道弟。或許這就是因為他們知道自己的

> **烈白酒使言語交鋒落得劍拔弩張，**
> **爭吵打斷飲宴：**
> **但幾桶匕首愛爾平息許多爭端，**
> **化斥罵為歡顏。**
> ——作者不詳，《愛爾頌》（*In Praise of Ale,*
> *1888*），古英語啤酒詩集

彼得‧布勒哲爾（Pieter Bruegel）〈收割者〉（The Harvesters, 1565）
不管收割的是小麥或大麥，想必總會有些變成當地啤酒。注意協助工作進行的那幾大壺啤酒。

營生事業能帶給許多人快樂，並以身為這樣小團體的一員而滿足吧。

今日啤酒

對啤酒來說，今日正處於有趣的時刻。真正的經典啤酒仍在，但在歐洲，經典類型啤酒必須在暢銷大眾市場百年的皮爾森啤酒（Pilsner）洪流下掙扎求生。大型酒廠變得更大、更平淡、更國際化。較小型酒廠的情況則尤其艱難。許多經典老酒廠被不懂得欣賞它們迷人之處的大廠吞併，而結果往往都是一場災難。傳說中的酒廠關閉了，人們喜愛的啤酒也變得面目全非。即便如此，隨著時間演進，啤酒的嶄新未來一樣正在成形。小型啤酒釀造商正在為人數有限但鑑賞力高的客群，生產富有特色、令人振奮的產品。在英格蘭，一度是國飲的真愛爾（real ale）如今成為一種特色啤酒。在消費、駕車限制及其他因素驅使下，還逐漸形成一股不在酒吧（pub）飲酒的堪憂趨勢。美味且深受人們喜愛的比利時經典啤酒，只占該國市場的15%。德國無疑深愛自有啤酒，但由於許多相似的風格，也讓此地啤酒公司的整併趨勢逐漸成熟。

已故且深受緬懷的酒書作家麥可‧傑克森，曾愛用「美國是在地球喝啤酒的最佳去處」嚇唬歐洲聽眾。他說的沒錯，美國的確有比其他地方更多類型、選擇，以及更多充滿風味和個性的啤酒。但情況並非總是如此。1970年代中期，值得一喝的美國啤酒少得可憐。由於缺乏值得維繫的啤酒傳統，美國反而自由地從頭建立新的啤酒文化。新一代的美國啤酒製造商以熱情與想像力接下了這項任務。

來斟酒，酒斟滿，滿滿一杯我要喝。
他躲酒，是傻蛋；我不閃，酒喝乾，喝進墳墓也無憾。
兄弟們，來來來，舉杯喝幾口，喝乾全宇宙，喝他個精光，酒醒即死亡。
──菲利普先生，《愛爾頌》的〈飲酒歌〉（Bachanalian Song）

除了部分特別纖細的酒款，今日多數的精釀啤酒都是風味強健，甚至有點粗獷莽撞，就像是對眾多平淡無奇啤酒的反制。英國、德國與比利時的傑出傳統或許來自那份釀酒時懷抱著崇敬正統的心；另一方面，也可能是自由隨意地層層堆疊風味。不論哪一種都十分美味，每個人也都能從中找到自己喜歡的風味。

擁有地方歷史傳統之處，美國精釀啤酒製造商則是尋找獨具意義的嘗試。從阿拉斯加到卡羅萊納（Carolinas），啤酒製造商正釀造著陳年愛爾（stock ale）、氣泡愛爾（sparkling ale）、乳霜愛爾（cream ale）、禁酒令前皮爾森啤酒（pre-Prohibition Pilsner）、帶點茴香味的賓州輕啤酒（Pennsylvania Swankey）和肯塔基大眾啤酒（Kentucky common beer）。也有人喜歡利用在地原料創造啤酒，例如美國南方的高粱、阿拉斯加的雲杉嫩芽、西南方的白鼠尾草，以及各種當地水果與蜂蜜。

而美國各地的啤酒製造商也正運用比利時釀法的各種技巧，試著將它們重組為某種嶄新的美式風格。他們不拘泥於啤酒類型的規範，將諸如木桶熟成、酒香酵母（Brettanomyces）和野生自然酸釀法（lambic-style fermentation）等技巧都裝進工具箱裡。而這還只是嘗試的開始。另一方面，水果啤酒終於被認真看待了。好些啤酒製造商正在創造帶有果味衝擊、更貼近優質葡萄酒的啤酒。糖也紛紛走出櫥櫃，啤酒製造商正使用墨西哥糖錐（piloncillo）、巴西原蔗糖（rapadura）和比利時酒用焦糖等異國款式削減酒體，並增進烈性啤酒的易飲性。使用小麥、裸麥、蕎麥和其他不尋常輔料的啤酒也很多。南瓜啤酒在萬聖節期間十分受歡迎，而辣椒啤酒以及像是岩燒啤酒和燻製麥芽等古代技法也三不五時出現。波本威士忌桶同樣出現在啤酒廠，讓烈性啤酒在數個月的熟成後多了香草和烤椰子調性。

一場如同軍備競賽的競爭也進行著。除了使用爆量的啤酒花，也把各種想得到的啤酒類型「帝國化」（imperializing），精釀啤酒製造商們都爭相堆疊風味。推疊高塔的頂端是比重超高的啤酒，目前酒精濃度已高達27%，不但和波特酒並駕齊驅，也接近烈酒程度。某些像是 Samuel Adams 的 Utopias，售價還高達 200 美元。

啤酒真是世上最棒的飲品。它可以解渴、滋補，能讓人清涼一下或暖暖身子，有時簡潔明快，有的值得深思。它是有千種香氣、多樣色彩及各種特色的飲料，就和釀造與享用它們的人一樣形形色色。它擁有一萬年的歷史，有專屬的神祇、英雄和讚揚它的美妙歌謠。啤酒讓我們團結，啤酒使我們快樂。在《啤酒品飲聖經》中，我希望能帶領大家進一步了解啤酒與我們的奇妙關係。憑著不斷品飲與吸收資訊，你將獲得直指啤酒核心、澄澈五感，並在啤酒中尋得意義的能力。

Chapter
1

啤酒的
故事

啤酒以澱粉為基底，
是未經蒸餾之酒精飲料大家庭的一員。
在今日的工業化世界中，啤酒通常
以大麥麥芽釀造，因成本、質地或傳統因素
添加米、玉米、小麥或燕麥，並加入啤酒花。
這只是啤酒眾多變化中的一小部分。
在廣闊的歷史與多元的前工業社會文化中，
還有各式各樣的版本。每一種含澱粉的作物
幾乎都有人用過，甚至包括樹薯與小米。

穀物中的澱粉不能直接被啤酒酵母發酵，首先，澱粉需要經過一些化學過程分解為可發酵的糖。在製造安地斯山區的奇恰酒（chicha）時，婦女會先嚼碎玉米，並利用唾液中的酵素分解澱粉。在製造清酒（是的，它和啤酒同類，不是葡萄酒）時，會使用麴菌屬（Aspergillis）的真菌提供所需酵素。幸運的是，大麥和小麥之類的穀物本身就含有酵素，只要給予它們機會，就能直接擔負分解的任務。

在現代人的眼中，啤酒是美食而非生存必需品。但在衛生不良的時代（僅僅是一、兩個世紀前），啤酒是少數價廉又安全的可攜帶飲水之一。依據不同的釀造方式，啤酒可含有許多蛋白質及碳水化合物，因此也有「液體麵包」的暱稱。啤酒當然也含有紓緩社會緊張、創造幸福感而為眾人喜愛的酒精成分，雖然飲酒過量者也會因此冒上風險。啤酒可能依各種目的及口味偏好釀造，多數文化中常會由一系列自輕到烈的啤酒，分別在每一天、每年或每個社會中，扮演不同的角色。

文明起源與啤酒誕生大約發生在同一時期。大麥是最早被馴化栽培的穀物之一，而其剛好具備啤酒釀造所需的特質。為了煮出一鍋粥而放棄遊牧生活是一回事，但若是再加上啤酒，我想就是筆很難拒絕的交易了。城市中擁擠的人群想必會產生好些讓人不愉快的摩擦，但啤酒之類的社會潤滑劑能加以緩和，並以另一個廣受歡迎的場所——小酒館（tavern）提供。而小酒館就在啤酒出現後的不久誕生。

啤酒在許多時代與地區，都不是普通的休閒消費，它還具有特殊意義。古代中東民族有啤酒專屬的神祇；啤酒也被寫入他們的長篇傳奇，例如埃及傳說裡的啤酒曾經拯救世界。接下來的數千年中，啤酒在一個個文化裡，獲得了至高的地位。我們應了解、培植並尊敬啤酒。啤酒就如同任何藝術創作，只為我們的喜悅而生。因此在啤酒投入多少，也就得到多少。

一點啤酒歷史

啤酒的歷史是廣泛且迷人的主題，值得投入更多的研究。本書在此期望先描繪出大致輪廓，讓接下來的篇章可以一一與此架構吻合，特別是談到啤酒類型的部分。

故事開始於西元前一萬年，正是上個冰期的冰河退回北方之後。隨著冰河消融，露出的土地變成了草原。新石器時期居住在今日庫德斯坦（Kurdistan）山區的民族，開始以禾草作為營養來源，並保留最好的種子，反覆地在來年重新種植。這些禾草便是後來的大麥和小麥。也是農業的開端。

在很短的時間內，聰明的人們就成功誘導許多禾本植物長出大而充滿澱粉的種子，適於製作食物與飲料。早期的小麥品種含有許多稱為麩質（gluten）的蛋白質，它能提供發酵麵包結構，而當時甚至已經有脫粒時不帶堅韌麥殼的品種了。這些特質對任何種類的麵包都很

庫德斯坦（Kurdistan）
這塊中東地區內長滿青草的山丘，被視為眾多馴化禾本植物的誕生地。

重要。當時的大麥麩質含量通常比小麥低，再加上許多品種在脫粒時麥殼完好無缺，這兩項特性都對釀造啤酒有很大幫助。過程當然更複雜，但早在那樣的年代就已經建立大麥啤酒與小麥麵包的基礎。

糖化（mashing，酵素將澱粉轉為糖分）如何被古代人類發現，尚不清楚。目前認為處理麥芽的必要步驟（讓穀物發芽後烘乾，此步驟喚醒了分解澱粉的酵素）原本是為保存穀物與增加營養價值。也許就在某個碗中麥粥平淡到難以下嚥的日子，某人發現將麥芽與熱水混合的幾分鐘後，這碗粥就變得相當甜美又富營養（它嘗起來其實很像早餐麥片）。

對於古代民族而言，把命運賭在種植這些細小種子是相當大膽的決定。過著遊牧生活型態的人們會隨著動物依季節尋找牧場，而穀物並不易於攜帶。因此一旦決定選擇了農業，便意味著喪失清風撫面的自由。我個人覺得拿啤酒與這樣的損失交換，會比只換來麵包或粥容易接受。比我更有學問的人們表示，啤酒能讓人順利聚集在不自然的擁擠環境，例如城市。在今日，啤酒的確幫助削去稜角，使城市更適合人類居住。我沒有特別針對誰喔，但看看那些完全禁止啤酒的地方，對比是很明顯的。

葡萄酒與啤酒差不多也是在相同時代與地區開始發展。即便早在當時，葡萄酒也是比較奢侈的飲品，大多供應貴族與其他上層階級，反觀啤酒則是人手一杯。下回你為了每每提到葡萄酒與啤酒就自動有階級與身分差異，而感到沮喪時，請仔細想想，雖然我確信某種程度上我們的確可以改變此觀念，但重要的是，你要知道我們反對的是什麼。

蘇美人是古代中東地區首度出現的偉大文明。他們非常喜愛啤酒。蘇美文中的啤酒「Kas」，字意便是「嘴所渴望的」，可見啤酒在他們的文化中有多麼重要。西元前 3000 年，啤酒釀造技術已經發展完備，由逐漸增長的原料、釀酒容器和啤酒種類相關字彙就可知一二。

下圖柱型印章刻著重要人士以長吸管飲用飲料，壺中很有可能便是啤酒。

年代約為西元前2550年的石板，顯示蘇美人樂於享受啤酒。

隨後則因麥芽窯（Malt kiln）的出現才能釀造出紅、棕與黑啤酒。當時的啤酒有新鮮與陳年、烈與輕，甚至還有低卡啤酒。低卡啤酒名為 eb-la，字意是「減少腰圍」。當時的人們已知酵母是啤酒的原動力，但在往後的五千年間，酵母的本質仍是個謎。

當時，女性既是釀酒師也是啤酒零售商，情況與歐洲中世紀時期相似。蘇美的啤酒神寧卡西（Ninkasi）也是女性，就不讓人訝異了。寧卡西是神母（Mother Goddess）寧胡爾薩格（Ninhursag）的女兒。當時強調細節

的長篇詩作〈寧卡西讚歌〉（Hymn to Ninkasi），描述的正是啤酒釀造。

大麥經發芽、烘烤與研磨後直接使用，或烘烤成圓錐型糕餅。烘烤糕餅會產生焦糖化反應，也可能促使酵素將澱粉轉為糖分。因此這些糕餅可能是某種「即溶」麥醪（mash），加入熱水就能開始釀造啤酒，簡易又可隨身攜帶。啤酒通常會裝在共用的容器，一般用蘆稈製成的長吸管飲用，上層階級人士則使用材料更珍貴的吸管。

巴比倫人（Babylonian）、阿卡德人（Akkadian）、西臺人（Hittite）與其他古代中東民族也是啤酒愛好者。但聖經裡的閃族（Semitic people），對啤酒就沒那麼熱衷。而聖經確實常提到葡萄酒，以及稱為謝卡爾（shekar）的東西。謝卡爾通常譯為「濃酒」，但尚不清楚指的是啤酒或蜂蜜酒等其他酒精飲品。

反觀世界的另一角落——埃及，啤酒可就聲勢浩大。那裡的啤酒廠附屬於神廟，規模相當今日的自釀酒館（brewpub）。埃及的啤酒稱為哈克特（hekt 或 hqt），由於酒廠規模已接近工

寧卡西讚歌（摘錄）
寧卡西，祢將煮過的麥醪
在蘆葦席攤開，盛放清涼；
祢雙手高捧美妙甜美麥汁，
與蜂蜜瓊漿同釀。
——節錄自米高‧西維爾（Miguel Civil）譯本

——《埃伯斯紙草文稿》
（*Ebers Papyrus*，西元前1552年）

業等級，釀造啤酒就成了男性的工作領域。啤酒在埃及生活相當重要且不可或缺，模範酒廠就成了保證幸福來生的必備品。啤酒，再加上麵包與洋蔥，是埃及巨型建築計畫的得力助手，例如金字塔。像在美索不達米亞地區，啤酒也經常由特製的大麥麥芽糕餅釀造，糕餅大多裝在長型的陶罐，並用特殊的黏土封印。

相當粗糙的古埃及大麥麵包，
很可能是為釀酒所烘焙。

埃及神話有則啤酒扮演十分重要角色的故事。獅頭女身的賽赫邁特（Sekhmet）是掌管破壞、流血與週期重生的女神。祂的父親，古埃及眾神之首「拉」（Ra），認為人類正在衰微，不再像過去那般敬拜祂，便命賽赫邁特給人類一點教訓。但嗜血的賽赫邁特不斷宰殺人類，情況逐漸失控。若不阻止，人類勢將滅亡。幸好有個好主意出現：用一壺紅啤酒偽裝成血讓祂喝下，為求萬全，還加了點強力鎮靜劑蔓陀蘿（mandrake）的根。賽赫邁特喝下啤酒後便睡著了，人類因此得救。經過這樣的死裡逃生，誰能不感激啤酒呢？這個古老的啤酒傳統至今仍以稱為布扎（bouza）的原始鄉間啤酒留存埃及，並南至蘇丹。當地釀酒師仍以大麥麥芽製成糕餅，釀製厚實富營養的啤酒。

希臘人沒有特別發展啤酒文化，但他們仍竊取北方飲用啤酒的呂底亞人（Lydian）和弗里吉亞人（Phrygian）的新潮啤酒神祇：薩巴茲烏斯（Sabazius，後來的阿提斯〔Attis〕）。他們摘去祂的神階，為祂戴上葉冠，並改名為戴奧尼修斯（Dionysus），即希臘的葡萄酒神。

弗里吉亞人喜愛啤酒的證據來自著名的米達斯（Midas）國王。1950年代，考古學家在土耳其的戈爾迪（Gordion）挖掘出一座古代墳塚與大型木造結構。其中一處陵墓與葬禮遺跡的墓主便是米達斯。古物經過復原後展示，而部分鍋具與飲品容器內刮下的物質便另行存放。幾年後，一位來自賓州大學的教授派翠克・麥高文（Patrick McGovern）正運用分子考古學（Molecular Archaeology）研究葡萄酒的早期歷史。他利用氣相層析法（gas chromatography）等精密分析，尋找能追

古代北方啤酒的調味品
杜松子、蜂蜜、小紅莓與繡線菊（Meadowsweet）等藥草數千年前便使用於啤酒，
現今某些啤酒廠仍有運用。

蹤出古代食物或飲料性質的特殊分子。研究人員發現除了一鍋燉羔羊扁豆之外，還有一款含有大麥、葡萄及蜂蜜的飲料。他們為成果發表辦了場派對，並邀請山姆・卡拉喬尼製造啤酒。這款啤酒後來變成了 Midas Touch 酒款。想要評論 Midas Touch 到底有多像古代酒款是不可能的任務，但無論如何，此酒款不僅好喝也讓我們可以一窺古代喜愛啤酒民族的生活。

羅馬人也與希臘人一樣從未對啤酒感興趣。這也點出了啤酒地理的關鍵：某條界線以南，葡萄便生長良好，葡萄酒因此成為主要飲品；而界線以北的古羅馬帝國邊界，就出現了熱情的啤酒飲用者。

根據研究，啤酒與葡萄酒的混合飲品在古代並不稀罕，並散見整個北歐。蜂蜜可作為待發酵的糖分，但來源稀少；葡萄則是酵母源頭，葡萄表面黯淡如蠟般的霧狀物其實是酵母的天然棲息地。古代人便熟知酵母來源，因此似乎會添加葡萄或葡萄乾促使啤酒發酵。

啤酒等飲品也曾加入各式材料，例如罌粟莢圖樣便顯示鴉片與酒神節儀式有關。更遠的賽西亞人（Scythian，位於今日的烏克蘭）似乎曾傾心大麻。根據當時希臘作家的記載，他們在帳棚內放入熱石，並將大麻種子置於熱石上，隨後產生如希羅多德（Herodotus）所記：「任何希臘的蒸氣浴都比不上，賽西亞人快樂地嚎叫，十分享受。」

化學分析顯示，青銅器時期禮器中含有大麥、蜂蜜、小紅莓與兩種藥草

（繡線菊和香桃木）的痕跡。另一方面，啤酒花仍在遙遠的未來尚未現身。芬蘭人與匈牙利人的民族史詩〈卡勒瓦拉〉（Kalevala）便寫出許多啤酒誕生的段落，甚至比地球誕生的段落還長。女釀酒師歐絲摩塔（Osmotar），在魔法少女卡勒瓦塔（Kalevatar）的協助下，設法讓剛釀上的啤酒發酵。她們先後使用了松果與熊的口水，最後才在試用蜂蜜時獲得神奇的成效：「樺木桶中的泡沫不停向上，越漲越高。」

北方啤酒中添加杜松的方式也是非常古老又強健的傳統。今日，這種不添加啤酒花的傳統，仍在人稱薩赫蒂（Sahti）的芬蘭農村愛爾使用。它以麥芽與裸麥釀製，是美味而平易近人的烈性啤酒。杜松子加入水中具有過濾的功能，所以有時甚至會直接加入飲用的容器中。

不列顛群島稍稍南邊處，建造了巨石群的皮克特人（Picts）在被凱爾特人（Celts）驅逐前曾居於此地，並釀製以石楠（heather）調味的啤酒。皮克特人的末代國王有個浪漫傳奇：他寧願自己的兒子被拋下山崖，也不願向進犯的凱爾特人透露石楠愛爾的祕方。雖然蘇格蘭北部到處都是石楠，秘方應該不難領會，但這仍是很棒的傳說。

喝啤酒的蠻族留給後世許多禮物，特別是木桶。木桶是極為持久的技術成就，自西元元年以來就維持相同形態與製造方式。直到二十世紀中葉，多數啤酒才不再使用木桶，但對烈酒與葡萄酒

以牛角飲酒的皮克特族（Pictish）勇士（石材浮雕，約西元 900～950 年）
現已滅絕的歐洲野牛牛角經裝飾後，是十世紀不列顛與其他北歐地區廣受喜愛的典禮酒器。這位古代士兵喝的會是石楠愛爾嗎？

來說木桶仍無可取代。

中世紀時期，啤酒與釀造定型成我們熟悉的前現代模式。大部分啤酒釀造工作是由稱為「啤酒婆」（alewife）的女性以家庭規模進行。這對寡婦或需要額外收入的人來說是穩定的經濟來源。當時也有制度化的啤酒廠，通常為修道院或受封貴族所有。另外還有部分平民所有的商業啤酒廠，並隨時間經過而漸趨普及。

西元1000年之前，幾乎所有歐洲啤

酒的釀造都不使用啤酒花，而用稱為古魯特（gruit）的昂貴混合物調味。擁有當地古魯特特許權（Gruitrecht）的人士才可販售，這些人通常隸屬政府或教會的權貴集團。在今天比利時的布魯日，這有如中古世紀生活博物館的地方，仍看到古魯特的影響力量。另外，購買古魯特是啤酒製造商的法定義務，因此也算是一種早期的課稅。由於古魯特的配方是機密，因此成分並不明確。再加上調味料會與磨碎的穀物混合，又更加混淆意圖仿製的人。香桃木（bog myrtle）又名甜楊梅（sweet gale），是古魯特配方中一直被提到的藥草，它的風味良好（些微樹脂和松針感），有點類似啤酒花。蓍（yarrow, Achillea millefolium）是另一種經常提到的藥草，但它的苦味粗糙，不合現代人口味。第三種杜香（Ledum palustre）有時也稱做野迷迭香，沒有香桃木這麼常用，有薄荷、樹脂調的苦味；它稍具毒性，也是相當有效的驅蟲劑；歷史曾記載其具迷幻效果，但在古魯特中應不致如此。這鍋大雜匯還會添加各種烹飪調味料：杜松子、葛縷子、大茴香，可能還有肉桂、

荳蔻和薑這些更富異國情調的香料。我嘗過許多自釀的古魯特啤酒，結論是若非人類味覺偏好在那之後有了轉變，就是配方中還缺了什麼重要的材料。

啤酒花的現身

大約在西元1000年，使用啤酒花的啤酒首度在北德的漢薩同盟城市（Hansa）不來梅市（Bremen）出現。許多啤酒花的早期使用者都位於教會控制外的自由城市，因此不必被迫使用古魯特。當時古魯特啤酒製造商稱為「紅啤酒製造商」，因其生產棕色或琥珀色的啤酒；而使用啤酒花的製造商則釀造「白啤酒」，除了大麥，穀物基底通常也含有相當比例的小麥。這些行會各自獨立，城鎮也通常以其中之一聞名。不來梅和漢堡市（Hamburg）的啤酒大量出口至當時渴求美好、暢快風味啤酒的阿姆斯特丹。阿姆斯特丹的啤酒製造商大概花了一百年的時間，才發現他們也能在當地釀造這些使用啤酒花的白啤酒，並出口到法蘭德斯。最後，西元1500年，啤酒花啤酒終於隨著法蘭德斯

啤酒花（木質浮雕，亞眠 [Amiens] 大教堂，十三世紀）
在此之前，啤酒花已是部分歐洲北部地區日常生活的重要一環。

移民潮登陸英格蘭。

　　啤酒花啤酒之所以成功，除了因為美味，還由於啤酒花有防腐效果，能抑制某些讓啤酒變質的細菌生長。因此佐餐用的輕啤酒在擺放數月後仍可飲用。即使它的舶來品身分讓人有些掙扎，啤酒花啤酒終究還是為英格蘭人接受。到了1600年前後，所有英國啤酒與愛爾都或多或少添加啤酒花了。

　　最後，啤酒花啤酒成為常規，並在整個歐洲北部欣欣向榮。而歐洲南部，如義大利和西班牙，啤酒文化很淺薄，甚至完全沒有蹤跡。義大利無疑十分滿意美妙的葡萄酒，而禁酒的回教徒則要到1614年才被逐出西班牙。五百年後，

日耳曼諸邦、法蘭德斯、荷蘭與英格蘭的啤酒釀造依然持續。而這些區域也就是本書稍後將細述的經典啤酒類型發源地。

波特啤酒崛起

　　十七世紀中葉，英格蘭開始出現各項最後促成工業革命的變遷。開闢運河、改善港口等大型公共工程，原料因此更加容易取得，並開拓了遠方市場，啤酒業也因此有所變化。由於農民不能繼續在公有地耕種、放牧，而被迫離開，許多人轉而在城市開始新生活。

　　倫敦曾經遭遇許多艱難時刻，例如

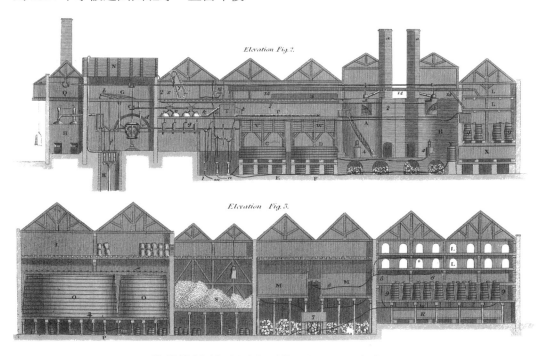

倫敦的波特啤酒廠（約西元1800年）
此時，許多英國啤酒廠已是大型工業化企業。注意圖片左下方
有以英文字母 O 標示的熟成槽，尺寸驚人。

1642 年的內戰、1653 至 1658 年間克倫威爾（Oliver Cromwel）統治帶來的騷亂、1665 年的倫敦大瘟疫，以及 1666 年的倫敦大火。倫敦大火更是刺激了新一波成長與發展，農民與士紳紛紛湧向城市淘金。而大家都知道辛勤工作會讓人覺得——相當口渴。

當時，倫敦逐漸可以取得一種來自赫特福德郡（Hertfordshire）的便宜棕色麥芽，並把它當作基礎麥芽。啤酒也同樣以此釀出多種強度。較強烈的會因長期陳放帶有某些特別的酸味，這樣的陳年啤酒稱為「舊啤酒」（stale），此名稱不僅不帶貶意，它的售價還比新鮮的

「流通啤酒」（running）更高。當時酒吧的顧客喜歡點上兩、三甚至五種不同啤酒進行混調，這一定讓酒吧裡手忙腳亂。相傳波特啤酒是在 1722 年 10 月，由雷夫‧哈伍德（Ralph Harwood）在他位於蕭爾迪奇（Shoreditch）的 Bell's 釀酒廠發明，用以取代混調啤酒，特別是「三文」（three threads）的調酒。但該說法純屬臆測，而且直到幾乎一世紀之後的 1810 年，才在《倫敦寫真》（Picture of London）一書中出現。

此時富人開始購買大批新啤酒，並陳放一年以上，也為日後在波特啤酒領域大量出現的大規模企業埋了伏筆。

啤酒釀造的技術變遷（1700～1900）

蒸汽動力

雖然礦業用的蒸汽機在 1700 年左右已然發展，但啤酒業還得等到瓦特（James Watt）與蒸汽機進一步的改良之後才能應用。1784 年，蒸汽機首度安裝於倫敦的酒廠。蒸汽機大量地取代人力、水力和獸力，也讓以大型工業規模的啤酒釀造變得可行。

溫度計

雖然相關技術已經存在，但直到加布里埃爾‧華倫海特（Gabriel Fahrenheit）現身才首度創造出水銀溫度計與標準量尺。攝氏溫標發明於 1742 年。詹姆斯‧貝維斯托克（James Baverstock）則是第一位認真探究溫度計的釀

酒師，並努力不讓守舊家人發現。1784 年，麥可‧康布倫（Michael Combrune）在他的啤酒釀造文獻詳述溫度計的功用。溫度計能讓啤酒釀造的一致性比經驗法則更高，也帶動了釀造過程的詳細研究。

比重計

測量比重的工具，用來量測啤酒麥汁（wort，從麥醪濾出的甜味液體，發酵後可製成啤酒）中糖與其他固體溶解後的含量。1785 年，約翰‧理察森（John Richardson）寫了第一本詳述釀造啤酒過程中以比重計（hydrometer）進行各種測量的書籍。此書迫使釀酒師在設計酒

李維牌比重計
（Reeves & Co. Hydrometer，十九世紀）
測量未發酵啤酒之糖分溶解量的工具，並徹底改變啤酒釀造方式。

即使在這樣的早期年代，淺色愛爾已經開始擁有影響力。鄉間的莊園啤酒廠一直因性烈、色淺、富啤酒花風味以及增加佐餐強度，而享有盛名。這對自十七世紀中葉開始釀造色深、味甜、口感厚重愛爾的倫敦啤酒製造商來說十分新奇。這種新型淺色啤酒稱作「琥珀啤酒」（amber）或「兩便士啤酒」（twopenny），也是經常用來混調的啤酒之一。於是大眾口味逐漸朝向更爽冽、更具酒花風味的方向，這也是促成波特啤酒誕生的因素之一。

無論理由為何，新穎且具酒花風味的棕色啤酒形成一波熱潮，而著名大啤酒廠又獲得新科技的推波助瀾。到了1796 年，光是 Whitbread 啤酒公司一年的釀造量就可裝滿20.2 萬個36 加崙的酒桶；而1810 年倫敦的波特啤酒廠釀造量便高達120 萬桶。當時啤酒廠所需的經營資金量只輸給銀行，因此工業規模變得相當重要，而小規模的啤酒製造商被迫追求它們原本並不在乎的「效率」。競爭市場中企業的效率攸關存亡。但是努力追求成本極小化、利益極大化時，消費者未必獲益。就像啤酒釀造文獻充滿緬懷美好往日美味啤酒的語句，當然部分純屬懷舊，但若是留意酒譜，也許可以注意到時間帶來的變化很少是為了譜時考慮麥汁收率，對啤酒釀造方式與實際風味造成任何技術都比不上的深遠影響。

酵母與發酵

酵母細胞最早是由荷蘭微生物學家雷文霍克（Antoni van Leeuwenhoek）發現，但到了1834 至1835 年間，酵母生物屬性才分別由三位不同的科學家發現。基於巴斯德的突破性研究成果，漢生完成了首次單細胞培養（相對於多菌釀造培養）。此技術的傳播雖然不快，但到了二十世紀中葉已成常規。單細胞培養能產出更一致、更好的啤酒。然而，儘管人們都認同單細胞培養的必要，許多人仍相當惋惜較複雜的多菌發酵逐漸廢止。

冷藏

這是融合幾世紀以來許多傑出人士的結晶。1859 年，美國亞歷山大・唐寧（Alexander Twining）打造了第一臺商用冷凍機。1873 年，德國工程師卡爾・馮・林德（Carl von Linde）改良的二甲醚冷凍機安裝於Spaten釀酒廠中。冷凍機明顯地改善了早前唯一的冷卻方式（使用從結凍河面及湖面切下的冰塊）。天然冰塊除了物流管理複雜，還可能因為河川污染而影響健康。到了1890 年，人工冷藏已是各地大型啤酒廠的常規。

麥芽烘烤

隨著時間經過，麥芽烤爐逐漸由木柴直火加熱，轉為煤炭、焦炭或其他燃料間接加熱。到了1700 年，絕大多數的啤酒製造商都改採無煙麥芽，但以劈啪作響的柴火烘烤的棕色麥芽，到了二十世紀中葉仍存在（當然，煙燻啤酒還是今日德國班貝格的特產）。麥芽烘烤的相關發明中最具戲劇性的當屬1817 年由丹尼爾・惠勒（Daniel Wheeler）取得專利的桶式烤爐。桶式烤爐以水霧冷卻，並在穀物起火前停止烘烤，此裝置徹底改變波特啤酒與司陶特啤酒的釀造方式及風味，因為使用少量這種顏色極深的麥芽，要比先前大量使用的棕色及琥珀麥芽來得經濟實惠。結晶／焦糖麥芽的發展時期則晚得多，約在1870 年。

讓啤酒更好喝。

雖然淺色愛爾的興起細節相當迷人（將於第9章討論），但那不過是波特啤酒開啟啤酒工業化的延伸。波特啤酒與淺色愛爾的巨大影響都遠超過英格蘭邊界。英格蘭是當時的超級強權，文化趨勢除了受眾人矚目，有時也被仿效。即使在堅守傳統的德國也對波特啤酒感興趣。而成功席捲全球的淺色愛爾也是促成皮爾森市（Plzeň）創造著名金色拉格（Lager）的推手之一（我們之後會再提到）。

低溫發酵的拉格

轉而發展低溫發酵拉格的歷程有點曖昧不明。拉格的發展因素包括來自遙遠北方的啤酒，以及僅能在較冷半年釀酒的時間限制。巴伐利亞僧侶在阿爾卑斯山山洞進行發酵的故事傳頌各地，也看似合理，但缺少證據支持。拉格的記載最早約略出現在1420年的慕尼黑，但相當有限。其後，在巴伐利亞東北部，鄰近波西米亞的納堡（Nabburg）出現了這段話：「一般以常溫或頂部發酵釀造啤酒，但1474年有人首度嘗試以低溫底部發酵，並將部分啤酒留到夏天飲用。」到了1600年，拉格在巴伐利亞與波西米亞等鄰近地區已經相當盛行。

由於深居內陸，加上數世紀以來的諸多政治爭端，巴伐利亞進入工業化的時間稍晚。但到了十九世紀中葉，工業化開始加速，大量投入動力、儀器與爐窯的改良。微生物學由法國化學與微生物學家巴斯德（Louis Pasteur）引領，隨後丹麥的真菌與發酵學家漢生（Emil Christian Hansen）的酵母研究帶來進展，特別獲得拉格啤酒製造商的採用。由於酵母菌本身風味乾淨精純，拉格特別受惠於此單細胞帶來的一致性，德國啤酒製造商也因此很快開始應用。當時的英格蘭啤酒製造商也曾嘗試，但因釀造時間短而不特別喜愛，某些英國啤酒廠至今仍採行多菌發酵。

1842年，皮爾森市創造了一款以意想不到的方式支配全球啤酒市場的啤酒。皮爾森啤酒匯集了原料、技術，以及當時所需的商業規畫。當地士紳認為應興建具規模的啤酒廠，並利用當地品質極佳的麥芽和啤酒花搭上拉格風潮。

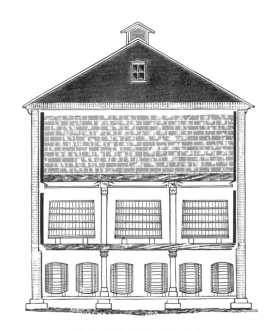

十九世紀的拉格酒窖
冷藏技術出現之前，拉格啤酒廠
須使用大量冰塊！

香料

遵循古代傳統，許多比利時風格啤酒含有少量異國香料，
如芫荽子、苦橙皮、天堂籽、孜然與八角。

據說當時一名釀酒師約瑟夫·古羅爾
（Josef Groll）搞錯了酒譜，因此釀出的
並非深色慕尼黑式啤酒，而是顏色淺得
多的啤酒；不過，這項傳說有太多不合
理的地方。我認為若是歷史學家可以再
稍微深入研究一點，我們就會發現早在
1842 年前，所有皮爾森啤酒需要的條件
都已齊備，甚至啤酒本身可能也是，只
是生產規模較小。皮爾森的士紳們所做
的只是再下了一筆重注，或許是想要搭
上當時人氣鼎沸、隨處可見的英式淺色
愛爾的便車。無論如何，色淺、爽冽、
氣泡感強的皮爾森啤酒大受歡迎，也讓
這座小鎮全球聞名。

1871 年，巴伐利亞帶著限制頗多
的啤酒純淨法規併入德國。到了1879
年，〈純酒令〉（Reinheitsgebot）已在
德國全境實行。在此之前，比起巴伐利
亞啤酒，北德啤酒和比利時啤酒的相似
之處更多：北德曾是北方生產白啤酒的
地區之一；當時部分原料為小麥（通常
是燻製）有時帶酸味，並使用芫荽子等
香料，蜂蜜、糖蜜等糖類啤酒也非常
受歡迎。那時的啤酒，如格雷茲煙燻
小麥啤酒（grätzer）、利希登罕煙燻小
麥酸啤酒（lichtenhainer）、科特布斯
蜜糖小麥啤酒（kotbüsser）、漢諾威酸
啤酒（Broyhan）與萊比錫小麥酸啤酒

（gose），都是相當討喜的啤酒，也值得再度釀製（部分確實有再度釀製）。在所有北德愛爾中，只有柏林白啤酒（Berliner Weisse），以及萊茵河谷地愛爾、科隆啤酒（Kölsch）與杜賽道夫老啤酒（Düsseldorfer Alt）等迷人的特色愛爾，在某種程度算是存活了下來。

到了第二次世界大戰開打時，今日我們熟知的所有經典德國拉格類型，都如石刻般堅定不移了。

比利時與法國

比利時的現代化出現於十九世紀後期，但其實只發生在巴伐利亞式拉格的啤酒製造商，其中最佳範例是Stella Artois。在拉格入侵之前，比利時主要以製造小麥啤酒為人熟知。即使是公認使用大麥麥芽的啤酒，如安特衛普的大麥啤酒（l'orge d'Anvers），其基底穀物也通常會有小麥和燕麥。這些組合構成了今日我們熟悉的啤酒：比利時小麥白啤酒（witbier）、自然酸釀啤酒和法蘭德斯棕愛爾（Flanders Brown Ale），以及當時很受歡迎但現已消失的啤酒：威澤琥珀啤酒（uytzet）、彼得曼小麥棕愛爾（peetermann）、迪斯特小麥棕愛爾（diest）等等。

比利時啤酒的源頭可溯及中世紀在布勒哲爾畫作中跳舞的農夫之手，農夫手裡的可能就是布魯塞爾地區自然發酵而帶酸味的自然酸釀啤酒。比利時小麥白啤酒也有悠久的家世，但許多印象中古老而獨特的啤酒，如嚴規熙篤會雙倍啤酒（Trappist Dubbel）和三倍啤酒（Tripel），其實都是二十世紀的產品。所以，那些道上的故事未必真實。

比利時經歷了許多風雨。因地處競爭激烈的強權之間，它曾受法國、荷蘭、德國、西班牙和奧匈帝國統治。兩次可怕的世界大戰都在其國土上進行，也都使比利時遭到侵占。比利時人愛喝啤酒，一本1851年出版的書籍圖表顯示：「為了約4百萬的人口，比利時人每年至少釀造8～9億公升啤酒」，而且出口數量不大。大約是每人每天超過一品脫，是今日消費量的兩倍左右。（如果你好奇誰是啤酒消費第一名，答案是捷克人，每人每年稍高於150公升。）

1900年前後，比利時啤酒業處於低點，隨後更爆發第一次世界大戰。儘管處境艱難，比利時啤酒製造商還是成功振作。1920與1930年代登場的麥汁比重高、性烈而奢華的啤酒們，立下了今日比利時的印象。古老的自然酸釀類型也奇蹟似地保存下來。

比利時的啤酒業也遇上了影響許多

法國北部大區拉旺蒂（Laventie）的聖路易啤酒廠，此明信片約拍攝於1920年。

歐洲傳統啤酒地區的皮爾森化及購併行動。但拜外銷市場強勁（半數的比利時啤酒出口），今日仍有許多迷人的傳統手工製品。比利時未曾頒布啤酒純酒令，因此古代香料、藥草，以及一度在歐洲啤酒釀造十分常見的糖類，都未被革除。芫荽子、橘皮、孜然、天堂籽（一種辛辣帶胡椒味的香料）和許多糖類都可能在比利時啤酒中出現，但通常相當柔和。對尋求新體驗的啤酒愛好者來說，比利時宛如樂土。

法國北部，特別是緊鄰比利時法蘭德斯地區的北部（Nord）大區，有著與比利時融合的啤酒傳統。許多鄉間的農莊啤酒廠釀製頂層發酵的金啤酒（Blonde）、三月啤酒（bières de mars，梅爾森啤酒〔Märzens〕）與勃克啤酒（bock beer）等酒款，在法國其他地區以拉格型態廣受歡迎。這些啤酒（特別是雙倍麥汁濃度版本）已重生為今日的法式窖藏啤酒（bières de garde）。

在遙遠的南方，東鄰德國的阿爾薩斯─洛林（Alsace-Lorraine）大區如同法國的啤酒桶。到了1871年，德國在普法戰爭後兼併此區時，阿爾薩斯已是法國最大啤酒產地。法國微生物學家路易·巴斯德不僅對戰爭結果感到憤怒，更以他的研究成果重建法國啤酒產業，並超越過往，產出一流的傑出啤酒，巴斯德將此稱之為「復仇啤酒」。他在1876年所出版的著名書籍《啤酒研究》（*Études sur la Bière*），說明啤酒腐敗原因，並指出預防腐敗的方法。此著作至關重要，

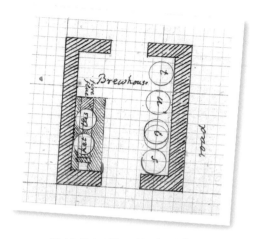

位於蒙提薩羅的啤酒廠？
湯瑪斯·傑弗遜為了在北維吉尼亞莊園建立一座小型釀酒間而寫的計畫。但據信此釀酒間並未動工。

影響了法國以及啤酒世界的每個角落。

北美

第一批殖民者也將啤酒帶到美洲。但由於種種因素，釀造啤酒對這塊新大陸來說非常困難。不論是南方的維吉尼亞（Virginia）或北方的新英格蘭（New England），麥芽都長不好。雖然已有進口麥芽，但非常昂貴且無法經常取得。十七至十八世紀初期，人們持續努力，但數代過後人們的口味有了改變。人們喜歡飲用以糖蜜、南瓜乾與「核桃木片」製成的啤酒。另一方面，擁有高廣告能見度與易及性的廉價烈酒盛行，使得啤酒在多數地區逐漸被蘭姆酒和威士忌取代。1800年，烈酒的每人平均消費量是啤酒的十倍，若是用攝取酒精量計算，比例可達兩百倍。

美國啤酒標籤（1890～1919）

美國啤酒製造商嘗試重現日耳曼故鄉的啤酒。

啤酒在西部邊界的表現一直不如烈酒。當時美洲許多地區都像西部這般人煙稀少，而啤酒釀造需要許多基礎建設、合適的氣候，以及穩定潔淨的水源。啤酒的原料笨重，難以在陸地長途跋涉，而成品也是如此。不論是在西維吉尼亞或北達科他（North Dakota），對飲用者與製造商來說，威士忌、蘭姆酒或其他烈酒都是更合理的選擇。

不論人們用什麼方式取得酒精，輕啤酒（small beer）的酒款類型在早期美洲仍然重要。美國總統喬治・華盛頓（George Washington）以少許糖蜜配上大量麥麩的著名酒譜可能是當時典型。雖然身為商業規模的烈酒製造商，更進口馬德拉酒（Madeira）等認真品飲的產品，但輕啤酒仍是他的莊園不可或缺的角色。輕啤酒設計為添加剛好的調味，作為奴隸、僕人和主人的安全飲水來源。獨立革命之後，湯瑪斯・傑弗遜（Thomas Jefferson）將啤酒視為沉迷烈酒的大眾溫和的出路，並開始在蒙提薩羅（Monticello）進行釀酒實驗，但所獲不多。

賓州（Pennsylvania）、部分紐約

與麻州（Massachusetts）地區卻是罕見的例外。因為德國人或荷蘭人聚集的地方就有啤酒，這些遠道的移民也試著讓這塊土地產出他們熱愛的飲品。1630年，就在荷蘭人抵達新阿姆斯特丹（後來的紐約）兩年後，開始釀產啤酒。釀造啤酒顯然是門不錯的生意，市內鋪設的第一條道路的街名便是布勞威爾街（Brouwer，荷蘭文的釀酒師）。1664年，荷蘭人年將新尼德蘭（New Netherland）殖民地割讓給英國人後，雖仍有釀造啤酒但重心南移。那時的費城（Philadelphia）就像後來威斯康辛州的密爾瓦基（Milwaukee），在拉格革命前為波特啤酒與愛爾的釀造中心。

從未切斷與英國關係的加拿大，維持著獨有的親英啤酒文化，至少在英語省分是如此。

德國與波西米亞（Bohemia）地區的動亂，特別是因尋求民主化而政治混亂之處，迫使許多人在1840年代前往美洲。那些湧入的移民與啤酒關係緊密，就像作家莫琳・歐格爾（Maureen Ogle，著有《啤酒雄心》〔Ambitious Brew〕）所稱的「享樂文化」。對他們來說，無法在夏日午後花園裡喝幾杯拉格的世界是難以想像的。因此他們懷抱野心與技藝在此地從零開始建立啤酒文化。

當許多啤酒製造商維持小規模，以服務當地社群為樂時，其他啤酒製造商則有更遠大的計畫。帕布斯特上

校（Colonel Pabst）、奧古斯都‧布希（Augustus Busch）以及創立 Schlitz 啤酒品牌的尤萊恩（Uehlein）兄弟等人，都夢想成為橫跨北美大陸的品牌。在少有如此廣度經銷網絡的年代，這是相當荒謬的念頭。但隨著新技術出現，如蒸汽動力、冷藏列車、巴氏滅菌法、電報與人工冷藏等，他們也很快掌握這些新工具，並展現令人欽佩的商業遠見和組織手腕。

在 1890 年代的美國充滿使命感，但仍試著將半世紀前自德國、愛爾蘭、義大利等地如潮水般湧入的移民融為民族的一部分。當時的風尚是成為一個「真正的美國人」。而創造共通文化的途徑之一，便是在嶄新工廠中生產出可靠、各地一致的全國性品牌商品。Heinz 醃黃瓜、Folgers 咖啡、Del Monte 罐裝食品和可口可樂等都是全國性品牌。當時，這些產品都有種現代化的魔

近乎啤酒
這張古老的立體卡片充分表達美國人對禁酒令時期啤酒代替品的態度。

禁酒令期間的啤酒
美國人為了目標立刻捲起袖子動身的精神，
也激勵了一個世代後的自釀者。

力，在那些令人興奮的日子裡，切片土司（1928 年）真的是佼佼者。

同樣的脈動也在啤酒領域驅動人們的口味。1800 年代中期，口感飽滿的各式棕色慕尼黑拉格主導市場。到了十九世紀末，色淺、爽冽的皮爾森，以及帶有波西米亞風格的啤酒開始吸引大眾注意。這些解渴的啤酒類型，除了與美國多數的溫暖氣候是天作之合外，它們就是比深棕色的前輩看起來更時髦摩登。禁酒令頒布時，淺色拉格已稱霸市場。

禁酒令以及與德國開戰（兩者並非沒有關連）的雙重打擊，對美國啤酒業，特別是啤酒文化帶來的影響實難估計。身在美洲的德國人活動轉為低調，曾經風行的啤酒花園也都關門。甚至英格蘭皇室都改了姓氏。在禁酒令這場災難性的社會實驗展開前，全美約有 1300 家啤酒廠，禁酒令頒布的一年後只剩下756 家，不少最後還是倒閉。

整個世代在視酒精為禁果的環境下

禁酒令剛結束時，啤酒標籤也反映了
該時代的樂觀精神。雖然啤酒
本身未必都如標籤所描述。

首款罐裝啤酒，於 1935 年由新澤西
州紐華克（Newark）的 Kruger 釀酒
公司發行。罐裝重量輕、冷卻快，而且
不像瓶裝占據冰箱裡大量的空間。曾在
二戰戰場享受罐裝啤酒的美國大兵在返
鄉後，也喜歡在家享用罐裝啤酒。罐裝
啤酒開始熱賣。1980 年代，「一手罐裝
啤酒」（Joe-six-pack）被自視甚高的人
士用來形容社會低下階級的生活型態。
無辜的罐裝最早使用鐵材，現在則改為
鋁製。罐裝擁有不透光、可回收的優
勢，並且內部塗有不會與啤酒起反應的
塗層。另外還有一股小而持續成長的罐
裝精釀啤酒潮流，如淺色愛爾等類型，
以愛好戶外活動者為對象。

　　美國啤酒業還有一段不得不提的故
事。1873 年，全美擁有四千一百多家啤
酒廠；一個世紀後，只剩下一百多家。
這對啤酒業或美國來說並不稀奇。商業
的確會隨著時間、大型企業的效率與全
國性的行銷、小型製造商的脆弱與擴大
規模時的現金需求，使得大者益大，小
者漸被淘汰。由於兼併與市場進入成熟

成長，但這只讓酒精顯得更誘人。酒類
品質在此時大幅下滑，更糟的是，啤
酒只能在像芝加哥等腐敗至極的地方釀
造。烈酒開始全面攻占，調酒也以精緻
摩登的形象吸引人們。即使啤酒業在
1950 年代後期重新站穩腳步，數十年後
美國地區的啤酒仍被這種扭曲的思考折
磨。

　　氣泡飲料產業的競爭也是因素之
一。1919 年，軟性飲料（非酒精飲料）
的銷售額為 1 億 3 千 5 百萬美元，到了
1947 年已成長至 7 億 5 千萬美元，十年
後更是翻倍。數千年來一直由啤酒獨挑
大樑的爽列、清新、溫和飲品需求，由
軟性飲料填補了空缺。禁酒令結束後，
啤酒開始由谷底緩慢攀升。深色慕尼黑
式拉格大致已在此時絕跡，由添加米或
玉米讓酒體輕薄、爽列的瓶裝皮爾森取
代。飲用場合從酒吧移到自家。在禁酒
令前，75% 的啤酒以桶裝供應；到了
1945 年，情勢逆轉，75% 皆以非桶裝形
式供應。另外，選擇買回家的數量也逐
漸增加，因此女性更容易取得啤酒，更
重要的是也加入購買啤酒的行列。

無名啤酒
1970 年代情況惡化，
連沒品牌的便宜啤酒
也有市場。

階段等原因，1950和1960年代出現對啤酒品質下限與價格底線的激烈競爭。廉價品牌出現後，超廉價品牌也隨之出籠，底線幾乎下探到聯邦政府所訂的啤酒至少含50%麥芽的界限。零售商品牌首先推出真正的含量低點，接下來則是沒有品牌、商標的罐裝啤酒。特價啤酒的口感需要許多添加物才能讓其更容易接受。鈷鹽因能大幅度改善啤酒發泡性被視為天賜珍品，但直到人們感到不適才棄用。到了1980年代末期，大多添加物已不再使用。值得注意的是，並非所有啤酒廠都訴諸極端手段以削減價格。

財務壓力為生產過程帶來沉重負擔。隨著麥芽成分降低，想要釀造出可以稱為啤酒的產品越來越難。再加上釀酒師被迫加速製造過程。因此現代化啤酒生產不可或缺的連續發酵法出現。連續發酵法過程中，麥汁由發酵槽一端進入，啤酒成品便可從另一端流出，就像一臺附有輸送帶的烤箱。此法解決了批次釀造的許多問題。1973年，當Schlitz品牌的釀酒師啟動連續發酵槽時，都覺得正在成就一件大事。他們的確啟動了現代化啤酒，但因前幾批啤酒奶油味太重，消費者不太能接受。這個重大失足讓該品牌註定永遠隱身於陰影之中。

美國啤酒工業化史詩的最終章是淡啤酒（light beer）的成功。當時Miller品牌買下暮氣沉沉的Lite品牌（曾先後屬於Gablinger和Meister Brau）。1975年，Miller對Lite採用母公司Philip Morris幾十年前就對萬寶路（Marlboro）使用過的策略：為原本女性導向的品牌重新增添大量男性雄風後再度登臺。Miller請來資深運動名將和牛仔，結果一炮而紅。Lite連同其他傚傚者飆升至銷售圖表頂端，2005年的銷售量更超越一般啤酒。就像是其他成功的商品，Miller Lite不過是抓準時機，將產品推向渴求的市場。

1993年，Miller Clear的推出把清淡、色淺的啤酒潮流帶到終點。這經過活性炭過濾、去除所有顏色和大部分風味，跟水一樣清澈的啤酒，確實是玩過頭了，也很快地消失了。

現代歐洲

在上世紀，歐洲也有類似的經濟和消費者喜好，但具體發展有所不同。

歐洲也有兼併與小型廠商市場萎縮的情形，但由於歐洲不曾出現如禁酒令般的毀滅性打擊，此變化經歷的時間就更長——有如凌遲。歐洲擁有一群對真愛爾或全麥拉格等傳統產品近乎狂熱的愛好者。他們為數不多，但部分會形成組織，而且非常敢言。

即使在啤酒癡的聖地，如比利時，皮爾森的市占率也有70%。皮爾森啤酒類型已在上世紀迫使許多當地特色啤酒絕跡。大型企業的勢力、經濟壓力、現代主義，以及最重要的文化變遷，在整個工業化世界產生了相似效應。大公司更加龐大，中等規模者則被生吞，有趣且有意義的產品則靠小蝦米薪傳。今天德國的地方酒廠網絡依舊廣闊，但兼併壓力仍在。某種程度上，美國很幸運能在一、兩個世代前經歷最糟的情況；當

英國的真愛爾促進運動

CAMPAIGN FOR REAL ALE

1960 年代後期，英國啤酒廠中自然充氣的桶內熟成或「真」愛爾的經典啤酒面臨威脅。大型啤酒製造商為了將產品現代化，開始生產經過過濾、人工充氣的桶裝，或是以酒廠槽車充填的槽裝啤酒。1971 年，真愛爾促進會（Campaign for Real Ale）為對抗這股潮流而成立。它尋求大眾與政治壓力，確保真愛爾仍能在英國酒館生存。除了發行出版品，也在英國舉辦許多真愛爾啤酒節，包括每年 8 月的大英啤酒節（Great British Beer Festival）。2007 年，會員達 6 萬人。

雖然真愛爾促進會行得正、坐得端，又有可觀的支持者，但還是無法維持真愛爾的國飲地位，現在成為落居拉格和桶裝啤酒之後的特色產品，2007 年僅占即飲市場的 11%，全國供應的酒館不到半數。我們都可對抗經濟與消費趨勢，甚至稍作改變，但最後勝出的總是較強的力量。

美國的啤酒廠與有趣啤酒數量都在 1970 年代後期觸底時，就沒有什麼需要保存，也沒有什麼能阻擋它重新起步。

話雖如此，許多道地、富有個性的啤酒仍然在歐洲成功留存，即使是皮爾森啤酒氾濫的德國。萊茵河畔宜人的社交型啤酒（session beer）、柏林和耶拿（Jena）的白啤酒（Weissbier），以及巴伐利亞北部如同啤酒遊樂園的班貝格（Bamberg），都有值得討論的特色啤酒。（第 11 章）

某些缺少當地啤酒傳統的地區，如義大利和丹麥，小型啤酒製造商必須從無到有地打造啤酒景致。此刻的義大利似乎正受比利時的啟發，而丹麥的精釀啤酒圈則開始有點像是大玩啤酒花的美國精釀啤酒界。另外，在日本政府將酒廠最小規模調低至合理程度後，當地啤酒也開始活絡。精釀啤酒廠在拉丁美洲也有雨後春筍之勢，特別是阿根廷。此刻正是令人振奮的時代。

1970年後的美國

即使是那個年代的人也很難想像 1977 年的美國啤酒圈有多麼空虛。當時只剩下不到五十家啤酒公司，以及不到一百家的啤酒廠，這是過去兩百年的最低潮。雖然那時還有部分地區性啤酒廠，某些酒廠也存活至今，但多數已成為謹慎而平淡的啤酒，主要販售給年齡層較高的族群。部分啤酒製造商仍釀造季節性的勃克啤酒，但那通常只是添加一點焦糖色素的淺色拉格。當時似乎沒有人真正在乎啤酒。

持平而論，在二十世紀經營啤酒廠十分艱難，這些經營著遭遺忘企業的家族十分可敬，地區性啤酒廠更是如此。生活模式變遷和嶄新的全國性文化，使得人們不再需要它們；而禁酒令後的掙扎求生，最後變成長達數十年的瘋狂自相殘殺：削價、降低品質和兼併。好些地方還保有自豪的產品，但老實說能得

到的支持並不多。

此時，好奇又口袋比多數人深的年輕弗利茨・美泰克（Fritz Maytag），來到舊金山仍在生產有趣且富歷史意義的地區啤酒廠之一：Anchor，而他喝到的是蒸汽啤酒（Steam）。1965 年，他買下 Anchor 釀酒廠，並投注畢生心血。多數人認為這就是美國精釀啤酒運動的開端，第一座帶領我們通往真正啤酒傳統的精釀啤酒廠，這樣的獨特歷史無法在他處複製。

當美泰克忙著拯救舊金山的 Anchor 釀酒廠時，許多事也正在進行。美國年輕人開始以當地駐軍或背包客的身分親自體驗歐洲經典啤酒；《全球目錄》（Whole Earth Catalog）誕生，雖然書中沒有隻字片語提及啤酒，但它為許多人指出一條更和善文雅的未來商業明路，由各種有趣、手作的產品類型組成。麥可・傑克森正在奮筆疾書富開創性的《世界啤酒指南》（World Beer Guide），並於 1977 年首度發行。自釀啤酒書籍也從英國傳出，呼喚著糖蜜等的奇怪原料。弗瑞德・艾克哈特（Fred Eckhardt）也出版了一本輕薄、但充滿技術細節的《論拉格啤酒》（A Treatise on Lager Beer）。雖然禁酒令廢止後的一項立法疏忽，使得自釀啤酒在當時的美國仍是違法，但似乎沒有多少人在乎。自釀啤酒提供精釀啤酒靈感、熱情與人才，其重要性不言而喻。如果沒有自釀啤酒，今日的啤酒將會是另一個模樣。

1976 年，傑克・麥考利菲（Jack McAuliffe）於加州索諾瑪（Sonoma）開設第一座微型啤酒廠 New Albion。它的存在時間不長，那時自釀啤酒變得熱門，傑出啤酒也持續出現。許多啤酒廠隨著朋友們說道：「老兄你的啤酒真棒，真該開家啤酒廠」，也不斷成立。涓滴匯成洪流，到了 1990 年代初期，已有上百家啤酒廠和自釀酒館，釀造出種類繁多、風味迷人且偶爾出色的啤酒。此時精釀啤酒年成長率為 45%，因此也吸引部分眼前只有精釀啤酒經濟利益的人，但這並不足以讓創業成功。沒有任何一家初期就嘗試大規模生產的啤酒廠一舉成功。到了 1990 年代末期，啤酒業界經歷一番震盪，但好處是市面上多出許多價格低廉且狀況良好的二手設備。

今天的精釀啤酒產業已經世故許多。啤酒品質極高，也以正確的行銷手法讓故事好好地傳達給大眾；商業意識也跟上啤酒熱情，而不只是壓倒它。精釀啤酒的成長幅度穩定維持在每年 10 至 15%，此類型約占今日的美國啤酒市場銷售量 4%，銷售額約為 6%（2014 年銷售量為 11%，銷售額則是 19.3%）。北美是全球最多樣、最富創意和美味的啤酒家園。已逝作家麥可・傑克森曾愛用此結論嚇唬歐洲聽眾。

歷史上曾有超過百年的時間，啤酒業方向都由規模最大的成員決定。隨著大型商業啤酒停滯不前與精釀啤酒繼續興盛，今天情況已截然不同。我希望

此世代的啤酒市場朝向如同葡萄酒一樣豐富。全球規模最大的啤酒品牌之一Anheuser-Busch的前執行長奧古斯特‧布希四世（August Busch IV）曾說：「啤酒在美國的未來繫於消費者的選擇」。我們該做的就是繼續深耕，證明他是對的。

啤酒市場

啤酒誕生於高度管制的體系。〈漢摩拉比法典〉（Code of Hammurabi）以將啤酒全數拋入河中嚇阻啤酒婆欺騙顧客，今日的懲罰當然也可以如此嚴厲。數千年來，政府致力讓啤酒對社會維持貢獻（不論是做為應稅品或酒精飲品），而不讓它產生太多危害。但由於人類易於腐敗的天性，任何與我們人類有關的事物都危如累卵，因此許多努力難免有時落空。

在美國，眾多酒精飲品的規範都留給各州自行制定，銷售相關事項尤其如此。禁酒令前啤酒廠曾掌控下游的酒吧，並經歷幾次嚴重事件。而美國大部分州在禁酒令後都建立了三層經銷體系。除了對自釀酒館、產量小的啤酒廠以及葡萄酒酒莊有所通融之外，酒精飲品必須由製造商（或進口商）流通至經銷商，再到零售商。美國許多州的經銷商都受到特許法規保護，制定出三方應有的義務與限制。如此一來，在知道品牌不會因為啤酒製造商的任性而無故消失，經銷商便有動機投資他們手中的品牌。但另一方面，經銷商也不一定會投

資，品牌被經銷商打入大牢的情形時有所聞，在大牢裡的品牌既得不到經銷商的支持，也不被交給另一位經銷商。多年來，特許法規引起相當多不滿，雙方角力也經常成為州議會的焦點。

多數啤酒業界的有識之士都知道經銷商的必要。支持三方體系很重要的一點，是它使零售系統脫離啤酒製造商的直接掌控。想一睹酒廠如何控制零售商，只要看看英國就可以了。在那裡，啤酒製造商透過直接擁有或條件極優惠的貸款，控制了絕大多數的酒館；此情況下的行銷策略就是將預算花在酒吧，盡可能地吸引顧客並且做到賓至如歸。這固然創造出不少光彩奪目的酒吧，但酒吧裡通常也只提供單一酒廠的某些品項，而「客座」啤酒也常來自姊妹廠。在壟斷與兼併委員會（Monopolies Commission，1999年更名為競爭委員會 [Competition Commission]）迫使英國啤酒廠出讓酒館後，又被一小群大型跨國企業抓緊，它們傾向經營大型啤酒廠，並讓消費者的選擇控制在一定範圍內。如果你曾經在美國連鎖餐廳尋找當地釀製的啤酒（我們之中誰不曾這麼過呢？），你就會知道我在說什麼。

美國被大型企業支配得相當徹底，Anheuser-Busch在2007年11月占美國啤酒市場48.8%。而大型企業能透過對酒館的支配權，限制消費者接觸較小品牌的管道。對新成立的啤酒廠而言，經銷是困難的議題。早期大多數人都忙著站穩腳跟，試著找出目標族群，並與此行業的種種複雜細節奮鬥。一般而言，經

銷商比較喜歡已經解決生產與行銷問題等較為成熟的品牌。在美國許多州，規模在某程度以下的啤酒廠可自行經銷。經銷商則視此侵犯了三方體系的基本權利，但回頭想想，讓這些極小型的啤酒廠在能更成熟的市場立足前自行成長，顯然是對經銷商更有利的做法。

美國的酒類法規是一幅古怪的拼圖，由不著邊際或易生弊端的規約組成。例如 2007 年，酒精濃度 5%在德州是拉格的上限、愛爾的下限；賓州要求啤酒必須一次購買整箱，以減少啤酒消費；阿拉巴馬州啤酒不能超過 16 盎司；許多州限制雜貨店不能販售酒精濃度 3.2%（重量比濃度，以體積比計算為 4%）以上的啤酒。詭異的法規還不只這些……。同樣在德州，有個可以不受三方體系限制的奇怪例外：位於特定的郡、固定範圍的「海洋哺乳動物景點」可不受限制（提示：它的地名開頭是 Sea、結尾是 World，碰巧為美國最大的啤酒廠之一所有）。情況還不止於州

等級，地方政府也有權力行使各自認為適合的方式。美國有濕郡（wet）、乾郡（dry）和潤郡（damp），這些地方只能在餐廳或私人俱樂部買到酒精飲品；馬里蘭州的某個郡本身就是經銷商。還有很多規定不僅大幅限制消費者享受合法購買產品的權力，同時讓人覺得相當可笑。

感謝逐漸和緩的政治氣氛，以及熱心與專業人士付出的努力，某些舊法已有合理修正。在北卡羅萊納和其他數州的啤酒酒精含量上限已取消，而佛羅里達州妨礙競爭的包裝尺寸限制也解除。當然，該做的事還很多，而新禁酒主義勢力也一直試著復辟。愛好啤酒的我們都應有所警覺，並準備挺身而戰。啤酒是歷史的絕佳寫照，我總為每款啤酒背後都有許多故事大感驚奇。當我拿起杯子看著這有麥芽、酒花風味並帶著泡沫的啤酒，不禁想到造就這杯飲品的種種相連因素，竟始於一萬年前。這真是一種有深度的飲料呀！

喬和他的夥伴在皇家酒廠啤酒屋的原木椅凳坐了下來，面對長年書寫洗得發亮的黑板。這間酒吧如同經過綿長的人生洗禮，像條通往天堂的小徑。

喬的夥伴舉起兩根手指，對服務生高喊：「弗利茨，兩杯深色啤酒」，服務生是個親切的德國小矮人，比男孩們矮一些，動作和啤酒的酵母一樣活力十足。

啤酒上桌。喬第一次看到面前的烏茨堡啤酒（Würzburger），但已完全傾心。世上沒有任何可比擬的飲料了，那泡沫簡直像打發的奶油，可以直接用湯匙品嘗。

——鮑伯‧布朗，《來杯啤酒》（*Let There Be Beer!*, 1934）

Chapter
2

感官品評

為什麼要品飲啤酒，
我們就不能簡簡單單地大口喝、
盡情放鬆，一切不都很輕鬆美好嗎？
當然，有時候我們就是想要
不帶任何評判地享用；但許多時刻，
我們也需要專注與結構化地品嘗。
競賽是最顯著的例子。競賽中
可能評論單一酒款品質、多種酒款競爭，
或以某種特定類型為範本品評。
在餐廳或晚餐聚會中，我們也可能需要
選擇啤酒，哪些啤酒會列入口袋名單，
主要也都源自於啤酒的
表現。

不論規模大小，啤酒製造商都必須經常品評自家酒款以確保風味一致、沒有缺失且適合目標市場。小型製造商若是輕忽品評的重要將造成問題；而只依賴少數人員品評，則可能會有難以預料的盲點。即使是極小型的啤酒製造商，構思一個結構化的品評系統，並由滿心期待品嘗的人員組成，經過這樣的評斷，一定能從市場得到相當的回響。

當花時間建立一套品嘗方式，並整理各種感官詞彙後，即使是隨興地品嘗，口中的啤酒都可能顯得更具深度與意涵，以及更讓人享受。

感覺結合了刺激與感悟。感覺神經受到刺激後，思緒、記憶和印象便開始浮現。我喜歡把這兩部分想成硬體和軟體，但兩者之間仍有些灰色地帶。鼻子與口中的受器，會被特定化學物激發（有點像是按下「硬體」的某個按鈕，將訊號射向腦）。數百萬年在嚴苛環境求生的經歷，已將這些感受如同電路板一樣刻於體內。最後，感覺會跳進我們的意識。我們的思緒與意識則深受社會、文化與私人經歷所影響，而且一直變化著；當然，感受也會因專注程度而影響。這些感覺、思緒與意識共同構成了感官體驗的認知部分，或是想成「軟體」。

在神經細胞和念頭之間還會經過很多東西。感覺抵達腦部意識之前，得先透過層層處理，某些處理過程是種整理，但某些過程涉及記憶和情緒（深植於意識，但我們無法控制的事物），它很酷，也對品飲啤酒有所幫助，稍後將有更完整的解釋。

味覺

舌頭約有一萬個味蕾，另外在軟顎、會厭、食道、鼻咽、雙頰與嘴唇上味蕾的數量較少。每個味蕾都是能對特定化學組合產生反應的感官偵測器。味覺是判斷環境中事物好壞的線索，指引我們接近營養有益的食物，遠離潛在有毒物質。這種感覺非常重要，因此它以三條獨立路徑連入腦部。一旦其中一條受損，還有兩條備用可執行任務。這與太空梭裡面的備援品數量相同。

如果盯著你的舌頭，你會看到它布滿小凸起。這些並不是味蕾，而是舌乳突。嵌在舌乳突上的才是味蕾。一個乳突的味蕾數量依類型，從數個到 250 個不等。舌面圖則是用來顯示不同風味的敏感區域：前端是甜味，兩側是酸味等等。不過，此分界與事實不符，是十九世紀末由主張頭顱凸起和凹下能解釋各種道德傾向的偽科學——顱相學（phrenology）的支持者所創。

舌面固然有些風味分區，但是大部分都能感覺到全部共六種風味（第 30 至 31 頁）。舌面覆蓋著絲狀乳突（filiform papillae），也就是你能看到、感覺到的那些小突起，這些乳突並沒有味蕾。舌面大致分為三個區域，三區的味蕾數量不同。舌頭前三分之二，散布在絲狀乳突間的是蕈狀乳突（fungiform papillae），它們較為密集地分布在舌面邊緣。蕈狀乳突邊上（而非頂端）布有

味蕾。雖然略有差異，但它們都能感覺到酸、甜、苦、鹹和鮮味，以及新發現的脂肪味。

後方的舌根則分布了一排大型輪狀乳突（circumvallate papillae），而葉狀乳突（foliate papillae）分布於舌側與舌根。輪狀乳突似乎對苦味和脂肪味特別敏感，這也正是吞嚥包含在啤酒品飲程序的原因；葉狀乳突除了能感受脂肪味外，對酸味尤其敏感，所以檸檬汁（或自然酸釀啤酒）會讓舌側與舌根特別有感。絲狀乳突雖然整個舌面都有分布，但它們只有物理功能，不含任何味蕾或受器。

每個味蕾都是由許多感覺細胞構成，它敏感的條狀尖端會一路延伸至味蕾核心，並準備好在特定的味道分子飄過的時候發出訊號。每個細胞都能感受一種味道，但也有許多特定受器能感受甜、苦和鮮味等化學結構更複雜的感覺。

基本風味

甜味

這個大家都熟悉的味覺是演化的重要產物，為了提醒我們環境相當罕見且擁有高營養價值的食物，因此即使是嬰兒也會自動對甜味產生反應而吸吮。但在甜食、飲料隨手可得的現代，甜味感覺似乎已經不是好用的功能。我們的大腦仍然認為甜食很有益，因此往往過度攝取。

從生理學而言，甜味感覺相當複雜，由類似苦味、脂肪味和鮮味的多階途徑傳遞。

啤酒幾乎總帶點甜味，但甜味只在某些口感豐厚的類型成為主角，例如蘇格蘭愛爾（Scotch Ale）、雙倍勃克啤酒（Doppelbock）和牛奶司陶特啤酒（milk stout）。這些類型有相當多的殘糖。然而，多數啤酒中的甜味只是平衡元素，可能會被啤酒花、焙烤麥芽或有時出現的酸度掩蓋。

酸味

如同所有測量酸鹼值的方式，酸味感覺也是偵測氫離子。酸度高低是水果熟度的可靠指標，也是食物變質的標記，因此我們會發展出酸味感覺也有些演化壓力。

酸味的反應機制相當簡單，這也是我們嘗到酸味時反應迅如電光的原因之一。啤酒是種弱酸性飲料，pH 值一般在 4.0～4.5（比利時酸啤酒為例外，pH 值 3.4～3.9）。酸味通常是配角而非主角。水果啤酒是需要注意酸味的酒款之一，它和水果性格是否鮮明很有關係。

鹹味

味蕾也對鈉離子和鉀離子（程度稍低）有所反應。這些鹽類對許多細胞活動程序相當重要，且必須自環境取得。一般而言，鹽不會在啤酒中登場，但不論是因為富含礦物質的水源或有意添加，一旦鹽分出現，風味便可能更加飽滿強健。

苦味

這是一種植物告訴動物：「不要吃我！」的方式。事實上，人類是唯一不會迴避苦味的物種。由於環境中有許多種類的有毒化學物，細胞中偵測苦味的受器因而多達三十種。科學家已經發現好些對應苦味受器的基因。雖然受器如此多元，一般認為腦只會收到一種苦味訊號，而沒有特定味道的細節。不過，這和我們

氣味和嗅覺

舌頭是感受溶於液體中化合物的味覺系統，而嗅覺系統則是捕捉由空氣傳播的分子。相較於味覺系統，嗅覺更是複雜。

多數人擁有900萬個嗅覺神經細胞，分布在鼻腔上端和咽喉內側間。人類的嗅覺能力在動物界算是不起眼的，例如狗的嗅覺神經細胞約有2億2500萬個。我們能以1千種不同的受器，感知到約1萬種氣味，但形成的機制還是個謎，也是高度爭議的科學領域。由於受器種類只有感知到氣味的十分之一，部分信號必須組合。每種氣味分子都會刺激一組特定的神經細胞，神經細胞所受刺激強度各自不同，因而產生各式各樣的氣味。氣味產生的傳統解釋是鑰匙模型，但其中可能更複雜；例如，晚近證據表示某些氣味分子辨別是藉由區分不同同位

印象中苦味似乎有幾種風味差異的感受有所矛盾，因此其中可能還有些未知的機制。大體來說，苦味是由氰化物和牛物鹼等多種有毒物質的感覺統括。

觸發苦味訊號的細胞程序相當複雜，也因為如此，感受苦味的味蕾反應較慢；這在每次開瓶喝下第一口苦啤酒（bitter beer）會特別明顯，首先出現的可能是甜味和酸味的混合，但苦味隨後就會現身，且逐漸增強。苦味從口腔消失耗時也較長，某些風味特別強烈的啤酒甚至會有綿延好幾分鐘的苦味。

雖然許多亞洲地區偏愛苦味，但西式料理並不常出現。對多數人而言，苦是需要培養的口味。新開幕的自釀酒館中，顧客偏好通常呈這樣變化：起初琥珀愛爾（amber ale）或淺色拉格（pale lager）可能最暢銷，但是到了年尾，最暢銷的通常是淺色愛爾。當然，也有人對苦味特別著迷，因此有一小塊啤酒花愛好者的啤酒市場，如今此市場似乎已成為穩定商機。

鮮味

鮮味（Umami，麩胺酸鹽〔Glutamate〕）為人所用已超過千年，但直到2000年，鮮味受器的基因才被發現，列入基礎味覺。鮮味是日文的「美味」，字意概括了可在食物中發現的鮮美、帶肉味的特質，有時也會在啤酒中發現。這種感覺來自於構成蛋白質的物質——胺基酸。鮮味主要由肌苷酸（inosinates）、鳥苷酸（guanylates）和麩胺酸（glutamates）提供，它們源自不同的食物類型。鮮味可以在熟成後的肉類、富含油脂的魚類、發酵食物（特別是黃豆製品）、陳年乳酪、成熟的番茄、海帶等食物尋得。

啤酒經長期陳年後，才能開始感受到鮮味。剛開始會有飽滿的肉味，再給它充足的時間，則可能會出現類似醬油的風味調性。雖然目前研究尚不完備，但鮮味對啤酒餐搭十分重要。

脂肪味

最新發現的味覺，2005年研究發現其受器。就如同糖，這也是我們渴求而富營養的食物，在這到處都買得到薯條的世界中，此味覺可能帶來不小的危害。由於啤酒不含脂肪，因此脂肪味是否會影響啤酒品飲，目前還不清楚。

舊版舌面圖
十九世紀江湖術士的錯誤產品，
實在很難從教科書根除。

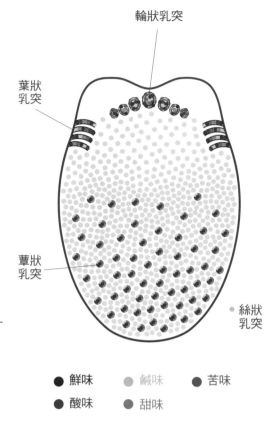

輪狀乳突

葉狀
乳突

蕈狀
乳突

絲狀
乳突

● 鮮味　　● 鹹味　　● 苦味
● 酸味　　● 甜味

新版舌面圖
雖然舌面有三個味覺區域，舌頭前半部
對所有味道的敏感度一致。
苦味在舌根的輪狀乳突感覺更強烈些，
而舌側的蕈狀乳突則對酸味稍微敏感一點。

素，顯示部分嗅覺細胞能夠讀取分子的能階。現在，已建立五種以上各自獨立的嗅覺系統機制，真實情形可能會包含更多機制。此領域相當迷人，也還尚有許多研究待進行。

我們擁有兩組嗅覺感應器。其中一組跟想像中的一樣位於鼻腔，稱為鼻前（ortho-nasal）受器；這組受器較像是分析工具，氣味在此進行分類、辨識。另外一組為鼻後（retro-nasal）受器，位於口腔後方及鼻咽通道的軟組織上。近來發現兩組系統運作相當獨立，大腦處理方式亦不相同。鼻後感受系統比較不像「氣味」（aroma），而接近結合氣味與口中味道的「風味」（flavor）。另外，鼻後感受系統似乎和辨識喜好及熟悉感相關，所以你也可以把責任推給因為從小就不喜歡花椰菜之類的經驗。這也會

讓啤酒中麥芽或啤酒花產生不只是香氣的特質。另外，它也和飽足感有關。

嗅覺連入腦部的方式與其他感官不同。嗅覺訊號並非直接抵達較高的認知中樞，而是先在大腦某些非常古老、神祕的區塊繞一圈，包括食慾、憤怒、恐懼所在的下視丘（hypothalamus）；管理記憶的海馬迴（hippocampus）；以及管

理呼吸等基本身體功能的腦幹。如果它們和品飲啤酒無關，我也不會用這些解剖名詞轟炸各位。

氣味能以記憶和情緒引發有力的心理反應。而品飲過程最具挑戰也最關鍵的部分之一就是為香氣或味道命名。想要為舌尖上的味道找出合適的詞彙，是相當令人沮喪的經驗。但我發現如果某個特殊香氣能喚起一段古老的回憶，通常也能延伸憶起相關事物。那是奶奶家嗎？食物？花？後院裡的是玫瑰嗎？啪地一聲，氣味的字眼就像閃電一樣出現了。這種探索心智的經驗非常有趣。

從釀酒師的角度，這些充滿情緒的心理經驗對藝術創造影響很大。如果能設計一款經常召喚出像是燕麥餅乾等快樂童年回憶的啤酒酒譜，就如同創造出強而有力的歸屬感。我常對正研究設計酒譜的學生說：「身為藝術家，你的職責就是搞亂人們的腦袋」。

如同個人經歷，我們的文化歸屬也會影響對於某些香氣的反應。有些感覺的好壞普世皆然：對甜味的喜愛，對腐敗肉類的反感，以及對霉味的敏感，這些是已知氣味物質中最強烈的。但是許多感覺是可以慢慢培養的口味偏好，如稍早提到的苦味。它對我們的影響視基因、成長過程，以及我們能接受的心胸有多開闊。

一般而言，女性是比男性更敏銳的品飲者，此優勢在懷孕時更加明顯。不過，隨著年紀增長，我們會變得較不敏銳，幸好可以透過訓練及經驗彌補。所以別擔心，不再年輕的我們還是有些希望。最後，相較於景象和聲響，氣味和味道的感覺需要更長的時間留下印象，停留的時間也更久。這是另外一個認為味道有時間面向（有前味、中味和餘味），而不只有單一印象的理由。

心理因素

在感官的奇異世界中，二加二很少等於四。雖然我們人類很敏銳，很多方面的表現也都比機械更好，但在某些有趣的面向上，我們離完美很遠。

首先，我們對不同化學物的敏感度不一。一款啤酒可能同時讓某位飲者覺得太過奶油、有點噁心，另一位覺得有宜人的焦糖味。某種形式的酚類在啤酒中會帶有類似電線走火的惡臭，但有幾乎 20% 的人可能完全感受不到。這是一件對釀酒師來說很嚇人的事實。許多我認識的出色品飲者，會嘗試透過使用一系列不同濃縮度的氣味化合物校正，或在品評時集中注意力並比較與他人的反應。如果你總是一桌中那個感覺不到某種香氣的人，你的敏感度很有可能比較低。

一天當中的敏感度也會有所不同。雖然生理周期聽起來有點像是偽科學，但背後其實有真正的科學證據。早晨似乎是我們最敏銳的時段，也因如此，啤酒廠通常會在此時品鑑。

規模較大的啤酒製造商會以一系列常用的氣味化合物，測試品鑑成員的敏感度，並依其長處與弱點，加權各自的

啤酒評價。透過投入一系列稀釋等級不同的異味物質至啤酒中，受測者分辨添加及未添加異味物質的能力，可以測出每個人的閾值。認真的業餘人士和小型啤酒廠員工也並非做不到，經過長時間仔細地正式品評也能達到大致相同的成果。

奇怪奇怪真奇怪

有好些現象會影響風味和香氣的感知，這也為品飲者增加了另一層複雜性（與樂趣）。

強化感官
練習

● 散個步或打開車窗兜風。仔細注意氣味如何在不同地點轉變。我想有一半的品飲技巧能力取決於專注力。順帶一提，我特別喜歡午餐前後芝加哥的味道。

● 下次點啤酒時，可以在餐巾做些香氣、風味、質地和餘韻的筆記。真正的啤酒癡都會隨身攜帶筆記本，鳥迷也是。是否留存這些筆記並不那麼重要，重要的是記錄這個動作。

● 參加葡萄酒品飲，偶而離開舒適區能迫使我們進入更高的層次。

有些化學物質會隨著含量改變特性。所以即使只是越加越多，嘗起來也不是同樣的東西不斷加強而已。例如，鄰氨基苯乙酮（o-amino-acetophenone）在十億分之一的濃度下聞起來像麥芽、百萬分之一濃度下聞起來像塔可餅，而在千分之一濃度下，它和美洲種的Concord葡萄像到感覺可以直接做成葡萄汽水。當然，這是極端案例，但同樣的情況也出現在丁二酮（diacetyl，一種發酵副產品），當它的濃度提升，風味會從奶油（想想電影院的爆米花）變成奶油糖。

另外，間質效應（matrix effect）也會牽涉風味間的互動，並導致彼此改變或產生新的感覺。咖啡就是經典案例，雖然咖啡中已辨識的風味物質超過九百種，但沒有任何一種嘗起來像咖啡，也沒人真正了解到底是什麼產生「咖啡味」。這在梅納反應（Maillard reaction）或焦糖化作用是常見現象，兩者對經過烹飪的肉類以及由烘烤麥芽製成的啤酒來說都很重要。

間質效應也可能改變單一化合物的感受。淺色啤酒中的二甲硫醚（DMS，帶有異味的硫化物）像是奶油玉米；但在深色啤酒中，它常常變得更像番茄汁（品評深色啤酒時非常實用）。

「遮蔽」是一種化學物質掩蓋另一種化學物質風味的現象。在啤酒中，氣泡會掩蓋啤酒花，而酒精會掩蓋氧化氣味。香草是廣為人知的氣味遮蔽物，它擁有使任何風味變得圓滑的能力。

「增益」則剛好相反，某種化學物

質的增加會放大另一種風味。鹽和胡椒的搭配是最常見的例子；鮮味則是另一個例子。啤酒在入菜、佐餐時也有同樣效果。

口感

在氣味和口中味道之外，還有一系列啤酒會觸發的感受。我們都能感受到溫度、氣泡感、黏性，以及由薄荷與辣椒等帶來的清涼或灼熱。在啤酒中，這些被轉化為爽冽／乾爽、口感飽滿、豐厚、燕麥或裸麥的油潤感等。臉部的主要神經「三叉神經」（trigeminal nerve）會將感覺傳遞至腦部。

視覺

啤酒實在美麗。人類歌頌它深邃、清澈的色彩和潔白、綿密的泡沫已數千年，而今日啤酒帶給我們的視覺樂趣也未減半分。我們對視覺的信任勝過許多感官，但經驗豐富的品飲者會懂得別因為眼睛而太過分心。

競賽用的啤酒評分表很少會讓外觀項目超過總分的10%。曾經品評過一大群啤酒的人就會知道，眼睛有多容易被眼前的東西迷惑。只要顏色稍微比類型描述得淺或深一點，就會開始嘗到其實可能根本不存在的味道。身為品評者當然會希望此效應降到最低，但反之站在呈現啤酒的立場卻想要竭盡所能地利用此優勢。第6章將有更多討論。

或許有一天，你也會受邀宣傳傑出的啤酒。歷練豐富的味覺、堅實的技巧，以及豐富的詞彙將是引領人們體驗啤酒的最佳工具。對啤酒的各部分瞭若指掌，會讓你知道什麼是該告訴聽眾的最重要部分，並賦予他們身受品飲訓練的自信。更別說這會讓自己的啤酒體驗更加美好了。

Chapter
3

啤酒釀造
與
風味術語

從一杯啤酒發現的種種感受，
都源自釀酒師和製麥者做的決定。
例如，啤酒花撲鼻的新鮮香氣？
那是在釀酒間或發酵槽中，
仔細選擇並運用珍貴賦香啤酒花的結果。
輕微的堅果感和葡萄乾的氣息？
那是輕度烘焙的淺色愛爾麥芽加上一點結晶麥芽，
而這一切都由特定品系酵母
在特定情況下的神祕運作所形塑。

能否解構啤酒、一探釀酒師腦海深處，區分出認真品飲與輕鬆享用兩者。對於熟知啤酒釀造過程的人，一款啤酒就像一本在面前展開的書。啤酒取決於釀酒師的行動，因此對釀造過程的認識成為品飲的基礎。越深入了解杯中物越能獲得更多樂趣，為了這個終極目標，我們得先俯身貼近釀造過程。

由閃閃發亮不鏽鋼打造而成的現代超大型啤酒廠裡，對麥芽、水、啤酒花和酵母做的事情，其實和裝上木槽或黏土槽的古代啤酒廠一樣。程序看似相當簡單，因此有人能在地下室和車庫，用一些大型鍋具、盤子達到極高的技藝成就。工業化啤酒廠的先進技術，大多為了一致、經濟與效率等考量，其實與藝術創意關連不大。

啤酒是一種農產品，但如今絕大多數的釀酒原料（大麥、啤酒花、水）都像商品一樣買得到。這點與葡萄酒世界相當不同，數公尺之遙的葡萄，可能由於微氣候、土壤類型、光照和其他變數而截然不同。在葡萄酒裡，神的安排最重要；但在啤酒釀造，則是透過雙眼能見的人手操作，對我而言，這是啤酒最迷人的地方之一。在某些情況下，風土

解構啤酒

香氣：源自麥芽和啤酒花等材料，但由酵母調整、強化

酒帽：源自麥芽和小麥、燕麥和裸麥之類穀物輔料所含的中等長度蛋白質，受糖化過程影響，過濾也可能有所影響。

色彩：主要源自所選麥芽的烘焙程度，但受糖化和煮沸的參數影響。甚至發酵及過濾也有某程度的影響。

氣量：二氧化碳（CO_2）氣體，是酵母發酵的副產品。

酒體與口感：蛋白質源自麥芽，受釀造、發酵、過濾程序影響；甜味源自麥芽、釀造過程的眾多決定與發酵過程。

風味：麥芽、啤酒花和釀造用水，三者都受釀造過程中許多面向影響。

酒精：更多可發酵原料代表更多酒精等等。

風味輪
啤酒有各式各樣不同的味道、香氣和口感感受，
感官科學家摩頓‧麥爾加（Morten Meilgaard）在 1970 年代設計出來的風味輪，
就是用來顯示啤酒多種感官元素間的關係。

（terroir，地理環境等特性）確實會影響啤酒，我們將在稍後討論。顏料只是顏料，讓它變成畫作的是引領畫筆的手。我們的目標就是透過釀酒師的作品了解他們。

　　一連串的抉擇從製麥者開始。經過一系列的步驟後，最豐美、均勻的大麥便被喚醒，一切由此展開。透過酵素種種精妙複雜的轉換，種子在不知道製麥者另有計畫的情況下，為新的植株備好澱粉。人為操控發芽過程中的細節，不僅對麥芽的釀造價值影響巨大，也影響啤酒風味。加熱，則是讓此過程中止的方式，而啤酒的麥芽風味，正是自烘烤過程創造出來——從最細緻、麵包般的穀物感，歷經數十種琥珀與棕色，最後抵達濃縮咖啡般漆黑的黑色麥芽。

　　我們還沒開始釀造啤酒喔。

　　接下來還是一連串的抉擇：除了酒譜設計，還有釀酒程序、酵母、發酵、充氣、過濾、包裝等等。上百個步驟因傳統、技術、市場需求，以及一些釀酒師的隨興胡搞而結合，最後將一杯獨特的啤酒送進杯中。

　　要熟練地掌握這些令人費神的複雜組合，需要特殊的個性。在我認識的各個出色釀酒師裡，他們的性格都混合了好奇心、創意、願意冒險，還有對小細節近乎瘋狂的偏執。獨特的人當然也是啤酒世界最讓人愉快的部分之一。

　　雖然啤酒釀造的細節看起來可能像專業技術，但就是所有啤酒的核心與靈魂所在。下次舉杯時開始把這些細節放在心上，你會發現它們正從杯中躍出。

水

　　啤酒大部分是水，因此水當然會影響風味。

　　首先，水（用於啤酒釀造時稱為「釀造水」）並不是沒有風味。為了轉變為啤酒，有時水會跨越寬廣的時空，途中水接觸了土壤、砂石等物質。由於水是極佳的溶劑，因此一路上會溶解各種礦物質。礦物質以離子（分子因水的魔法而分裂，形成在水中自由浮游的半個分子）形式出現。許多礦物質的味道可以實際嘗出來。碳酸鹽的硬白堊味，碘與氯擁有讓口感變得寬廣的圓潤感，硫酸鹽有濃烈石膏味，啤酒也會因此具有這些特徵。

　　水中礦物質不只讓啤酒帶有風味。釀造水的離子具有化學活性，會對釀酒過程產生重要影響。每種類型的啤酒及釀造程序都有它的理想釀造水。西元1900年前後，釀酒師們才學到如何調整當地水源的化學性質。在那之前，能釀造的啤酒類型有限，因此當地水源的限制也是多數經典啤酒類型演進的重要因

✹ 感官字典：礦石味

感受類別：味道、氣味（只有硫酸鹽）

描述用語：礦石味、粉筆味、灰泥味、石膏板味、硫磺味、鹽味

啤酒中的感覺閾：不一定，但應只是些微

適合類型：某些淺色愛爾可能感受得到且討喜，有時在多特蒙德拉格（Dortmunder lager）也有。過多的白堊可能會造成不討喜的澀味（第40頁）

來源：釀造水中的礦物離子

水的影響
水有自己的風味，同時也
在啤酒釀造的化學反應中扮演重要角色。

素。

石灰岩是一種常見的岩床，主要由碳酸鈣構成（有時碳酸鎂也會出現在類似的白雲石 [dolomite]）。當水從石灰岩流過或穿透時會溶解一部分岩石。不過，純水並不會溶解部分岩石，當大氣中的二氧化碳溶於水中，而水因此產生的酸度足以溶出部分礦物質時才會發生，如此一來，便創造出偏鹼性、稍硬的水。由於石灰岩十分常見，因此含碳酸鹽的硬水也十分常見。對許多啤酒而

言這並非理想用水。它的鹼性會讓啤酒花的苦帶有不討喜的澀味，並影響麥醪的化學性質。只有在加入深色麥芽（稍帶酸性），這種帶點粉筆味的硬水才能發揮作用，如果再降低啤酒花使用量，賓果！一款成功的啤酒誕生了。慕尼黑（Munich）和都柏林（Dublin）有名的兩款深色啤酒就是此例。

石膏（或硫酸鈣）是種較不常見的礦物質，但是啤酒類型的重要關鍵。十九世紀英國特倫河畔波頓鎮（Burton-on-Trent）的啤酒製造商開心地發現它們的泉水能釀出清冽、乾爽而酒花風味強烈的新啤酒類型，稱之為淺色愛爾。即使在今天保存良好的桶裝 Bass 品牌啤酒中，有時還是可以感到一絲石膏灰泥氣息。

但是，對某些啤酒來說，最好的礦物質就是完全沒有礦物質。以淺色皮爾森拉格聞名的捷克皮爾森市，有極軟的水源，他們將此與複雜的糖化過程結合，創造出風靡全球的經典類型之一。大多數的啤酒或釀造方式都不適用無礦物質的水源，但這對釀酒師而言也不構

✳ 感官字典：金屬味

感受類別：	味道*
描述用語：	金屬味、血味、鐵味、銅味、苦味
啤酒中的感覺閾：	0.15ppm
適合類型：	無

來源： 鐵、銅或其他偶爾出現的元素，可能來自水源或陳舊的釀酒設備。有些金屬味據信是金屬離子催化脂質（脂肪）氧化而來

*金屬味究竟屬於味道、氣味或電場效應之類的三叉神經感受，目前還不清楚。某種程度上，三種都可能牽涉其中。

成麻煩，只要在非常軟的水中添加需要的礦物質即可。另一方面，移除礦物質就稍微麻煩些，雖然今日也有許多方法可以使用，但直到一百年前，釀酒師才開始稍微對此有所了解。關於神話般北方水源或純淨山泉的廣告只是個美麗的大謊。

釀造水必須適於飲用也很重要，這代表其中沒有有機污染物、殺蟲劑、重金屬、鐵、硫等有害物質。即使對人類無害，某些礦物（例如鐵）也可能對酵母具有毒性，並造成混濁或帶來不討喜的味道。鐵在啤酒會造成血液、金屬味。像是銅和鋅之類的微量金屬即使嘗不出味道，也是酵母重要的營養來源。因此全由不鏽鋼打造的嶄新巨型啤酒廠中，還必須將 6 英呎高的不鏽鋼管換成銅管，以確保酵母是在健康狀態，而鋅則經常作為酵母營養劑添加。

大麥的魔法

大麥是完美的酒用穀物。不只因為它含有大量可轉化為糖的澱粉，以及能搭成完美濾床的麥殼，也因為大麥本身含有酵素，只須加入熱水便可執行任

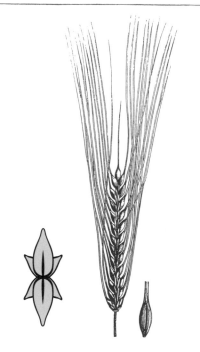

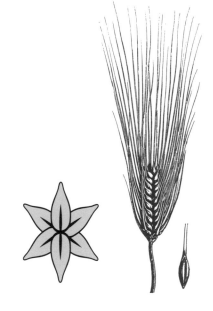

二稜大麥麥穗（俯瞰與側視）　　　　六稜大麥麥穗（俯瞰與側視）

此植物的種子用於釀製啤酒已有一萬年。
兩者差別在於每節有多少穀粒圍繞中間的麥稈。
二稜的穀粒豐滿，蛋白質含量較低，適於生產全麥啤酒。

務。一萬年前的新石器時代，人們就知道釀造啤酒需要什麼，要選那些具有適合特性的種子，並在相當短的時間內馴化大麥。

啤酒釀造過程的許多面向中，酵素都扮演十分關鍵的角色，製麥、釀造和發酵的關鍵工作都仰賴酵素。酵素是促進化學反應的特殊蛋白質。因為想要啟動化學反應，必須先跨過一道能量障壁，有點像是把什麼東西搬過牆；酵素可以降低從一個能階移到另一個能階所需的能量。在啤酒釀造中，澱粉必須先被分解成較簡單的糖類。雖然這過程也可以用像是強酸或高溫的蠻力達成，但讓大麥中的酵素促成這些反應只需少許熱能。而酵素還會參與許多啤酒製造的過程。

釀造啤酒的大麥有兩種：二稜和六稜，因為從上往下俯瞰麥穗時，可分為兩排或六排穀粒。二稜產出的穀粒豐滿，且偏好較冷的氣候；而六稜的穀粒沒那麼飽滿，並在較溫熱的氣候中生長。從釀酒師的眼裡，兩者主要差別在蛋白質含量。蛋白質對啤酒釀造過程十分重要，因為它代表了酵素含量、發泡性和酒體，而且在酵素分解後也能成為酵母的營養品。但是蛋白質太多也會產生問題，大抵是低溫混濁（chill haze）

和儲存時品質不穩。因此，全麥啤酒最常以二稜大麥麥芽釀製，而六稜大麥主要用於主流美式啤酒，它額外的酵素可以用來分解不含酵素的粗磨玉米粉中的澱粉。

製作麥芽

製作麥芽的流程始於選擇高品質大麥，並將它浸水約 24 小時，直到水分含量達 45%，這種為穀粒復水的過程會啟動其中的酵素，讓穀物為生長做好準備。接下來，大麥會被移到涼爽而通風良好的地方，因為此時種子需要氧氣。細根會從種子的一端伸出，而稱為胚芽的幼苗也在麥殼下悄悄地生長。

當發芽達某階段時，製麥師會以加熱停止麥芽生長。幼苗的長度則是判斷發芽階段的可靠指標，此度量長度則稱為溶解度（modification）。在溶解良好的麥芽中，幼苗長度可與穀粒相等。大多數的現代麥芽都是完全溶解，只留下很小而「強硬」的尾端，這個少許強硬部分不會輕易釋出精華，還需要更強烈的糖化作用（通常包括短時間煮沸）以糊化（gelatinize）並完全釋出其中的澱粉。

在此階段，潮溼、不穩定且尚缺乏風味的穀物會送到乾燥爐。先以間接加熱烘乾穀物，再進行烘烤。幾乎所有麥芽風味都源自此時的烘烤，即使是最淺色的麥芽也不例外。

啤酒釀造背後的化學過程對風味、外觀和香氣來說都扮演重要角色。整

麥芽種類與啤酒色彩

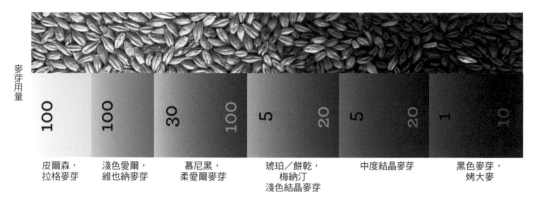

麥芽用量

| 100 | 100 | 30 | 100 | 5 | 20 | 5 | 20 | 1 | 10 |

| 皮爾森，
拉格麥芽 | 淺色愛爾，
維也納麥芽 | 慕尼黑，
柔愛爾麥芽 | 琥珀／餅乾，
梅納汀
淺色結晶麥芽 | 中度結晶麥芽 | 黑色麥芽，
烤大麥 |

大致顯示不同麥芽類型的用量與對應的色素量。

體而言，焦糖化的過程以梅納反應，或「非酵素性褐變」（non-enzymatic browing）為人所知。就如同烹飪時的褐變過程，包括漢堡上的焦痕、香煎洋蔥的金黃焦糖美味，以及咖啡和巧克力的焦香。

這個變化過程非常複雜，但你只需要知道以下內容。如果你拿某種形式的糖或碳水化合物，將它與含氮物質（一般來自蛋白質）結合，並在有水分的情況下加熱，就會得到一群褐化風味、香氣和色素。色素成分稱為梅納汀（melanoidin），是帶點紅或黃色、沒有明顯香氣的大型分子。風味和香氣來自稱為雜環化合物（heterocyclics）的小型環狀分子，它們的碳氫環中含有諸如硫、氮、氧等元素。這是非常強烈的氣味物質，感覺閾不到十億分之一。

每個糖類、澱粉類與各種含氮物質的不同組合，都會產出稍有不同的最終產品。加上時間、溫度、酸鹼值、濕度

等變數的些許差異，也會創造出不同樣貌的風味。兩種顏色相近的麥芽，可能透過烘烤時調整水分含量，就產出不同的風味。在乾燥狀態下烘烤，你會得到麵包味明顯、稱為「餅乾」或「琥珀」的麥芽；在濕潤狀態下，會出現梅納汀麥芽，其以太妃糖般的豐厚感聞名。在啤酒酒譜嘗試組合麥芽時，同樣原則依然適用。例如，釀造出相同是棕色的啤酒有很多方式，但大量中等色度的麥芽與一小撮重度焙烤麥芽擁有截然不同的風味。留心這些因素，因為這是熟知啤酒麥芽性格唯一真正重要的事。

麥芽種類

烘烤麥芽會產生各式各樣的色彩，穀物色彩以美國的洛維邦色度（degrees Lovibond）或歐洲啤酒釀造協會制定的單位（European Brewery Convention，EBC）表示，1 EBC = 1.97 Lovibond。

顏色可從低於 2 洛維邦色度的皮爾森麥芽，到超過 500 洛維邦色度的極深焙黑色麥芽。給了釀酒師一塊色域極廣的巨大調色盤。製麥者和釀酒師依麥芽的製造與運用，將不同色調的麥芽歸入以下類別：

基礎麥芽： 烘焙程度淺，必要時可全部使用此種麥芽釀造啤酒。即使在最深色的啤酒（例如司陶特啤酒）中，基礎麥芽也是最主要的穀物基底。皮爾森、淺色、維也納和慕尼黑等啤酒都包括在內，雖然其中顏色較深者可能主要使用著色麥芽，而非基礎麥芽。

色彩： 1.5～15 洛維邦色度 ●●●●●
皮爾森： 最淺的麥芽
淺色愛爾麥芽： 主要為淺色愛爾使用，但也在許多其他啤酒類型出現
維也納麥芽： 能創造出如同十月慶典啤酒（Oktoberfest）般琥珀色啤酒的歐陸麥芽（continental malt）
柔愛爾麥芽： 以做為深色英國愛爾的基礎麥芽而聞名
慕尼黑麥芽： 能釀出深琥珀色的啤酒，甜而帶焦糖感，稍帶烤麵包氣息

烘烤或著色麥芽： 這些麥芽使用量少，在酒譜中可能最多達 20%。餅乾／琥珀和梅納汀麥芽都屬於此類，棕色麥芽也不例外。

色彩： 15～200 洛維邦色度 ●●●●●
芳香／梅納汀／深色慕尼黑： 棕色和琥珀色啤酒，甜而帶焦糖感
琥珀／餅乾： 風味鮮明、棕色、帶烤麵包味
棕色麥芽： 以出現在波特啤酒聞名，有平順至鮮明的焦香
淺色巧克力： 用途多樣，中度鮮明的焦香

結晶或焦糖麥芽： 一種將溼麥芽以約 66°C 的溫度「燉煮」的特殊處理。成品會具有玻璃般清脆的質地，以及即使少量使用也能察覺的厚重、甜美焦糖風味，但容易過量。可以從啤酒中的油脂、葡萄乾或其他果乾氣味得知有此麥芽加入。

色彩： 10～180 洛維邦色度 ●●●●●
各酒廠生產的色調範圍廣，除了色度數值，沒有通用名稱

焙烤麥芽與穀物： 包括巧克力麥芽與各色調黑色麥芽。它們擁有相似香氣和風味，包括咖啡、巧克力和烘烤程度高的食物。用量通常少於穀物總量的 10%。

色彩： 350～600 洛維邦色度 ●●●●●
巧克力： 為顏色較深的啤酒帶來鮮明的焦香
黑色： 通常用在現代波特啤酒與司陶特啤酒
烤麥芽： 德國黑色麥芽，有時為求更平順的風味而去殼
烤大麥： 烘烤過的未發芽大麥，是愛爾蘭司陶特的典型原料

✸ 感官字典：麥芽味

感受類型：	氣味；顏色較深的種類可能有苦味
描述用語：	青草、生穀、麥芽、麵包、焦糖、太妃糖、堅果、烤麵包、焦香、咖啡、巧克力、濃縮咖啡、焦味；在結晶麥芽中也有葡萄乾、黑棗、水果乾
啤酒中的感覺閾：	多種化學物（雜環化合物），皆低於十億分之一濃度
適合類型：	都適合，依啤酒類型而有多種變化
來源：	麥芽烘烤的梅納褐變反應（焦糖化）、糖化的煮出法（decoction）與煮沸麥汁時的梅納褐變反應，或某些種類的焦糖化釀造用糖

穀物輔料

　　大麥麥芽至今仍是多數經典啤酒類型最主要的穀物，但釀酒師自遠古時代便充分了解其他輔料穀物的重要。小麥啤酒（wheat beer）、燕麥司陶特（oatmeal stout）和裸麥啤酒（rye beer）等啤酒都會加上大麥麥芽之外的特定穀物。使用輔料穀物的理由很多，例如美式商業拉格中，會添加玉米、米或各種糖類以淡化風味，通常也可以降低些成本。在古代，添加輔料穀物則有經濟考量，因為某些穀物需要更優質的土壤，產量也較低。古英格蘭某些地區的窮苦民眾就被稱為「泥水匠」（grouters），這是一種厚實、便宜的燕麥愛爾。

小麥像位富人，
體面而富有，
燕麥像群女孩，
且笑且舞遊，
裸麥像個礦工，
陰沉、精瘦、矮小，
自由、生鬚的大麥
是宰制一切的王。
——古代民謠

今日的啤酒中，輔料對口感質地的影響較風味大。輔料的氣味都不像大麥麥芽那樣明顯。小麥、燕麥和裸麥都能為啤酒帶來綿滑的質地和良好的酒帽持續性（head retention），以及一些我們還無法完全掌握的啤酒特質；例如，有些人會說能從小麥感受到一種奔放的檸檬感，雖然我還沒感受過。玉米和米會讓酒體變薄，它們缺乏蛋白質，因此除了可發酵的糖之外沒有太多其他物質。然而，我們還是能從品牌 Budweiser 的啤酒感覺到一股微妙的穀米味，而在品牌 Miller Genuine Draft 之類以玉米當主要輔料的啤酒中，也可以嘗到少許帶奶油感的玉米味。

　　特殊穀物，如小麥麥芽，有時可以不經過特別的烹煮程序直接加入麥醪。但因缺乏麥殼，有時須添加稻殼之類的過濾素材。當少量使用燕麥和裸麥時（約少於10%），也可以用類似的方式處理；但超過最低限度10%時，未發芽的穀物就須透過烹煮程序，以糊化其中的澱粉。我們很快就會討論到。

酒譜的設計

　　在第一滴酒液真正誕生前，釀酒師還要決定該添加什麼。這款啤酒會有多烈？什麼色彩？苦度？主要風味？平衡？神祕低調的背景元素？

　　多數釀酒師會先決定上述等等特性，然後再選擇添加多少材料。首先，決定比重（未發酵麥汁的糖與其他固體的溶解量）之類的參數，一款啤酒中可能包含一種、兩種或多達十幾種以上的麥芽，每種麥芽都有特定範圍的收率，每座釀酒間和糖化程序也有特定的效率，通常在一些試驗之後釀酒師就能充分了解。所以，計算比重相當簡單，只需要把所有東西加起來。色彩就沒有那麼直接，因為色彩的累積並非線性，而

且不同顏色的麥芽，測量方式也有些差異。但仍然有能計算大致結果的公式。

啤酒花也與色彩情況差不多。釀酒師必須同時考慮香氣與苦味，但兩者很難兼顧。想要萃取苦味成分，必須使勁煮沸啤酒花，然而這會趕跑揮發性的香氣精油，因此通常會選擇在煮沸過程多次添加啤酒花。每種啤酒花都有特定數量的苦味物質，並依產地與年份有所不同；幸好，每批啤酒花都會附上賦苦潛力的分析。釀酒師必須決定那種啤酒花、加多少、何時添加，讓啤酒帶有多少苦味和香氣。這可以手動進行，但已逐漸改以電腦程式完成。

平衡大抵是個主觀概念，因此不太適合以數值計算。但仍然有個不錯的度量工具：苦度與比重的比值（BU/GU）；此數值說明在任何平衡中，啤酒花苦味的需求量會隨著啤酒的比重提升。而適切的平衡則因飲者和啤酒類型而異。但即使在最具麥芽風味的雙倍勃克或蘇格蘭愛爾中，都有些許啤酒花苦味牢牢紮根；另一方面，在最衝擊味蕾、富於酒花風味的雙倍印度淺色愛爾（double Indian Pale Ale, double IPA）中，也都具備（應該具備）豐厚的麥芽風味打底。

品嘗原料

品嘗原料能讓釀酒師們熟悉釀酒原料風味。一次羅列不同種類的麥芽、啤酒花和水，並視情況或嘗或聞。你可以一次品嘗所有原料，或一次品嘗一大類。所有原料都能在自釀啤酒商店找到（或可以網路訂購）。以下是舉辦一場品嘗原料活動的方式。

麥芽

皮爾森、淺色、慕尼黑、餅乾、黑色麥芽，以及幾種不同色調的結晶麥芽各選一磅。一字排開，參與者可以嗅聞或直接品嘗。如果想試試新花樣，可以在幾個咖啡杯裡加入淺色的麥芽種類的粗磨粉，並倒入 77°C 的熱水。注意接下來幾分鐘內發展出的香氣和甜味。而且，這就是在釀酒了！

啤酒花

少量購買幾種啤酒花。推薦品種包括 Saaz、Hallertau、Kent Goldings 和 Cascades，這會讓你對它們如何應用於捷克、德國、英國和美國精釀啤酒有個概念。最好是全花，但酒花錠也可以。先陳列於盤中（專業人士會用紫色紙，因可凸顯啤酒花的綠色），每種拿一些在掌中搓揉以釋放香氣，然後捧起雙手聞一聞。特別建議先將手打溼後擦乾再進行。嘗啤酒花就可以免了。

水

買幾瓶種類和風味不同的水。蒸餾水是純水；品牌 Evian 是鹼性硬水，稍有味道，酒體也帶礦物感；品牌 Perrier 的純氣泡水則展現了二氧化碳的強大效應，它不僅帶來熟悉的氣泡質地，還有一股影響啤酒風味的扎實酸度。接著，將一部分蒸餾水與食鹽混合：先量出八分之一茶匙的鹽，再將它的八分之一加入一夸脫的水中，如此便可得到 85 ppm 濃度的溶液。嘗起來應該豐厚飽滿，但不會太鹹。

我們通常以為平衡只是啤酒花苦味對抗麥芽甜味的競賽，但其實其中牽涉許多因素。例如，深色麥芽可能會和啤酒花一起站在苦味端。如果運用得當，便可得到由麥芽的烘焙香氣、啤酒花苦味與麥芽甜美構成的三方平衡，這會讓你在品飲時，留下非常鮮明的體驗。然而，特色啤酒平衡的要點可能完全不同。酸啤酒仰賴酸甜平衡，通常會壓抑啤酒花。煙燻、辣椒、水果、藥草和香料等素材也都可以發揮所長。

釀酒師運用像是主廚的技巧：對比、和諧、堆疊、驚喜。最好的釀酒師會用閃著靈光的眼睛，實踐他的創意，帶給我們一場精采體驗，而不只是一杯啤酒。當一切技術處理得當，釀造啤酒的關鍵就是點子。我們當然可以用蠻力印下深刻的印象，但有時低聲耳語反而聲響更大。而所有出色的啤酒都應如同一篇故事。

糖化及分離麥汁

啤酒釀造的核心就是奇妙的製粥過程：糖化。碾碎的麥芽與熱釀造水（學徒如果不小心把它喚作「水」，會被罰兩便士）混合，這些混合而成的麥醪需要靜置。只要幾分鐘，麥芽中的酵素就會將穀物中的澱粉轉為糖類。產生的甜美液體（麥汁）便會被抽出。

其間，麥芽粉碎的狀態十

分關鍵。太粗，麥醪不太會釋出糖類；太細，原本應可充做濾床的麥殼就會失效，然後得到一鍋蔬菜泥。一臺正常尺寸的碾麥機滾輪可多達六個，重達數千磅，由此可知釀酒師非常重視此步驟。

麥醪內有好幾套酵素系統，各有不同功能。每套系統都有偏好的溫度區間等條件，包括酸鹼值、礦物離子、濃度等等。各個系統都有最活躍的特定溫度；溫度太低，酵素不會作用；溫度過高，酵素又會被熱破壞。有些酵素能分解麥醪中複雜具黏性的碳水化合物，如葡聚糖（glucan）和聚戊糖（pentosan）。有些則能將蛋白質分解為長度不等的小段，最小段的蛋白質對酵母營養十分關鍵，能夠分解大型蛋白質也很重要，因為大型蛋白質可能會使完成的啤酒混濁、品質不穩。

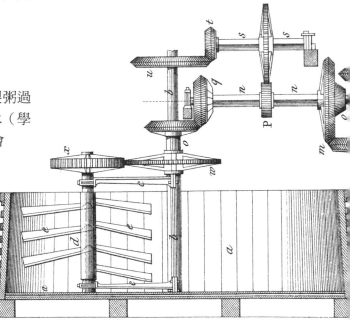

十九世紀的糖化槽

接著便是重頭戲：將澱粉轉換成糖類。澱粉是糖類聚合物，意思是它們由許多較小的葡萄糖分子鍵結成的大型分子。麥醪裡的酵素會先分解出麥芽糖（maltose，一種雙糖），以及一些可發酵程度不等的較長鏈糖。麥芽中酵素系統的精妙在於它有兩種酵素，各自在稍有不同的溫度下開始工作。其中一種酵素會產出可發酵性高的糖類，另一種則較低。因此，釀酒師可以透過調整麥醪溫度，調整麥汁的可發酵性。

63°C 的溫度會產出可發酵性高的麥汁，釀成爽冽的啤酒；68°C 的溫度中，麥汁會含有相當比例的不可發酵糖，最後產生甜而豐厚的啤酒。這是極端簡化的情況，現實中，大部分啤酒都在這兩個溫度間進行糖化，但透過這個例子，我們可以知道釀酒師下的各種決定有多重要。

一旦麥醪完成工作，溫度就會被拉高，以終止酵素活動並固定可發酵與不可發酵糖的比率，這個步驟稱為「麥醪休止」（mashing-out）。

今日使用的糖化程序有許多種。最基礎的是「單一浸出式糖化」（single infusion），熱水與穀物混合後靜置約一小時。另一種由此衍生出的方式稱為「階段浸出式糖化」（step infusion）

有憑有據與信口開河的啤酒廣告話術

啤酒廣告經常使用下列術語和概念銷售啤酒。以下是我的解讀：

水

也許你也聽過像是「水天一色」、「岩山過濾」等等描述。啤酒製造商需要絕佳水源，他們曾經只能以當地水源的原始樣貌釀造啤酒。現今，幾乎所有啤酒廠都會處理水質，使釀造水適於啤酒種類。結論：美麗的謊言。

直火釀造

使用直火加熱的鍋爐，確實會比蒸汽加熱系統帶來更多的焦糖化，產出味道不同的啤酒。然而這也可能造成日後氧化問題。結論：視情況而定。

以櫟木陳放

多數美國啤酒廠都曾一度都將拉格陳放於底部有一堆木條的「木片槽」。這些木條已褪去所有木材特性，也不會為啤酒帶來任何木材風味。使用它們的真正目的是為酵母提供更多可棲息的環境，可能有助於啤酒熟成。啤酒品牌 Anheuser-Busch 發現此方法對酵母與啤酒來說都是值得，但現在和他們仍有同感的啤酒廠很少。結論：向傳統致敬的好方式，但沒有聽起來那麼棒。

高泡麥汁再發酵（Kräusened）

這程序是在即將結束熟成的啤酒中，添加一些正在活躍發酵的啤酒。概念是活躍的酵母會加速削減啤酒中乙醛和丁二酮等不必要的「青」味。這是種老方法，也真的有效。結論：通常是好事，但不是每次都見效。

或「上行階段式糖化」（upward step mash）。英式啤酒的糖化程序可能數個階段；但在某些鄉村作法中，如芬蘭薩赫蒂（Sahti），從室溫到將近沸騰的糖化過程中，有許多細碎的階段。其中最為複雜的是德國的傳統煮出法，在此方法中，約有三分之一的麥醪會從槽中移出並上行幾個糖化階段，在回到糖化槽前稍稍煮沸以提升糖化槽溫度。煮出法有一、二或三階段版本，最繁複的需要六小時以上。由於時間與耗能等因素，這些煮出法已經很罕見。但它們能為啤酒增添多層次的豐厚焦糖風味。

糖化過程的最後，甜美的麥汁、交織的麥殼，以及被人稱做「穀渣」（spent grain）的塊狀物，會進一步過濾分離。多數啤酒廠會使用過濾槽（lauter tun），一個底部多孔的容器，雖然有時糖化槽本身也有這個功能。當麥汁開始離開麥醪流入釀造槽中，便會從麥醪頂部加入熱水，此過程稱為「過濾」（lautering），直到收集到足夠的麥汁。整個分離的過程約需一小時。

啤酒花

麥汁一旦進入釀造槽，很快就會開始煮沸，並加入第一批啤酒花。

純酒令

這由來已久的巴伐利亞法令禁止拉格啤酒使用啤酒花、麥芽、水和酵母之外的任何東西。在我看來，大多數地球上的啤酒都可能因此而有所改進，但也有許多啤酒因添加糖、藥草、香料等原料而改善。結論：或許可靠。

瓶裝生啤酒

這是對巴氏滅菌的委婉抨擊，批評者認為巴氏滅菌對啤酒有負面影響，雖然文獻顯示差異甚微。瓶裝生啤酒通常以某些特殊方式過濾（詳見後述），並在銷售前維持冷藏狀態，一般來說更有利於啤酒。結論：由你決定。

低溫過濾

這是一種美國品牌 Miller 宣稱的特色，但技術由日本啤酒製造商 Sapporo 授權。概念是不去除蛋白質、顏色和其他特性的情況下，除去酵母與導致腐敗的細菌。結論：微妙，非常微妙。

長期釀造

雖然許多釀造和發酵的過程得益於多一點的時間，這術語總是讓我覺得是行銷人員企圖在釀酒廠現場四處尋找可以讓消費者加分的優點。在我與啤酒行銷人員長年相處後，已經不太相信這種字眼。結論：無稽之談。

手工釀造

應是用來形容特具風味和創意的小型獨立啤酒廠，但術語本身並沒有法律效力，而且可能很難達成共識。許多大型工業化啤酒廠也貼上手工釀造標籤，希望能沾上一些微型啤酒廠的魔力。結論：熟讀標籤，認識你的啤酒廠。

讓你炙手可熱

令人驚訝的是，到了今天，會受這種廣告詞影響的人，還是多到讓啤酒廠花幾十億重複放送並覺得划算。而且這些愛情靈藥還是平淡的主流啤酒。結論：你真的需要我告訴你嗎？

✸ 感官字典：起司味

感受類型：氣味	
描述用語：臭起司味、臭腳味	
啤酒中的感覺閾：0.7ppm	
適合類型：無	

來源：成分為異戊酸（isovaleric acid）。啤酒花儲存不當形成的有機酸。也可能是細菌感染造成的氣味之一。罕見於商業啤酒，但偶爾會遇到。

✸ 感官字典：啤酒花苦味

感受類型：味道	
描述用語：苦味、啤酒花味	
啤酒中的感覺閾：5～7 ppm／5～7 IBU（國際苦味單位）	
適合類型：幾乎都有，某些極端啤酒可能高達100 IBU	

來源：異構啤酒花α酸；乾淨怡人，沒有粗糙、木頭味或澀味特徵

　　讓我們先暫停一下，想想這獨特的植物到底為啤酒世界帶來什麼。身為一種與大麻關係密切的大麻科攀緣植物，啤酒花的種植從古代就已開始，但直到約一千年前，它們才遇到啤酒。啤酒釀造中使用的是啤酒花的毬果體。雖然很多釀酒師稱它們為花，但其實是花序（catkin），或植物學上的毬花（strobilus）。

　　啤酒花生長範圍約在南、北緯的35至55度之間，因為毬果體的形成需要特定夏季日照長度觸發。啤酒花是體型大、引人注目的植物，也是很好的擺飾，但易受病蟲害侵擾。在舊世界，備受珍視的品種通常會生長在特定地點，例如 Saaz 啤酒花從波希米亞西部的橘色土壤獲得辛香性格；帶藥草感的 Hallertau 啤酒花生長在北巴伐利亞的同名地區；East Kent Golding 啤酒花在倫敦東南方不遠的地區，發展出撲鼻的草本辛香，應用於上好淺色愛爾，並受人喜愛達兩個世紀。全球的啤酒花品種遠超過一百種；美國的啤酒製造商大約可以取得其中的三分之一。

　　美國當地的啤酒花種植於華盛頓州雅基瑪（Yakima）附近等西北部地區。先前提到的古典歐洲品種，在美國生長後擁有不同的風味，也有其獨特的釀造性質。

　　啤酒花的毬果體內有小莖（或梗）連起葉片狀的部分。梗的周圍有由香氣強烈的蠟狀物質蛇麻素（lupulin）構成的金色小球。其中的苦味樹脂和芳香精油是啤酒中非常重要的成分。苦味樹脂可以分為 α 和 β 酸，前者較為重要，也是用來描述啤酒花賦苦能力的度量工具。啤酒花的 α 酸含量可從最不苦的賦香啤酒花之 2%，到高 α 酸的將近 20%。

蛇麻素也含有多種芳香精油，各有獨特性格。不同產地的不同啤酒花品種都擁有獨特的精油組合。從花香到樹脂感，從薄荷感到香料感，啤酒花的香氣是賦予啤酒個性的重要工具。各種特性也似乎可用國籍分組，德國啤酒花傾向藥草感，有時幾乎是薄荷感；英國啤酒花則自香料感至水果感，並帶濃重的新鮮青草氣息。著名的 Saaz 啤酒花有一

這古老的植物學印刷品詳細且精美地展示啤酒花植株的各部位。

股乾淨、精緻的香料感，使它相當與眾不同。美國啤酒花各式各樣，但最具特色的品種偏向松針感和樹脂感。有些啤酒類型（如美式和英式淺色愛爾）僅有

的差異就在於啤酒花的選擇。啤酒花是影響強大的工具。

歐洲歷史曾有稱為「貴族」的啤酒花，因其香氣而通常用於拉格啤酒，包

括 Saaz 和德國的 Hallertauer Mittelfrüh、Tettnanger 和 Spalt 等啤酒花。成為貴族的成員有化學定義的門檻，但隨著品種的陸續開發，規則遭到不合理地大幅修改，以將貴族成員限縮於原本的小圈子。這些啤酒花無疑都十分出色，但我不知是否只有它們才配得上此稱呼。

　　賦香啤酒花之外，也發展出多樣化的 α 酸，過去數百年間苦味的變化也與日俱增，它們依 α 酸的重量販售，因此比較像是一種商品。然而，某些美國精釀啤酒廠抓緊了 Chinook 和 Columbus 之類啤酒花的質樸與迷人葡萄柚果香特性，並以它們創造出大名鼎鼎的淺色愛爾等啤酒。

　　也有結合了中度 α 酸含量與怡人香氣的兩用啤酒花。全球各地的育種計畫總在培育新品種，尋求香氣更迷人、含量更高的 α 酸、更友善的園藝特

 感官字典：啤酒花香氣

感受類型：香氣

描述用語：啤酒花、辛香料、藥草香、花香（玫瑰、天竺葵、橙花）、薰衣草、松針味、樹脂味、柑桔味（檸檬、檸檬草、葡萄柚）、醋栗／黑醋栗葉／貓尿味

啤酒中的感覺閾：有啤酒花中有百種精油，有些感覺閾在 1 ppb 以下，也有的感覺閾百倍於此

適合類型：依啤酒類型而定，有些完全沒有適合類型，有些則占有關鍵地位

來源：啤酒花的芳香精油。其中包括萜烯（terpene）、倍半萜烯（sesquiterpenes）、酮類（Ketone）和醇類。煮沸期間、煮沸後，或藉由冷泡啤酒花等發酵後技巧萃取出來。也可能以溶劑萃取或純精油形式添加。

性等等。Simcoe、Ahtanum、Glacier 和 Amarillo 等較新的啤酒花品種也值得一試。

　　如上所述，啤酒花通常會選擇分階段添加。煮沸則是逼出苦味物質的必要

淡啤酒、低卡啤酒和乾爽啤酒的差異

釀酒師手邊有許多工具能影響啤酒的熱量與酒精含量。這些技術有時會產出讓大眾，甚至啤酒迷困惑的產品名稱。

淡啤酒（Light Beer）

始於低麥汁比例的酒譜，並在麥汁投入自真菌獲取的酵素，以將所有殘餘澱粉轉換成糖類。這意味完成的啤酒不會有任何殘餘的碳水化合物。淡啤酒的酒精含量比一般啤酒低。

低卡啤酒（Low - Crab Beer）

製作方式與淡啤酒相似，但麥汁初始比例調整到成品的酒精含量和一般啤酒差不多。所有碳水化合物都被轉換成酒精，啤酒中並無殘餘。在歐洲，這些產品主要以糖尿病患者為目標；但在美國，目標則瞄準減肥者。

乾爽啤酒（Dry Beer）

製程仍然相當類似，但這回釀酒師用正常強度的麥汁釀造。由於使用同樣極端的方式讓所有碳水化合物轉為可發酵糖，再發酵為酒精，乾爽啤酒的酒精含量會稍高於一般啤酒。

手段。由於過程中產生的「異構化」（isomerization），啤酒花 α 酸的化學結構重組成一種更苦也更易溶於麥汁的形式。煮沸時間越長，苦味越多。但在煮沸兩小時之後，除了苦味遞減之外，還可能造成其他問題（第53頁）。使勁煮沸會趕跑揮發性精油，因此為了留住啤酒花的香氣，必須加入較多啤酒花。

增加啤酒花香氣的方式很多，釀酒師可能在煮沸結束前15或30分鐘，做一至多次的「風味添加」，同時添加苦味和香氣；煮沸結束後再添加啤酒花也可行；另外，可使用裝滿啤酒花的「酒花過濾器」（hop back）或「酒花濾泡器」（hop percolator）特殊裝置，讓熱麥汁前往冷卻器前流經其間；啤酒花也可以在發酵後加在熟成槽中，甚至是酒桶中，這是稱為「冷泡啤酒花」（dry hopping）的技巧，經常用在以啤酒花特色為核心啤酒，如英式桶內熟成愛爾（cask ale）和美國精釀啤酒。

煮沸

一旦裝滿鍋爐，接下來就是煮沸。煮沸有許多功用。首先，可為麥汁殺菌，使啤酒不會染上細菌及野生酵母；其次，如同先前所提，煮沸讓啤酒花異構化，產生可溶於啤酒的苦味成分；第三，啤酒花植株中所含的單寧（多酚類）會讓多餘的蛋白質凝結。凝結的蛋白質很像蛋花湯，人稱「熱渣」（hot break）。如此一來，便可移除可能在啤酒中導致品質不穩，或造成低溫混濁（侍酒溫度低時可能出現的難看無害混濁）的長鏈蛋白質。

煮沸也能終止所有仍在麥醪中活動的酵素，固定可發酵糖與不可發酵糖的比例。直火加熱的鍋爐也可能產生一些焦糖化反應。另一項在煮沸過程的重要影響是，形成並盡量排除稱為二甲硫醚（dimethyl sulfide, DMS）的化合物。麥芽含有的 S－甲基硫胺酸（s-methyl methionine），會在溫度高於 60°C 時變成 DMS，其通常帶有奶油玉米氣息。這是一種揮發性非常高的化合物，因此在煮沸過程可以迅速排除，但是一旦停止煮沸，DMS 就會開始累積，因此快速冷卻麥汁十分重要。

達到了煮沸目的後，就要盡快冷卻麥汁。因為除了上述的 DMS 和氧化問題外，冷卻太慢也可能使啤酒遭受微生物感染。一般會使用逆流式熱交換器。熱麥汁透過在一連串薄板間與冷水的相向流動後，麥汁可降至發酵溫度。快速冷卻也會析出一些蛋白質和脂質，因此通常會將麥汁倒入漩渦槽（whirlpool）中

✹ 感官字典：二甲硫醚

感受類型：香氣

描述用語：奶油玉米、高麗菜、蔬菜、青豆、罐頭蘆筍；在深色啤酒中很像番茄汁

啤酒中的感覺閾：30～50 ppb

適合類型：通常不適合，但在拉格可以少量接受

來源：由穀物中的 S－甲基硫胺酸產生，通常是點出釀酒間出現問題的癥兆，或是發生感染暗示，尤其是大量出現時

以排除，漩渦槽可匯聚冷渣和殘餘的啤酒花渣，讓乾淨的麥汁流入發酵槽。

酵母與發酵的魔力

　　釀酒師製作的其實是麥汁，而非不是啤酒；製作啤酒的任務則交由酵母。其中的生化過程複雜得不像話，在此我們只談談基礎：酵母將糖類代謝成乙醇、二氧化碳和許多微量物質。

　　酵母是單細胞真菌，古人便懂得培養用於釀造和烘焙。在啤酒釀造領域，主要有兩群酵母負責發酵出愛爾和拉格。愛爾或頂層發酵酵母的種名是 *Saccharomyces cerevisiae*。近期的研究證明拉格酵母是另一種關係密切的物種 *Saccharomyces pastorianus*。愛爾酵母品系間有許多基因變異，甚至可以輕易地在各種愛爾的品飲中發現。絕大多數的啤酒都由這兩種酵母發酵而成，但也有少數特色啤酒使用其他酵母，或甚至是細菌。

　　酵母細胞是神奇的小小化學工廠。它們需要覓食，並將食物轉化為能源，以合成蛋白質與其他生命必需分子，接著排出廢物，並創造更多酵母。我們可以把酵母想成具黏性的小袋子，擁有只能讓某些分子通過的多孔薄膜。在酵母內部，所有化學物質能自由以各式結構反應，就和能自由游離時一樣。

　　化學工廠在任務達成前會經過許多步驟，也有不少物質會從中誕生，有些物質更是香得足以成為啤酒的次要香氣及風味。因為溫度越高，化學反應產生越快，而酵母有時工作效率不足，某些步驟間產生的物質就流入啤酒。低溫下，副產品因此相對較少。由此可知愛爾和拉格之間主要風味差異來自不同的發酵溫度。拉格在 4 到 7°C 間發酵，並於接近冰點的低溫熟成，擁有相對純淨的風味，而沒有果香或香料氣息；愛爾一般在比 13°C 高出許多的溫度發酵，因而擁有較多帶果香、香料感的酯類，以

啤酒中的風土

風土（Terroir）是用來描述某地區對葡萄酒或其他產品的所有影響。氣候、土壤、濕度、地質情況、微養分等等事物。啤酒的風土並不像葡萄酒的會從杯中躍然而出。你得知道自己在尋找些什麼：

代代相傳的麥芽

某些經典英國品種的種植非常困難，但擁有一般商業麥芽無法匹敵的風味。其中獨具鰲頭的就是 Maris Otter，長久以來以複雜、稍帶堅果味的風味為人重用。其他值得注意的品種有 Halcyon 和 Golden Promise。在捷克，一種稱為 Hana 的品種為生產經典皮爾森重要的低溶解度麥芽。一度廣布於美國西北部的 Klages 現已十分罕見，大多被園藝特性更佳的 Harrington 取代。

貴族啤酒花

Saaz 品種的潔淨辛香只生長於捷克歌德巴赫（Goldbach）山谷傳統種植區的淺橘色「肉桂」土壤上，而其他貴族品種也是如此。就和葡萄酒一樣，氣候、土壤等因素，都對來自傳統種植地區啤酒花精緻幽微的性格有所影響。

水

如前所述，水的化學性質現在已在釀造總監的控制之下，但有特色的水確實偶爾有所表現。最有名的釀造用水之一是英國特倫河畔波頓鎮富含礦物質的井水，為許多波頓啤酒添加爽冽感與灰泥氣息。現已罕見的多特蒙德出口啤酒（Dortmund Export beer），有賴於混有硫酸鹽、碳酸鹽和鹽的水源，帶出獨特的礦物風味。

野生酵母

在自然發酵的自然酸釀啤酒中，某種程度上釀酒師有賴於當地的微生物群落接種啤酒並開始發酵。由於布魯塞爾南方酵母棲息的老櫻桃果園早已消聲匿跡，情況已有些改變。據信現在許多微生物都棲息在酒桶中，但將冷卻中麥汁暴露於當地夜晚的空氣仍如常執行。其他地方的啤酒製造商已試圖創造自己的自然發酵啤酒，並獲得程度不一的成功。

及高級醇與酚類化合物。

　　酵母產生的重要化學物質之一（即便在低溫）是丁二酮。這熟悉而帶奶油味的化合物是複雜的蛋白質化合過程的步驟之一。它的前身較不具風味，丁二酮的奶油香也出現在電影院的爆米花和奶油糖中。若是溫度較高，酵母會再度吸收它，並轉為較不具風味的產物。這個步驟稱為「丁二酮休止」（熟成時期連續幾天逐漸調升溫度）。這是釀造拉格的普遍作法，愛爾也經常使用。

酵母對溫度變化非常敏感，常在些微不同的溫度產出迥異的啤酒。它也對發酵槽深度和形狀等變化相當敏感。酵母的數量必須適中（依啤酒強度而不同），也需要混合恰當的營養品。酵母也需要氧氣以在開始發酵前創造更多酵母；值得注意的是，這是釀造過程中唯一允許氧氣和啤酒接觸的時刻。

　　世界各地的酵母庫裡存有上百種釀造品系。拉格啤酒製造商通常會擁

有專有品系；較小型的啤酒製造商則可透過供應商訂購數十種可用品系。以下網站提供全面的啤酒酵母清單：Wyeast（www.wyeast.com）、White Labs（www.whitelabs.com）。

將量好的酵母投入裝了充氧麥汁並仔細消毒過的發酵槽內。酵母便開始攝取氧氣，並以「出芽生殖」產生新酵母。此過程需要好幾個小時，這段時間內很少會有發酵作用進行。直到氧氣耗盡，酵母便將注意力轉向甜美的麥汁。首先，由於較易利用，酵母會攝取少量葡萄糖，接著才會開始代謝麥芽糖。這嬌小卻飢腸轆轆的野獸會為發酵中的啤酒表面建起厚度可達一英吋以上的厚實酒帽，產生的熱量高到必須額外為發酵槽冷卻，以免溫度失控。

這樣劇烈的過程會持續一天至一週，視溫度、麥汁濃度、酵母活性等因素而定。許多人會稱此過程為「主發酵」（primary fermentation），雖然此名詞有點爭議。當麥芽糖耗盡時，酵母會將目標轉向最長的糖，麥芽三糖（maltotrios），而反應會開始緩下來。

許多啤酒類型需要專一的酵母創造風味輪廓。例如，巴伐利亞白啤酒（Weissbier），又稱酵母小麥啤酒（hefeweizen），這種酒款使用一種獨特的 Torulaspora delbrueckii 酵母，產出丁香香氣，並帶香蕉與泡泡糖果感。比利時農家的季節特釀啤酒（Saison）則用一種公認與紅酒酵母有關的獨特品系，值得注意的是其能在高達 32°C 生長（對一般愛爾酵母而言是非常高的溫度）；其產酯量少，產酚量高，因此擁有這類品種最重要的黑胡椒辛香。比利時啤酒最有趣的特點之一，就是許多類型有賴於具高度特色的酵母。

接下來介紹的是讓啤酒產生獨特的味道與香氣的酵母或細菌。以下所列全是多數啤酒廠害怕的感染，敢讓它們登門入室的大膽啤酒製造商需要採取特別措施，以免污染整間釀酒廠。

✴ 感官字典：酯香／溶劑味

感受類型：香氣	
描述用語：少量時具果香，但大量時會有如去光水或溶劑，有時更像一種催淚感而非香氣	
啤酒中的感覺閾：18 ppm	
適合類型：少量時是啤酒果香的重要來源，大量時可能因發酵溫度過高、麥汁充氧不當等酵母產生壓力的表徵。常見於酒精濃度非常高的啤酒	
來源：合成脂肪酸過程形成的乙酸乙酯（Ethyl Acetate）。非常大量時可能是細菌感染，特別是產醋的醋酸菌（Acetobacter）	

✴ 感官字典：丁香味

感受類型：香氣	
描述用語：丁香味、酚味	
啤酒中的感覺閾：約 1 ppb。	
適合類型：只在德國小麥啤酒達可辨程度	
來源：成分為 4-乙烯基癒創木酚（4-vinyl-guaiacol）。在發酵過程由阿魏酸（ferulic acid，它也是香草醛〔vanillin〕的前導物）形成，在麥芽烘烤過程產生	

🔆 感官字典：農場味／野味

感受類型：香氣
描述用語：馬廄、馬鞍、農場、木頭
啤酒中的感覺閾：約 420 ppb
適合類型：只在受野味酵母影響的啤酒可見
來源：成分為 4－乙烯基癒創木酚（4-vinyl-guaiacol）。在發酵過程由阿魏酸（ferulic acid，它也是香草醛〔vanillin〕的前導物）形成，在麥芽烘烤過程形成

野味酵母（Brettanomyces）：可能棲息在橡木中，是成長緩慢的酵母。在自然酸釀啤酒、某些季節特釀啤酒和傳統英式老愛爾中嶄露頭角。具有農場或馬廄的氣味。可代謝麥芽糖，能夠單獨且緩慢地發酵啤酒。北美地區勇於冒險的啤酒製造商也有使用。

畢赤酵母（Pichia）和念珠菌（Candida）：類似雪莉酒中的產膜酵母；在自然酸釀啤酒也具作用，但也可能導致腐敗。

🔆 感官字典：酯香／香蕉味

感受類型：香氣
描述用語：香蕉、棉花糖
啤酒中的感覺閾：1.2 ppm
適合類型：少量時是啤酒果香的重要來源，大量時可能是發酵溫度過高，麥汁充氧不當等酵母產生壓力的表徵。常見於酒精濃度非常高的啤酒
來源：合成脂肪酸過程中形成的乙酸異戊酯（isoamyl acetate），自酵母流出。常見於巴伐利亞小麥啤酒，在未失控的情況下可稱怡人

乳酸桿菌（Lactobacillus）和片球菌（Pediococcus）：相似的種類可讓自然酸釀啤酒與柏林白啤酒變酸。因品種可能產生許多丁二酮（奶油味）和羊臊味，與令人想起臭襪子的氣味。

醋酸菌（Acetobacteria）：可將酒精轉為醋酸，但同時需要氧氣才能完成。帶來醋或泡菜的氣味，但也可能產生一定數量的乙酸乙酯（第 56 頁）。常見於桶陳啤酒，對自然酸釀啤酒的香氣十分重要，對法蘭德斯式紅／棕愛爾更是如此。

🔆 感官字典：羊臊味

感受類型：香氣
描述用語：羊臊、動物、臭襪子、汗味
啤酒中的感覺閾：8～15 ppm，視具體化學物而定
適合類型：一般而言並不怡人，稍低於感覺閾可增加複雜度
來源：包括化合物辛酸（Caprylic Acid）、己酸（Caproic Acid）、癸酸（Capric Acid），是有機酸大家族的一部分。帶有動物氣息，常見於食物及飲料

🔆 感官字典：其他酯香

感受類型：香氣
己酸乙酯（ethyl hexanoate 或 ethyl caproate）
啤酒中的感覺閾：0.17～0.21 ppm
描述用語：熟蘋果、些微茴香氣息
乙酸苯乙酯（phenylethyl acetate）
啤酒中的感覺閾：3.8 ppm
描述用語：花香、玫瑰香、蜂蜜香、甜香

經過發酵早期階段後，啤酒開始熟化或熟成。此時，粗糙的「青味」會因酵母持續的代謝活動而柔和。趁亂逃出的分子會被綁回細胞內，並轉化成較不惹人厭的物質。而酵母和其他殘渣也會逐漸沉澱。較烈的啤酒的熟成時間較長。一般英式愛爾可能不用兩週就可飲用，但大麥酒可能需要六個月以上。由於一切都在接近冰點的低溫中緩慢進行，因此熟成拉格所需時間就要長得多；平均需時四至六週，但厚實的雙倍勃克啤酒可能要花六個月以上。

只要給予足夠時間，啤酒通常能自動變得澄清。但由於許多時候啤酒釀造是須獲利的商業活動，所以腳步必須加快，因此會進行「澄清」（fining）的步驟，常會在啤酒添加明膠等物質，讓酵母等懸浮物沉下。魚膠（某些魚類乾燥後的浮囊）是傳統的英式澄清劑，但也會使用明膠和其他塑膠微粒（聚乙烯聚砒咯烷酮〔PVPP/Polyclar〕）。

過濾器是效率更強大的工具，但有時可能太有效。理論上，過濾器可以設定為濾除最小的殘渣和細菌。然而實際

感官字典：酒精味

感受類型：香氣、感受（吞下後的溫熱感）	
乙醇（ethanol）	
描述用語：酒精感、甜香、溫熱感	
啤酒中的感覺閾：約 6%	
適合類型：正常強度的啤酒通常不會有明顯感覺	
來源：酵母發酵的主要產品（也包括二氧化碳）	

感官字典：高級醇／雜醇味

感受類型：香氣	
適合類型：正常強度的啤酒通常不會有明顯感覺，但對啤酒整體性格有所助益；含量在發酵溫度更高時會提升	
來源：酵母代謝	
2－苯乙醇（2-Phenylethanol） 45～50 ppm	
描述用語：玫瑰香	
正丙醇（n-propanol） 600 ppm	
描述用語：酒精感	
異丁醇（Isobutanol） 80～100 ppm	
描述用語：酒精感	
異戊醇（Isoamyl alcohol） 50～60 ppm	
描述用語：酒精感	

上，當過濾程度太高時，連顏色、啤酒花苦味與構成酒體與酒帽的蛋白質都會被濾除。日本啤酒品牌Sapporo授權美國Miller啤酒使用的低溫過濾，就是試圖避免這些問題的技術，但此法昂貴又複雜，只適合巨型啤酒廠。大型啤酒廠的另一種解決方案是離心機，可以脫去物質微粒或初步過濾。

過濾並不會加速啤酒熟成，但太早過濾可能導致啤酒氣味帶有「青味」，尤其若含有乙醛或丁二酮。

許多啤酒並不會完全移除酵母。如果裝瓶或裝桶時仍保留一些酵母，並添加少量糖任其發酵，便會額外產生二氧化碳。酒瓶或桶內的活酵母還會攝取可怕的氧氣。在酒桶或酒瓶中自然產生氣泡的產品稱為「真愛爾」（real ale），

這是英式愛爾的傳統方式，但許多比利時愛爾和美國精釀啤酒也採瓶內發酵。

真愛爾酒桶會在發酵中就送達酒館。酒館老闆則負責決定何時可以品嘗。此過程頗具挑戰，但是真愛爾的絕佳口感及微妙風味，值得愛好者接下此挑戰並忍受很短的保存期限。想進一步了解真愛爾，請見第 6 章。

另一方面，釀酒廠可能進行巴氏滅菌（pasteurization）。此程序會以高到足以殺死任何殘餘酵母與細菌的溫度短期加熱，一般是以 60°C 加熱 2 至 3 分鐘。某些研究顯示經巴氏滅菌後啤酒的「烹煮」風味可經專家品飲察覺，但對數百萬消費者而言顯然不構成問題。

一般認為在包裝前進行巴氏滅菌對啤酒風味的影響較小。啤酒將加熱至 71.5 至 74°C 持續 15 至 30 秒。不論那種方式，保存期限都可大幅超越未經巴氏滅菌的過濾啤酒。幾乎所有在美國銷售的桶裝啤酒都未經巴氏滅菌，因此必須維持在 3°C 以下。

充氣方式也有類似的爭論。多數啤酒廠中，二氧化碳會在槽內熟成或過濾後，在裝瓶前溶入啤酒；也可以簡單地關閉熟成槽直到發酵結束，並安裝卸壓閥讓二氧化碳安全地達到想要的含量。後者的擁護者宣稱此方式可獲得更細小的氣泡和更密實的酒帽，但這是非常微弱的論點，也沒有獲得共識。

包裝

自釀酒館的包裝可以相當簡單，只要把啤酒從出酒槽倒出即可。但對多數啤酒廠而言，包裝可能是生產過程最具挑戰的面向。據說那三冊由美洲釀酒大師協會（Master Brewers Association of the Americas）發行的叢書中，包裝冊是最大的一本。裝瓶設備龐大、複雜而昂貴，操作需要很高的技術。包裝不良的啤酒可能會染上許多能馬上嘗出的問題。

最關鍵的潛在問題還是氧氣。氧氣太多，啤酒就可能發展出老化感和紙板味（第 54 頁）。瓶內氧氣含量沒有公認

清潔與消毒

清潔與消毒對釀造啤酒極為重要。已逝的自釀者和科學家喬治·菲克斯博士（Dr. George Fix）曾說：「你無法幫汙垢消毒」，也許你可以由此句話感受到兩者間的關係。特殊化學用品及機械化噴灑設備可供效勞，但只有專注細節的釀酒師時刻警惕的雙眼，才能保持真正的清潔。而且清潔與消毒總是少不了粗活。

消毒不良的設備可能讓許多討厭的問題棲息，它們會在不同階段進入啤酒，帶來討厭的味道、氣味等等問題。細菌和野生酵母經常帶來大量令人不悅的氣味化學物質，但培育的酵母只會產出少量。乳酸桿菌和片球菌最為惡名昭彰，而且此幫派中還有許多成員。

✹ 感官字典：酵母自溶味

感受類型：香氣、風味

描述用語：酵母自溶味、風味模糊、醬油、馬麥醬（Marmite）、鮮味

啤酒中的感覺閾：不一定

適合類型：一般並不怡人，在較老、較烈的啤酒中可接受

來源：多種脂質和胺基酸，酵母死亡及分解的結果

✹ 感官字典：氯酚

感受類型：香氣

描述用語：OK繃、膠帶、消毒劑

啤酒中的感覺閾：低於0.5 ppb

適合類型：不應出現

來源：一般由殘餘的含氯消毒劑和啤酒內的酚類化合物反應而成，但也可能來自酵母問題，或者因杯中含氯或溴的消毒劑未完全洗淨

✹ 感官字典：黴味

感受類型：香氣

描述用語：黴味、軟木塞味

啤酒中的感覺閾：低於0.1 ppt（一兆分之一！）

來源：三氯苯甲醚（Trichloroanisole）。在酒瓶以軟木塞封口時，可能因軟木塞受污染或麥芽受黴菌污染。黴味可能會透過酒廠潮溼處的塑膠軟管散布。這是散布力量驚人的氣味物質！以軟木塞封口的酒款一般可視為鄉間土味而接受

其他：可能污染啤酒的黴味成分包括土腥素（geosmin，土味、甜菜根味）、2－乙基芬醇（2-ethyl fenchol，土味，帶天竺薄荷芽尖調性）等。它們通常在潮溼處形成，透過塑膠、木材或被污染的包材沾染啤酒

✹ 感官字典：溶劑／老化感

感受類型：香氣

描述用語：老化感、溶劑感、化學感

啤酒中的感覺閾：6 ppb

適合類型：無

來源：成分為糠基乙醚（furfuryl ethyl ether）。在陳年過程中由烘烤麥芽產生的物質轉變，或是來自煮沸過程糖類和胺基酸結合的物質。是啤酒老化一貫出現的化學物質。和多數老化風味一樣，糠基乙醚在溫度較高時形成較快

玻璃瓶中，只有棕色才能有效防治因藍光與某些啤酒花成分反應產生的臭味。
易開罐與陶瓶也有良好的防護。而綠色與透明的玻璃瓶則毫無保護的功能。

的安全下限，當含量高到某種程度時就是件壞事，啤酒製造商便會成天滿腦子想著如何降低數值。Sierra Nevada釀酒廠將旋蓋換成有特殊內襯的常見撬開式瓶蓋，正是因為隔絕氧氣的效果。

雖然罕見，但未完全清除的消毒劑可能會產生氯酚帶來的 OK 繃氣味。這在酒吧或餐廳都算尋常，因為清潔玻璃杯或酒壺的消毒劑都含氯或溴，兩者也都會產生氯酚味。

其他常見的包裝問題關乎行銷。透明或綠色瓶身無法阻絕產生臭鼬味的藍光波長光線（第 61 頁），棕色瓶身則有絕佳防護。但如一位英國釀造總監，手握裝滿臭鼬味啤酒的美麗透明瓶時所言：「是啊，但它們看來棒得要命！」

美國啤酒品牌 Miller 使用一種特殊處理的 Tetra 啤酒花的酒花賦苦萃取物，以移除討厭的化學物質。Tetra 啤酒花還

✳ 感官字典：臭鼬味

感受類型：香氣	
描述用語：臭鼬味、橡膠味	
啤酒中的感覺閾：0.05 ppb	
適合類型：無	

來源：成分為甲基或異戊基硫醇（methyl or isopentyl mercaptan），由啤酒花賦苦化合物異葎草酮（isohumulones）中的物質和藍光反應形成。即使在附螢光的冰箱內，也可能於幾秒間產生。棕色瓶身能提供良好但不絕對的保護。

感受類型：香氣

描述用語：硫化物感：臭雞蛋、水溝味；亞硫酸鹽味、用過的火柴

啤酒中的感覺閾：硫化氫 1 ppb；二氧化硫 25 ppm

適合類型：可接受拉格中偶有一縷氣息

來源：酵母代謝的副產品；常是太年輕的「青」啤酒徵兆；某些拉格酵母品系以此聞名。過勞或突變的酵母可能會產生。大量的二氧化硫可能象徵細菌感染，特別是感染發酵單胞菌（Zymomonas）

有個額外好處：增加啤酒泡沫穩定性。其他啤酒廠也因增進泡沫的特性而另眼相看。

隨著啤酒變老，風味也會改變（第6章）。酒精濃度較低的啤酒改變最快，高溫也會加速變化。

首先，當啤酒花香氣開始變得呆板，某種程度表示啤酒已經精疲力竭，紙或紙板氧化氣味也會變得明顯。啤酒可能顯現不同於新鮮麥芽的蠟、蘋果或蜂蜜般的甜香。啤酒花苦味也消褪。色淺、經過濾的啤酒在極度老化時，會開始顯得混濁或有「雪花」，兩者都是由析出的蛋白質產生。

在較烈的啤酒中，改變則未必全是負面。事實上，有些品酒家會不厭其煩地將部分啤酒如優質葡萄酒一般陳放。

啤酒花的風味會柔化而變得帶有果香，辛香調性則換成飽滿的麥芽感，酒體則會變薄而顯乾爽。另外，類似雪莉酒的氧化氣味通常以稍具皮革感的調性顯現，在適當脈絡下相當宜人。非常老的啤酒會顯現鮮味，這是因為蛋白質分解，有時也會透出點醬油氣味。

啤酒終於要離開啤酒廠，一上路它就得面對許多麻煩。時間和溫度固然是大敵，但震動、粗心和懶惰也是。在本國運送已經夠困難，讓啤酒航向全球各地的挑戰更是倍增。也使人不禁對所有狀態都極佳的啤酒心懷感恩。

最大的問題或許還是侍酒不當。桶裝現壓的酒頭管線（tap line）面臨的消毒與感染問題就和啤酒廠一樣，特別是造成奶油味及混濁的乳酸桿菌和片球菌感染。定期謹慎的管線清洗程序可以預防，但並非所有酒吧與餐廳都會認真看待。每兩週最少一次的清潔應可避免嚴重問題。極端的酒館老闆會每週清潔管線一次。

身為熱愛啤酒的我們，拜訪啤酒廠，親眼看看啤酒釀造如何進行很是值得。本章節包含許多技術細節，但這些各種樣式的抉擇是啤酒的核心與靈魂，也是一款啤酒真正與其他啤酒不同之處。在你啜飲啤酒時，回想這些因素，手中的啤酒就會開口訴說一段故事。

Chapter
4

啤酒的
特性

　　啤酒是個萬花筒，
擁有比其他飲料更多元的色彩、風味、強度、
平衡等特質。我們已經見識了原料與釀造過程
帶來的風味與香氣。本章，我們將進一步探索
這些特質如何彼此加乘，並在成品中呈現。

我們要討論哪些特性？首先是強度，包括酒精濃度，以及更重要的，未發酵麥汁中固體（大部分是糖類）溶解量的比重。麥芽越多代表酒精越多，也會因為酒譜不同可能帶出一連串麥芽、焦糖、烘焙與烘烤風味。麥芽越多也表示需要更多啤酒花，因此又進一步累積了風味。我們將談談它們如何加乘。

啤酒色彩繽紛，沒有任何飲料可從最淺的稻草色延伸到墨汁般的黑，適切搭配各種口味偏好、心情與場合。我們已經了解不同類型的麥芽如何為啤酒帶來眾多風味，在此，我們將把焦點移至測量與描述色彩的方式。

苦味可能很少，也可能很有挑戰性。而當啤酒花的花香、香料與草本等風味疊上後，你會發現啤酒的這一面有多麼戲劇化的表現。

由於變數眾多，釀酒師又必須牢牢掌控，因此能以數值呈現的客觀標準十分重要。數值不是一切，但文字實在無法像數值系統精確、客觀。在講究一致、經濟、品管、評判，甚至課稅時，數值不可或缺。

我不認為你需要散盡家財買下紫外線光譜儀（spectrophotometer），以確認每支啤酒苦度（雖然有些在拍賣網站上還蠻便宜），但能自如地運用啤酒的數值語言仍然重要。在使用度量單位一陣子後，一款比重 1.065、苦度 44 IBU，或 SRM 色度 8 的啤酒喝起來如何，我們也可以頗有概念。熟能生巧，而且沒有人會抱怨又要練習喝啤酒。

比重

即麥汁或未發酵啤酒的濃度，也就是一種表示啤酒含有多少糖與溶解固體的方式。主要有兩種系統：首先是柏拉圖濃度（degree Plato, °P），以溶解固體占總重的百分比表示。10°P 的麥汁含有 10% 的溶解固體；12°P 的麥汁含有 12%，依此類推。早期的書籍可能會提到巴林（Balling），這是柏拉圖教授修正之前的標準量尺。柏拉圖濃度為德國啤酒廠及全球拉格啤酒廠所用，但它並不是唯一的單位。由於卡爾·巴林（Karl Balling）出身波西米亞，因此捷克人仍然使用巴林量尺。和葡萄酒有關的 Brix 糖度（Degrees Brix, °Bx），其實也與柏拉圖濃度差不多，但啤酒釀造幾乎完全不使用此單位。

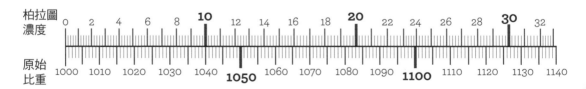

原始比重與柏拉圖濃度
表示麥汁濃度的兩種單位換算。

什麼是「易飲性」？

大型啤酒廠知道消費者重視易飲性勝於一切，因此花了許多工夫研究。儘管如此，易飲性仍然很難精確定義。奧古斯特‧布希三世説：「你會放下酒杯是因為知道該停了，不是因為不想喝。這就是易飲性」。易飲性也是主流啤酒苦度極低的驅力之一。任何有風味的東西都會讓味覺疲勞，因此用玉米或米取代麥芽。口感柔順、無餘韻也在考量之內。而這一切都帶

我們指向一個結論：水十分易飲。

易飲性也在精心打造的啤酒中扮演重要角色。無疑地，美國西岸誕生的酒花炸彈對於多數人，甚至是精釀啤酒愛好者而言，並不是出色的社交型啤酒（session beer），給人的刺激或許多過陶醉。一款強度一般的啤酒擁有使人感興趣的個性與深度，又纖細得可以喝完三品脫，相當難能可貴。

再者是英國使用的單位原始比重（original gravity, OG），即與水的相對比重——麥汁與同量純水的重量比值。前面提到 10 和 12°P 的麥汁，原始比重會分別是 1.040 與 1.049 OG，也就是分別為純水的 1.040 與 1.049 倍重。另外，也常常為了方便捨去小數點。英式愛爾飲用者仍然會注意比重值，以評估特定啤酒的強度（與價格）。由於有太多早期自釀啤酒文獻出自英國，因此許多美國自釀人士仍依原始比重概念思考。這種情況在自釀酒館及小規模啤酒廠也相當常見。

比利時人有他們看起來有點古怪的單位：比利時濃度，早期有時也稱為「稅務濃度」（degré Régie）。通常會在釀造修道院式啤酒時使用。比利時濃度

便是原始比重擦去前面的數字「1.0」。例如，原始比重 1.050 的啤酒就是比利時濃度 5 的啤酒；1.080 則是比利時濃度 8，依此類推。需要注意的是，許多比利時啤酒酒標的數字，是基於多年前的酒譜，由於啤酒會隨時間演進，這些數值可能已經不像以前那樣代表比重了。

測量比重的方式很多。最簡單的是使用液體比重計（hydrometer）。它是一支浮管，通常以玻璃製成，底部配重，頂端則有內含刻度的細玻璃管。當它浮得越高，液面上的數字就越大，也代表讀數。液體和所有物質一樣，會隨溫度而脹縮，因此液體比重計通常針對特定溫度校準，溫度不同時便須校正。

1785 年，一位釀造科學家約翰‧理察森，首度發表使用液體比重計的啤

液體比重計

這簡單的工具會依液體密度漂浮在不同高度，讓釀酒師對啤酒發酵後
可能的強度有初步概念。

酒釀造實驗結論。自此徹底改變啤酒釀造的世界。待到波特啤酒的章節（第9章）我們再細談。

另外，折射計（refractometer）是利用糖的折射或偏光性進行精確的比重測量。在儀器中滴上一滴溶液，蓋上蓋子，就能從接目鏡的刻度讀出比重。然而，啤酒發酵後，酒精的高折射性會使測量結果有所誤差，因此折射計大抵適合在釀酒間，而非酒窖使用。高精度的測量可由特殊的比重瓶（pycnometer）進行。先測量比重瓶的空重，然後測量裝滿後的重量。從減去瓶身重量後的淨重與體積就可得出比重數值。這些是實驗室的程序，通常只在實驗室與較大型的啤酒廠進行。在釀酒廠穿著橡膠靴的傢伙們很少需要這麼精準。

比重是啤酒成品可能酒精濃度的粗略測量。你可以參考這個粗略的換算：原始比重 1.050 的啤酒，酒精濃度可能會在 5% 左右；1.060 的啤酒會在 6% 左右。但此換算相當不精確，因為麥汁會依可發酵程度不同而有變化，且酵母還會進一步讓濃度變得更複雜。

酒精與發酵度

乙醇（酒精）是發酵的主產品。酒精量的表示方式有兩種：體積百分比與重量百分比。前者是目前的國際標準，也包括美國。但在 1933 至 1990 年間，美國曾經以重量百分比作為標準。在禁酒令的災難後，美國啤酒製造商急於顯示他們的產品是溫和飲品，因此選擇了

數值看起來最低的度量系統。一瓶酒精濃度重量百分比 3.2% 的啤酒，體積百分比濃度其實是 4%。加拿大和其他國家始終使用體積百分比濃度，這或許是美國當地傳說進口啤酒比本國啤酒濃烈許多的原因。

比重相同的麥汁並不都會產出相同酒精濃度的啤酒。麥汁中糖分轉化為酒精的程度，會受釀造過程、使用的糖類與輔料、酵母品系、發酵溫度等變數影響。釀酒師有許多方法，像是較熱的麥醪會產出較難發酵的麥汁，而較涼的麥醪則會產出較易發酵的麥汁。

現在我們得討論一下讓人困惑的發酵度，以及如何測量與表示。通常釀酒師會以 100 減去最終比重除以原始比重的數值，進而得到「表面發酵度」（apparent attenuation）。這是相當有用的資訊，但還不能反映真實情況。因為酒精比水輕，因此任何酒精都會使比重的讀數比實際低。在某些發酵程度非常高的啤酒中，表面發酵度甚至可能超過 100。為了獲得「實際發酵度」，必須將實際酒精含量納入考量。一般會以蒸餾少量樣品測得，所以有點麻煩。通常只有較大型的啤酒廠才這麼做。精釀啤酒廠除了最大的幾家之外，通常只使用表面發酵度。

在麥汁濃度相同的情況下，發酵度較低的啤酒較甜而厚重，且酒精含量比發酵度較高的啤酒為低。發酵度高的啤酒會把更多萃取出的糖分轉化為酒精，因此發酵度高的這一端，便產出低卡、

各啤酒類型的酒精濃度

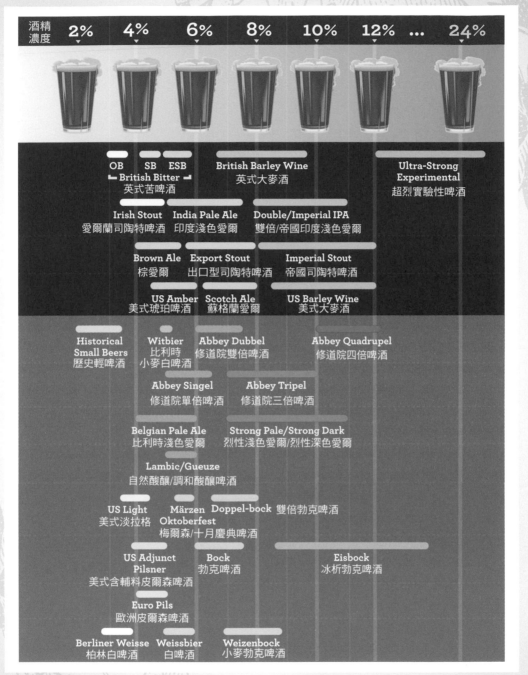

酒精濃度	2%	4%	6%	8%	10%	12%	...	24%

OB　SB　ESB
▶ British Bitter ◀
英式苦啤酒

British Barley Wine
英式大麥酒

Ultra-Strong Experimental
超烈實驗性啤酒

Irish Stout
愛爾蘭司陶特啤酒

India Pale Ale
印度淺色愛爾

Double/Imperial IPA
雙倍/帝國印度淺色愛爾

Brown Ale
棕愛爾

Export Stout
出口型司陶特啤酒

Imperial Stout
帝國司陶特啤酒

US Amber
美式琥珀啤酒

Scotch Ale
蘇格蘭愛爾

US Barley Wine
美式大麥酒

Historical Small Beers
歷史輕啤酒

Witbier
比利時
小麥白啤酒

Abbey Dubbel
修道院雙倍啤酒

Abbey Quadrupel
修道院四倍啤酒

Abbey Singel
修道院單倍啤酒

Abbey Tripel
修道院三倍啤酒

Belgian Pale Ale
比利時淺色愛爾

Strong Pale/Strong Dark
烈性淺色愛爾/烈性深色愛爾

Lambic/Gueuze
自然酸釀/調和酸釀啤酒

US Light
美式淡拉格

Märzen Oktoberfest
梅爾森/十月慶典啤酒

Doppel-bock 雙倍勃克啤酒

US Adjunct Pilsner
美式含輔料皮爾森啤酒

Bock
勃克啤酒

Eisbock
冰析勃克啤酒

Euro Pils
歐洲皮爾森啤酒

Berliner Weisse
柏林白啤酒

Weissbier
白啤酒

Weizenbock
小麥勃克啤酒

OB：一般苦啤酒（Ordinary Bitter）；SB：特級苦啤酒（Special Bitter）；
ESB：烈性特級苦啤酒（Extra Special Bitter）

啤酒色彩量尺

SRM色度	2	3	4	6	9	12
	Pale Straw 淺稻稈色	Straw 稻稈色	Pale Gold 淺金色	Deep Gold 深金色	Pale Amber 淺琥珀色	Medium Amber 中等琥珀色

SRM色度	15	18	20	24	30	40+
	Deep Amber 深琥珀色	Amber-Brown 琥珀至棕	Brown 棕色	Ruby Brown 紅棕色	Deep Brown 深棕色	Black 黑色

以美國啤酒色彩單位SRM色度劃分

乾爽、輕盈的啤酒。

啤酒色彩

　　我們是相當視覺化的動物，對外觀的微小差異非常敏感，敏感度遠勝於風味。於是釀出正確的顏色對釀酒師而言至關重要。儘管多年來人們一直試著發展出更詳細的啤酒色彩示意，現今的度量仍使用單一方向、由淺至深的數值尺度。啤酒是略帶紅色的液體，因此藍光最難穿越其中，這也讓藍光能提供測量啤酒顏色最細微的讀數。技術上來說，啤酒色彩就是 1 公分樣品試管，對波長 430 奈米藍光光密度（optical density，即吸光率[absorbance]）的 10 倍，通常以光譜儀測量。此為美國釀造化學家學會（American Society of Brewing Chemists, ASBC）制定的色彩標準，稱為標準參考方法（Standard Reference Method）或 SRM色度。美國釀造化學家學會是監督釀造分析標準的組織。

　　啤酒色彩原本是以一組由喬瑟夫·洛維邦（Joseph Lovibond）十九世紀後期發展出的有色玻璃測定。將類似立體鏡的裝置朝向光源，啤酒樣品倒入一旁的容器，操作者將樣品容器置入不同顏色玻璃，直到找出相符的色彩為止。而且，當我們有分光光度法（spectrophotometric method）可用時，兩者色彩測量結果幾乎完全相等——這也是為什麼我們仍可看到以洛維邦色度

啤酒色彩與類型：淺色啤酒

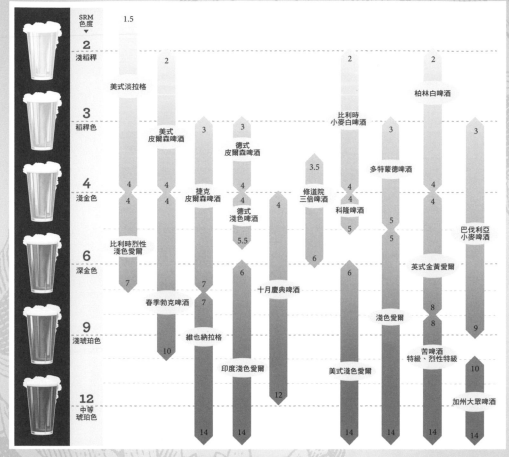

常見啤酒類型的色彩範圍

美式淡拉格：American Light Lager、比利時烈性淺色愛爾：Belgian Strong Pale、美式皮爾森啤酒：American Pilsner、春季勃克啤酒：Maibock、捷克皮爾森啤酒：Czech Pilsner、維也納拉格：Vienna Lager、德式皮爾森啤酒：German Pilsner、德式淺色啤酒：German Helles、印度淺色愛爾：India Pale Ale、十月慶典啤酒：Oktoberfest、修道院三倍啤酒：Abbey Tripel、比利時小麥白啤酒：Witbier、科隆啤酒：Kölsch、美式淺色愛爾：American Pale Ale、多特蒙德啤酒：Dortmunder、淺色愛爾：Pale Ale、柏林白啤酒：Berliner Weisse、英式金黃愛爾：English Golden Ale、苦啤酒、特級、烈性特級：Bitter, SB, ESB、巴伐利亞小麥啤酒：Bavarian Weizen、加州大眾啤酒：California Common。

描述的啤酒，而沒人有什麼異議。

歐洲則使用不同的單位，EBC（歐洲啤酒釀造協會，相當於美國的美國釀造化學家學會），在與大西洋對岸釀造啤酒親戚的合作下，EBC 讀數接近美國 SRM 色度的兩倍（SRM x 1.97=EBC）。

啤酒色度讀數，並沒有公認的口語描述方式。本頁圖表試著用最常見、中性的詞彙描述對應的啤酒顏色。

另還有一種三色值（tristimulus）測

啤酒色彩與類型：中等和深色啤酒

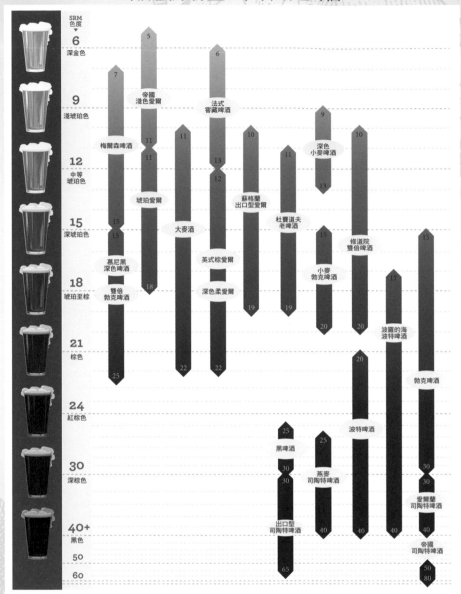

常見啤酒類型的色彩範圍

梅爾森啤酒：Märzen、慕尼黑深色啤酒：Munich Dunkel、雙倍勃克啤酒：Doppelbock、帝國淺色愛爾：Imperial Pale Ale、琥珀愛爾：Amber Ale、大麥酒：Barley Wine、法式窖藏啤酒：Bière de Garde、英式棕愛爾：English Brown Ale、深色柔愛爾：Dark Mild Ale、蘇格蘭出口型愛爾：Scottish Export、杜賽道夫老啤酒：Düsseldorfer Altbier、黑啤酒：Schwarzbier、出口型司陶特啤酒：Foreign Stout、深色小麥啤酒：Dunkel Weizen、小麥勃克啤酒：Weizenbock、燕麥司陶特啤酒：Oatmeal Stout、修道院雙倍啤酒：Abbey Dubbel、波特啤酒：Porter、波羅的海波特啤酒：Baltic Porter、勃克啤酒：Bock、愛爾蘭司陶特啤酒：Irish Stout、帝國司陶特啤酒：Imperial Stout

各啤酒類型的苦度

苦度是啤酒類型的重要面向。此圖為常見啤酒類型的苦度對照，
以國際苦度單位IBU表示。

量法，因啤酒色彩在紅與黃之間變化，此方法就以眼睛最為敏感的紅、綠與藍光波長測量啤酒色彩，但極少用於啤酒釀造。

苦度與平衡

啤酒花讓啤酒擁有相當複雜的香氣，唯一能做的數值測量就是苦度。測量的是來自啤酒花，在煮沸中異構化並溶解的苦味 α 酸。國際苦度單位（IBU）即是異構化 α 酸濃度的百萬分之一（ppm或mg/L）。實驗室分析是以試劑和紫外線光譜儀進行，難度不高，但設備相當昂貴。多數小型啤酒製造商

在設計酒譜時會計算 IBU，並在需要精確數值時委託實驗室進行分析。

啤酒的苦度可自 5 IBU 到遠超過 100 IBU。人類的感覺閾約為 6 IBU，6 IBU 以下人類便分辨不出苦味程度。

啤酒花苦味在平衡麥芽甜味相當重要，即使是最強調麥芽風味的啤酒也是如此。味覺元素間的互動對易飲性非常重要。很少啤酒可達完全平衡，通常都還是會偏向一邊。較淺色的麥芽類型感覺應該都是麥芽味，但因烘烤過程的焦糖化，諸如焦糖、堅果、麥芽與各種焙烤香氣及風味都可能出現。這些麥芽風味中有些可能非常甜膩，因此需要啤酒花平衡，但須注意焙烤麥芽風味也經常

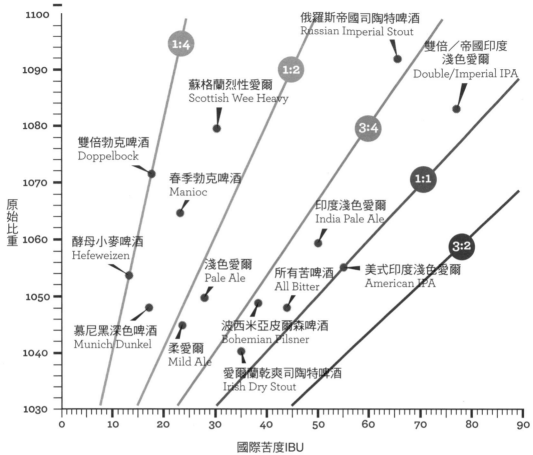

相對苦度

俄羅斯帝國司陶特啤酒
Russian Imperial Stout

雙倍／帝國印度
淺色愛爾
Double/Imperial IPA

蘇格蘭烈性愛爾
Scottish Wee Heavy

雙倍勃克啤酒
Doppelbock

春季勃克啤酒
Manioc

印度淺色愛爾
India Pale Ale

酵母小麥啤酒
Hefeweizen

淺色愛爾
Pale Ale

所有苦啤酒
All Bitter

美式印度淺色愛爾
American IPA

慕尼黑深色啤酒
Munich Dunkel

波西米亞皮爾森啤酒
Bohemian Pilsner

柔愛爾
Mild Ale

愛爾蘭乾爽司陶特啤酒
Irish Dry Stout

原
始
比
重

國際苦度IBU

苦味會在較輕的啤酒顯得較強，所以我們真正感受到的是苦度與原始比重的比值。
此圖表為國際苦度與原始比重的相對關係（原始比重只取末兩位數值，例如1050=50）

落在苦味端。

　　啤酒花的苦味會切開甜味並加上清爽的特質。如前討論，常用於度量啤酒平衡的方式（至少可應用於甜美麥芽與啤酒花苦味之間）是 BU 與 GU 的比值（苦味單位對比重單位）。BU 就是我們一直提到的 IBU。例如，50 IBU 的苦味可能已經算是很多了，但這個苦味在宏

大、富麥芽風味的大麥酒和英式苦啤酒中嘗起來會很不同。GU 即是原始比重。如果製作一張自己所熟悉的啤酒類型的 BU 與 GU 對應表，便能一目了然其中差異。

　　重要的是，記住BU與GU比值只表達麥芽甜味對啤酒花苦味的平衡，雖然他們是啤酒的感官要角，但其中仍有許

多角色，包括烘焙、烘烤、果味、煙燻、酸、氣泡等等。另外，其實啤酒花苦味進入啤酒後都差不多。啤酒花是透過香氣表現多元的性格。

混濁度

一直以來，人們都偏愛啤酒清澈透亮的特性。今日，不論何處，清澈也幾乎是所有啤酒類型的目標之一。以下是幾個重要的例外。

完全清澈的啤酒需要釀酒師的專業技術與警覺。製麥、釀酒間的程序、發酵、熟成、過濾和包裝也都有所影響。一旦啤酒在經銷運送時處理不當，以上過程的努力可能便化為烏有。例如，一般強度的啤酒在處理不當或老化時就會產生混濁。

啤酒混濁的來源

低溫混濁：啤酒中麥芽的蛋白質在冷卻時沉澱造成。常見於未過濾（或輕度過濾）的精釀啤酒，因未過濾啤酒額外的複雜度，值得我們承受外觀缺點。低溫混濁完全沒有味道，且在啤酒稍微回溫後就會消失。

酵母：可能是有意。例如第73頁右下圖中的酵母小麥啤酒，或帶沉澱物的瓶內熟成啤酒的瓶身被搖動，又或者是倒酒草率。在酵母小麥啤酒中，酵母可能會有帶些麵包味的酵母感；一瓶陳年的瓶內熟成啤酒中，酵母有時會帶些土味，可能的話應該避免；桶裝小麥啤酒在儲存和輸送時經常上下倒置，出酒時才轉

正，好讓酵母漂散於啤酒中。

澱粉混濁：某些古老傳統中，啤酒釀造的過程會在啤酒中留下一抹薄薄的乳白色「光澤」。（第74頁，比利時小麥白啤酒）

缺陷啤酒的混濁指標

老化或處理不當：經常伴隨沉澱蛋白質的「雪花」混濁，這是嚴重老化啤酒的常見特徵，淺色進口拉格更是如此。多次來回冷卻與回溫會加速此過程。

感染：許多造成啤酒腐敗的有機物都會帶來混濁。乳酸桿菌與片球菌的溫床——不潔的啤酒管線，也是腐敗常見的罪魁禍首。

刻意混濁或不清澈的啤酒

多數以大麥麥芽為基底的啤酒都設計成出酒清澈透明，但許多小麥啤酒的共同特徵之一就是某種程度的混濁。這可以回溯至中世紀，當時啤酒分成兩類，紅與白。除了顏色較淺之外，稱為「白」啤酒很可能是因為混濁。

酵母小麥啤酒內含酵母，因此有著混濁的外觀。

酵母小麥啤酒：原文hefeweizen中的hefe字意為「酵母」，這氣泡活躍的德式小麥啤酒瓶中也確實添加了酵母。侍酒儀式的一部分就是搖下成塊沉澱物，倒在豐厚綿密的酒帽上。如果你真的想讓你的白啤酒清澈，就點杯水晶小麥啤酒吧。

柏林白啤酒：這款小麥酸啤酒的混濁，可能因為酒譜占 50 至 60% 的富含蛋白質小麥。第 74 頁左上圖的啤酒因添加了傳統的綠色車葉草（green woodruff）糖漿，覆盆子也頗受歡迎。

比利時小麥白啤酒：這古老類型有一層澱粉光彩，是混濁糖化（turbid mash）技法或在煮沸槽中添加許多麵粉的結果。

酒窖啤酒（Kellerbier）：此款鮮為人知的特色啤酒通常是一種淺色德式拉格，在啤酒酒窖直接自熟成槽提供，未經過濾。美國至少有進口一款，不少精釀啤酒製造商也開始嘗試製造。

清澈度

除非該啤酒類型制定了某種程度的混濁外，所有啤酒都應該清澈透亮。觀察淺色啤酒的澄澈度很簡單；但顏色較深的啤酒中，顏色可能會掩蓋了混濁的狀態。通常如果無法用肉眼看到混濁，就不成問題。但有些啤酒迷會使用手電筒觀察光束是否照得出懸浮混濁。想要探究清澈度時，記得先把杯子擦乾，這樣才不會誤把凝結的水氣當成混濁。另外，也請讓精釀啤酒回溫到接近適飲溫度的上限，如此一來，就可能會避免低溫混濁。

二氧化碳與啤酒泡沫

在我們與啤酒漫長愛情故事展開的第一次相遇，我們便深深愛上啤酒冒泡

過濾：美夢或惡夢？

這是非常複雜的問題，答案也並不簡單。就好處而言，過濾可除去可能造成啤酒品質不穩、縮短保存期限的酵母等物質，這是既快又有效的方式。因此能以合宜價格提供新鮮、暢快的啤酒。過濾讓原本會自然發生的事加速。

就如同啤酒釀造的許多面向，過濾如何做到適當需要睿智而富經驗的釀造總監。過濾良好的啤酒確實是相當美好，但壞處是當過度過濾時，啤酒可能會褪去顏色、酒體、酒帽持久性和風味，飲者宛如進入不毛之地。

倒出絕佳的泡沫

想要獲得最佳酒帽，請大膽地把啤酒往完全乾淨的玻璃杯底中央注入。啤酒會開始起泡，這正合我們的意。停一下，讓它稍微穩定再繼續倒酒，如此重複直到倒滿整杯。如此一來，不只可以讓你更期待，也讓大量泡沫反覆收縮，創造出緻密、綿滑，充滿細小且持久的泡沫。另外，這樣也可以將部分多餘的氣體逐出啤酒，使成品有類似桶裝啤酒的滑順綿密。

直接倒入
並讓它起泡

讓泡沫下沉
穩定

倒酒、等待並重複
到適當的高度

享用！

的天性。由於啤酒獨特的蛋白質結構，它是唯一擁有天然泡沫的飲品。不只飲者重視泡沫，它還是啤酒釀造技術中最複雜、最備受研究的面向之一。而啤酒泡沫的擁護遠從農村田野便開始。

泡沫的狀態取決於啤酒酒體。啤酒中的蛋白質會形成所謂的「膠體」（colloid），它是將啤酒繫在一起的寬鬆蛋白質網。你可以實際嘗到或感受到飽滿的口感，它的結構和品牌 Jell-O 的果凍非常相似。這個膠態會影響啤酒的表面張力，因此也對泡沫的形成與存續十分重要。它像是童話《金髮女孩與三隻小熊》（*Goldilocks and the Three Bears*）中的金髮女孩：啤酒泡沫需要長度「剛好」的蛋白質，長度太短或太長都不行。啤酒花和酵母也會影響，就像我說過的，泡沫很複雜。

小麥擁有形成絕佳酒帽所需的蛋白質，這也是所有小麥啤酒都有的優點之一。事實上，小麥、燕麥與裸麥之類的穀物有時合稱「酒帽穀物」，在酒帽需要支援的時候時悄悄跑進酒譜，例如科隆啤酒與英式苦啤酒。

侍酒環境的某些物質對啤酒泡沫有害。不論是清潔劑或油脂，都會很快消

啤酒類型與二氧化碳含量

二氧化碳含量高的類型

類型	二氧化碳體積
比利時烈性金啤酒 Belgian strong golden	3.5-4
比利時修道院啤酒 Belgian abbey	2.7-3.5
比利時調和酸釀啤酒 Belgian gueuze	3-4.5
巴伐利亞酵母小麥啤酒 Baverian hefeweizen	3.5-4.5
柏林白啤酒（Berliner Weisse）	3.2-3.6
美國工業拉格和淡拉格 American industrial lager and light	2.5-2.7
一般拉格（Normal lager）	2.2-2.7
一般愛爾（Normal ale）	1.5-2.5

二氧化碳含量低的類型

類型	二氧化碳體積
英式桶內熟成愛爾 British cask ale	0.8-1.5
未調和的自然酸釀啤酒 Straight lambic	0.5-2.5
大麥酒 Barley wines	1.3-2.3
帝國司陶特啤酒 Imperial stout	1.5-2.3
超高比重愛爾 Super-high-gravity ale	0-1.3

壓力、溫度與二氧化碳體積的關係

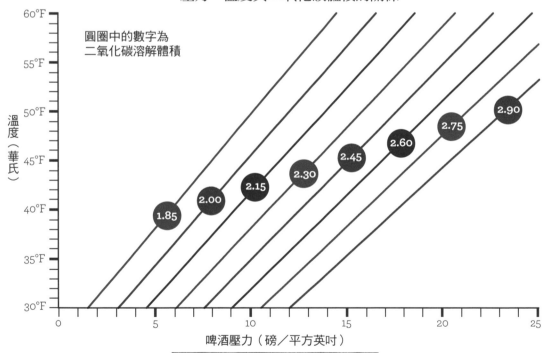

圓圈中的數字為
二氧化碳溶解體積

任何開過溫啤酒的人就知道，啤酒內氣體壓力會隨著溫度上升。釀酒時會使用二氧化碳的
「體積」表示溶解於啤酒中的二氧化碳含量。

二氧化碳：自然與人工？

對許多人來說，人工灌氣就像魔鬼的工具。而且由於真愛爾促進會為保護傳統愛爾而挺身奮鬥，爭論變得更接近意識型態而非科學技術的討論。另一方面，我們也很少看到證明某一方比另一方更好的理論或科學研究。就物理學而言，無論來自何方，均衡狀態下的氣體都是一樣的。反對者經常將人工灌氣與其他問題混為一談，例如含輔料拉格、不適當（太冷）的侍酒溫度、巴氏滅菌、過度過濾。雖然以上措施確實會改變啤酒的味道，但釀造良好且未經過濾的「真正活」愛爾和人工灌氣的一樣好。

滅酒帽——因此，請好好清潔啤酒杯。

當然，如果啤酒裡沒有二氧化碳，就不會有泡沫了。二氧化碳相當容易溶於以水為基底的液體，例如一瓶冰涼的啤酒就可以溶解非常多的二氧化碳。相較之下，氮氣的可溶性低得多。司陶特啤酒的啤酒罐一拉開拉環，啤酒就會開始釋出氣體，因為設計為灌有氮氣。打開一罐普通的啤酒，即便它溶有許多氣體，也不會噴出（開罐前試著搖晃一下罐身就可以證明是不是真的）。

釀酒師以體積描述含氣量，此為絕對量數，不受壓力或溫度的影響。然而，如第76頁圖表所示，三者相互關聯；溫度越高，該體積所承受的壓力就越大。

並非所有啤酒類型的充氣程度都相同。例如桶內熟成愛爾等啤酒就只有少量充氣，就像多年前的啤酒一樣。古代的木桶無法承受太高的壓力，但這無損英式愛爾的出色風味，而且也不用顧慮含氣量高的啤酒必須以窖藏溫度出酒的麻煩事了。因為我們啤酒冰冰涼涼地，而啤酒裡的氣體帶來爽冽、清新的特質，美國工業化釀酒廠的啤酒含氣量都高。第76頁的圖表列出不少正常含氣量範圍之外的啤酒類型。

色彩、清澈度、含氣量等等，啤酒擁有多采多姿的種種特性，我想就也是讓我們和啤酒如此密不可分的原因之一。無論你已經覺得自己經驗有多豐富，總還有更多等待發掘。啤酒有屬於專屬的語言，它只會在我們用正確方式接觸時透露祕密。以敬意對待啤酒，望向那琥珀色且正冒泡的深處。如果聽得夠仔細，它會告訴你含氣量。

一層附著在杯壁的精巧布魯塞爾蕾絲。
這是精良啤酒和潔淨酒杯的標誌。

Chapter
5

品飲、品評

我想你應該已經感覺到這不是
一本純粹豪飲的啤酒書了（當然，
閱讀本書不代表我們要放棄豪飲的樂趣）。
本章將探討眾多品飲方式與場合，
我希望每種品飲場合都有其樂趣。無論如何，
即便我們手中啤酒的化學成分不變，
但讓我們把各自不同而獨有的生理與心理
都投入每次與啤酒的互動吧！

隨著場合變化，我們與啤酒的關係也相當多元。在一場輕鬆、有趣、富教育性質的品飲活動中，你就像啤酒的朋友，試圖仔細打量它，但就像對待所有朋友一樣，我們會對缺點寬宏大量，並試著找出最佳優點，不對缺點鑽牛角尖（至少不會公開承認）。

在啤酒競賽中，你的工作則是無情審問，將它與其他啤酒，或與某些類型的理想概念相互比較。也許你會和同桌人們意見相左，也可能在各種議題引爆近乎形而上的爭論，包括意圖、概念純度、歷史細節，和一種我喜歡稱為「美妙性」的特質（液態的藝術及技術卓越的總和）。

在品管場合中，你會把大量心力用於移除任何好惡念頭。品飲員的工作是以高度標準化的語言做不帶主觀意見的描述。在最簡單也最精確的測試（三角測試）中，品飲員的工作僅是挑出三份樣品中相同的兩份。

身為一位品飲者，你也會受到考驗。在輕鬆的休閒場合中，了解諸如起始比重、IBU 或釀酒師在釀造時穿什麼顏色的靴子等細節，會博得一流啤酒狂的名號。但那和通過啤酒評審認證機構（Beer Judge Certification Program, BJCP，提倡自釀啤酒競賽的組織）的考試及升等，或是達到讓你在啤酒世界盃（World Beer Cup, WBC）獲得一席

之地的業界標準所需的研究與努力相較之下，實在不算什麼。在工業品管場合中，校正評審是例行工作，好讓優、缺點化為樣品啤酒中可評價的因素。

品飲環境

不管品飲目的為何，環境都十分關鍵。由於空間必須相當舒適，禁止事項清單可是很長。

限制分心：一般而言，由於品飲需要高度專注，排除會讓人分心的事物就成了首要目標。當你由輕鬆休閒的場合邁向嚴謹品飲時，切勿打斷品飲員的思緒相當重要。對社交品飲活動而言，太多規矩會顯得過於拘束，但在關鍵的測驗，評審將進入小包廂，裡面只有他們和好幾杯啤酒。

因此所有該場合非必要的事物都必須移除。你不會想要離舞廳太近，當然要求手機關機或轉為震動也相當合理。盡其所能地讓每個人的注意力維持單純。在非正式的場合中，放點音樂不成問題，但不應妨礙談話。

考慮照明：良好的照明值得加分。理想狀態是來自北方的自然光，但很難達成。在租借場地中的照明設備，未必總是理想，但這點值得考慮，尤其是舉辦競賽時。

提供飲水：不論什麼活動，都應該提供無限飲水。不一定要是瓶裝水，但自來

品飲記錄

日期	品飲者

酒名	酒齡

風格／類型	包裝方式

地點	酒精濃度／比重

香氣

外觀

酒體與質地

餘韻

整體印象

特定異味與香氣

- ○ 乙醛味
- ○ 乙酸味
- ○ 酸味（醋）
- ○ 酒精味
- ○ 澀味／粗糙感

- ○ 農場味
- ○ 土味／木塞味
- ○ 起司味
- ○ 氯酚味（繃帶）
- ○ 丁二酮（奶油味）

- ○ DMS（奶油玉米）
- ○ 酯味／溶劑味
- ○ 羊臊味／汗味
- ○ 金屬味
- ○ 酚味

- ○ 氧化感
- ○ 臭鼬味
- ○ 硫味／硫化物味
- ○ 酵母味／自溶
- ○ 其他

可列印版本請至http://tastingbeer.org下載

水中的氯有時會多到讓人分心。生水或經相當軟化的水很少能符合需求。所以我想除非能提供出色的山泉水，不然請堅持使用瓶裝水。

倒掉啤酒：也許有人會提議：倒酒桶。丟棄啤酒固然很痛苦，但任何身處品飲活動的人都應能輕鬆倒掉啤酒，不然只會醞釀混亂。

隨手記錄：對休閒的品飲活動而言，有張啤酒清單可以讓人輕鬆做筆記並讓查找酒款容易許多。提供紙張，多準備一些鉛筆，並且確定它們是自動鉛筆，而非木製。我常常遇到：「老兄，這是一款有雪松味的啤酒」，但剎那間我才發現我用同一隻手握著鉛筆和玻璃杯。就像我說過的，細節很重要。

打分數：評判過程高度仰賴評分表，評分表經過設計，給予自外觀至餘韻等多種屬性適當的權重。這些表格就像路線圖，引領評審考慮各面向並集結成觀點。即使是品飲新手也能從這種訓練獲益良多，而且以品飲表格（第80頁，或可從 BJCP 與 WBC 網站下載）瀏覽啤酒也十分有趣。

消除不必要的氣味：難以捉摸的氣味可能具有極大破壞力。祖母的香水也許可臭翻整條街（天主保佑她，但這氣味不該留著）。一點點香水在休閒，甚至是講座等場合都不是問題，但沒有什麼適當理由讓它在評判競賽時出現，專業的品鑑中香水絕對禁止現身。即使是有香味的護手霜都可能因為舉杯貼近鼻子時產生干擾。另外，口紅也可以毀了一杯

品飲活動種類和需求

	無氣味	禁煙	安靜	飲水	倒酒桶	記錄紙	評分表	啤酒清單	類型準則	非木製鉛筆	蘇打餅乾或乾或麵包
輕鬆品飲	Y	Y	-	Y	Y	-	N	Y	-	OK	-
結構化品飲	Y	Y	-	Y	Y	-	N	Y	OK	Y	-
教育性介紹	Y	Y	-	Y	Y	Y	N	Y	OK	Y	OK
休閒競賽	Y	Y	N	Y	Y	Y	N	N*	N	Y	OK
競賽	Y	Y	Y	Y	Y	Y	Y	N*	OK	Y	Y
感官品鑑	Y	Y	Y	Y	Y	-	Y	N	OK	Y	N

*評審會在某些類型拿到「確認表」，知道類型中可能使用那些特殊原料（如水果或香料）很重要，原料應在啤酒中表現出來。

啤酒的酒帽。另一個最常見的嗅覺污染就是廚房；請事先確定廚房與品飲空間的相對位置，以及通風扇效果如何；通常廚房不會是問題，但一旦有個閃失，真的會很臭。

我們有一次犯了錯，在一間有養幾隻貓的屋子舉行評審認證考試。這本來應該不是問題，但其中一位參加者對貓有痙攣性過敏，他的認證審核也徹底失敗了。我也有些過敏毛病，有時某些啤酒成分會觸發它們，因此我會在嚴肅品飲或評判前先服用一顆抗組織胺。

ISO標準品飲杯和塑膠評判杯
經國際標準化組織的研究，
他們以此杯用於品飲葡萄酒及其他飲品。
注意向內彎曲的杯緣和斟酒線所在位置。
對啤酒而言，相似的外型也有出色表現。
清澈透明且容量10盎司的杯子
在多數品飲目的都能派上用場。

清理味蕾小點：人們對於麵包或蘇打餅乾抱持不同意見。一般而言，當評審可能因味覺疲乏或兩款啤酒的差異大到須要清理一下味蕾時，這是令人振奮的補給品。清水、蘇打餅乾、鹹餅乾或法國麵包都是優先選項，其他東西的味道都太重。避免油膩的蘇打餅（大部分都如此），因為一旦油脂進入啤酒，首先會破壞酒帽。但在啤酒餐搭的活動中，以上禁忌可以拋諸腦後。

杯具：品飲杯具通常會讓人有些失望。理想狀態下，所有啤酒都應以高腳白酒杯接受品評。這不僅可以漂亮地呈現啤酒，內縮的錐型杯身可聚集香氣於杯緣下，而杯腳則可避免手指讓啤酒升溫。ISO（International Organization for Standardization，國際標準化組織）標準品飲杯，就是只小型高腳鬱金香杯。

在評審人數少、啤酒數量有限且一切都在掌握中的場合，使用適當品飲杯具的機會較大。但像是啤酒世界盃的大型競賽，已有眾多工作讓人擔憂，所以幾乎所有自釀和商業發行啤酒都以塑膠杯接受評判。最好是硬質、清澈、容量約10盎司的杯子。現代的塑膠通常不會產生氣味問題，但仍須記得檢查。避免使用乳白半透明的杯子，因為可能難以辨識啤酒是否清澈耀眼，不透明或彩色的杯子也不行。不論杯具類型為何，它都不應斟滿超過三分之一。你需要空間發展適當的香氣。2到3盎司已經足夠做出非常全面的評判。

品飲活動種類

品飲活動有許多可能的形式，從完全屬於心血來潮的聚會，到仔細籌畫、舉辦的教育性活動。它們可能或大或小，正式或非正式。接下來的名單稱不上完整，但應該能讓你有個概念。

入門品飲會： 就像啤酒節，主要是為了享樂，教育是第二目的。最常見的形式會準備 10 至 15 款，或僅選出某類型或地區的酒款，或是只準備特定主題的經典酒款。瓶裝啤酒通常可以與一些（不要過多）冰塊放在大盆裡。參與者會在其間四處逛逛，以自己的步調試飲啤酒。在較小的團體中，你可以讓人們自行倒酒；較大的團體就需要專人倒酒。也許可以製作一份建議品飲順序，或是可以在啤酒中尋找什麼風味的節目單。另外，一份記載啤酒詳細資訊的講義很有幫助，也可以帶點口頭介紹。

眾多場合中，讓啤酒能搭配參與者很重要。如果你的群眾有葡萄酒品飲者，可以提供一款水果酸釀啤酒，誘惑他們跨足到我們這邊，或者至少讓他們承認啤酒不全只是顏色呈黃會吱吱作響的飲品。我很愛聽他們說：「我喜歡這款，它喝起來不像啤酒！」對於一般參加者，可以讓他們覺得這些顏色呈黃會吱吱作響的啤酒倒也不壞，讓這些市場主流啤酒飲者開始重新定義啤酒；不妨稍微使勁逼一下他們，畢竟這就是他們會出現的緣由。高級的歐陸皮爾森啤酒或美國小麥啤酒能有效發揮此作用。我

發現較烈、顏色較深的啤酒通常很能被年齡較長的女性接納；雙倍勃克啤酒能滿足甜食愛好者；較宏大、豐厚的司陶特啤酒也有迷人的巧克力風味。能逼迫他們的程度，通常比你想的高上許多。唯一要謹慎的地方就是啤酒花風味強烈的啤酒；就像辣椒的灼熱感，啤酒的苦味也可以讓某些人習以為常，所以除非參加者很有經驗，不然還是謹慎點。

輕鬆的競賽： 這不常見，但可以是種吸引啤酒提供者和參加者的有趣方式，也通常可以達成很有意義的成果。關鍵要點是任何參加活動的人都可以進行評分，而不是由受過高度訓練的評審在嚴格控管的環境下進行。某種程度上，這更像在現實世界品評啤酒的方式，因為比較像是人們享用並談論啤酒的社交情境。過去三十多年來，芝加哥啤酒學會一直都有舉辦這類活動，目前的形式是提供十多種桶裝啤酒，參加者都會拿到一張評分卡，最後可撕下最喜歡的前三名酒款名條，並投票。時間大約為 90 分鐘，以任何順序試飲啤酒。完成投票後，會在酒頭裝上可供識別酒款的把手，並準備享用晚餐。這種形式的品飲活動也可以用瓶裝啤酒進行，但人數不宜過多，因為酒瓶不能被參加者看到，意味著會增加許多倒酒和運送的過程。

教育性課程： 通常會在講座或教室進行。主題常是類型、歷史、風味或某些特定層面。2 至 3 盎司的啤酒會以特定順序品飲。必須經常鼓勵人們發表描述

（沒人喜歡在大家面前說錯），而不是逼他們。重要的是人們可以自在地討論感受到什麼。參加者通常會表現得比期待的更好。

為啤酒加料

在討論風味，特別是異味時，通常不太可能找到展現特定香氣或特徵的啤酒，所以有必要為啤酒添加少量獨特的化學物，此方式稱為「加料」，可以讓你一次擁有相當於數年的實戰經驗。可以加料到啤酒中的啤酒風味和香氣化合物約有數十種，但真正重要的大概只有6種，那些也是我常用於入門課程的。

風味乾淨、中性且一致的啤酒最適合當作加料的基底。FlaovorActiv 公司有販售一種可添加於 12 盎司啤酒內的一次性定量膠囊；也可以購買食品等級的純化學物，經稀釋後適量滴入啤酒。分注滴管（可設定按一次吸取多少定量）是最佳工具。1 ml 通常是最實用的量。

醜話得說在前頭，某些化學物並不怡人，而且會把冰箱弄得很難聞。在未經稀釋的狀態下，它們也可能具有可燃性或其他危險。任何使用純風味化學物

加料用滴管與可拋棄的塑膠尖管
精確的滴管最適合用來為主流頂級啤酒加料。

常見的加料用化學物

化學物	描述用語	感覺閾	樣品濃度
乙酸乙酯	溶劑味／酯味	18 ppm	144 ppm（8倍）
乙醛	青蘋果、葉子味	10 ppm	40 ppm（4倍）
乙酸異戊酯	香蕉味／酯味	1.2 ppm	5 ppm（4倍）
丁二酮	奶油味	0.10 ppm	0.40 ppm（4倍）
DMS	奶油玉米	40 ppb	160 ppb（4倍）
反式－2－壬烯醛	紙板味	0.10 ppb	0.80 ppb（8倍）
啤酒花異構化萃取物	苦味	5 ppm（IBU*）	25 ppm（5倍）+基底啤酒

*國際苦度單位：關於這些獨特氣味化學物及來源的更多資訊，請見第 3 章。

的工作都應在通風良好的場所進行。過程中,可在寬大的塑膠槽或盤中進行,降低任何灑出或滴下的風險。許多化學物並不穩定(例如DMS),會在幾個月內變質。若是有適當容器,最好都放在冰箱。建議使用擁有緊密防水墊圈的金屬盒。

一旦計算並調製好原液,接下來就只是簡單地為滴管換上新的塑膠尖管,並設定分量。如果使用的啤酒是以旋蓋封口,請小心扭開瓶蓋(別用開瓶器,因為加料完成還可以把它們蓋回去)。打開啤酒後,輕輕將滴管採樣鈕按到底,放入樣品液,鬆開按鈕將樣品吸入尖管。移到啤酒上方並再度輕輕按下採樣鈕,將加料注入啤酒。把滴管放到一旁,並將瓶蓋重新旋緊。另外,也可以選擇使用自釀啤酒用的壓瓶器與新瓶蓋。

為品飲者提供一個「對照組」或未經加料的啤酒,讓他們能夠反覆品嘗,能與加料樣品比較也很重要。對照組啤酒就是沒有任何加料化學物的基底啤酒。

通常,在加料濃度達感覺閾值4至8倍間,最適合向人們介紹這些氣味。也可以透過調製0.5倍、1倍、2倍、4倍和8倍一系列不同濃度,讓人們嘗試到能找出加料樣品為止。在這樣的練習中,有讓人們可以比較的對照組,或是一對未標示的樣品(其一加料,另一為對照組),就特別重要。雖然準備功夫並不簡單,但人數少時還是可行。由於不同的人對不同香氣的敏感度不同,所以對認真的啤酒評審而言,校正自己是很合理的。

有些異味以真正的啤酒呈現會比以人工加料容易。例如臭鼬味即是光線與啤酒花產生的難聞效應,只要拿瓶品牌Corona或Heineken啤酒(或任何裝在透明瓶或綠瓶的啤酒)在日光下曝曬幾分鐘,鏘鏘,臭鼬味!注意品牌Miller的啤酒不會如此(造成臭鼬味的化學物已經自啤酒花萃取物中移除)。酵母為小麥啤酒增添的丁香感氣息,可以用稱為丁香酚(eugenol)的化學物模擬,但我發現去買點酵母小麥啤酒就可以了(也更精確)。過度陳放的啤酒很難模擬,但並不是太難找。雖然有點讓人尷尬,但你可以問問常去的酒類專賣店是否有已經過期、正準備退回經銷商的啤酒。如果有時間事先計畫,也可以買一些進口的皮爾森啤酒,並將其存放在閣樓或其他溫暖處以使其提前陳化。

評判與競賽

競賽是推動啤酒釀造科學與技藝向前發展的重要工具。對大多數釀酒師而言,擁有一面由同行組成的公正評審團為釀製出色啤酒頒發的獎牌,是無比興奮且感動的事。他們以這些獎項建立(有時是提升)名聲。

選擇優勝者的方式眾多,每項競賽也不盡相同,但仍有相似之處,共同點如下:
・評審都通過仔細審查,且通常經過測試及訓練。

- 評判通常高度嚴謹，藉由評分表與一套特定方法完成。
- 環境中的照明、香氣、噪音等使人分心的因素皆在控制之下。
- 啤酒不加標示，評審只能專心品評杯中物。
- 啤酒成組品評，通常由同一類型的 8 至 15 款組成。

在自吹自擂的方式之外，啤酒廠也了解贏得獎牌是有力的銷售工具。

啤酒可能依自身或特定類型應有的面貌加以評判。前者稱為「享樂性」評判，評審僅須依據這款啤酒有多好喝來打分數。當比較相似類型啤酒時，這種品評啤酒的方式完全合理。偏差在於不論裁判有多精明老練，在這些競賽得到高分的還是傾向於大麥酒等更宏大、更具風味的啤酒。因此，只要是蘋果跟蘋果比較，這種方式就沒問題。

另一種方式是以啤酒類型為基礎的評判。每款啤酒均以將所屬類別的基本特徵表現得多好加以評判。各類型準則與本書後半段相似。評審通常會在評判前事先討論，確保所有人都了解該類型。準則的建立工作龐大，其將歷史上的類型與現代商業作法搭配，並制定程序以確保全面、平衡的品評。

在較大型競賽中，需要一輪以上的評判，以將大型類型中的眾多品項削減到可以在最終回合一起評判。通常前一輪的資深裁判會一起快速重新評判前一輪的啤酒以確定獎牌歸屬。

全美啤酒節（Great American Beer Festival）和啤酒世界盃：均由啤酒製造商協會，美國精釀啤酒製造商的同業公會舉辦。除了前者只開放給美國啤酒製造商，後者是全球性競賽之外，兩者基本一致。GABF 的評判自 1981 年開始，到了 2007 年已有 75 個類型，2793 款啤酒參與。啤酒世界盃始於 1996 年，只在偶數年舉行。

它們是以啤酒類型為基礎的競賽，內容廣泛的類型準則（www.beertown. org）每年都會根據評審和釀酒師的回饋更新。競賽中的類型傾向反映美國及其他地區的現行商業作法。所有評判都在

如何成為評審？

評判啤酒是至今磨練批判性品飲技術的最佳方式。無論是不是釀酒師，都可以參與啤酒評審認證機構（BJCP）。可以經由研讀、參加考試，並進一步認可為評審。較高等級可以透過較高的考試分數和經驗點數獲得。BJCP本身（www.bjcp.org）是接觸這一切的最好窗口，但當地的自釀啤酒社團也一樣重要。美國自釀者協會（www.beartown.org）或在地的自釀啤酒商店都能協助。許多社團會舉辦讀書會，讀書會也當然總是包括許多品飲活動，它們既有趣又具教育性。

如果想逐漸涉入評判，不妨出任幹事並參與幕後工作，包括以適當順序及狀態讓評審拿到啤酒。也常會有機會獨自品飲，並對評判過程的內容有個概念。

BJCP機構讓評審依經驗、知識
與付出精力升級。

三天內完成。評分並非以分數，每組啤酒都以其中是否為本次最佳產品為原則接受評判。啤酒會一次全部上桌，評審們再逐一評判，並在特別設計的評判表寫下記錄與適合的評語。多數評審會在實際品飲前逐一聞過所有啤酒，必要時稍作記錄。第一關並不討論，避免評審彼此影響。一旦大家心中出現對啤酒的意見，討論就開始了。

問題最明顯或不符類型的啤酒會首先剔除，然後開始挑出風味、類型或某款酒就是不合群之類的小問題。討論範圍會縮小到幾款啤酒，它們差不多都已符合類型，因此評審必須集中在比較難以感受的特性：美味度、記憶點和創造正面印象的能力。這並不容易，而且在好辯的團體中，可能會花許多時間。一組啤酒通常需要60至90分鐘品飲。

專業評審是首選，但部分優秀的自釀啤酒玩家和記者也會包括在內。這是個熱門職缺，也有當等待名單，上頭有許多評審輪替。

BJCP／AHA認可的自釀啤酒競賽： 在地方、區域與全國層級也有許多這種競賽，競賽是自釀啤酒社團經驗很有價值的一部分。就和GABF一樣，這些競賽也是以啤酒類型為基礎。BJCP準則（www.bjcp.org）和GABF的相似，但更聚焦於啤酒類型的史實或「經典」版本，較不受現行商業作法影響，每五年左右才翻新一次。由美國自釀者協會（AHA）舉辦的全國自釀啤酒大賽，是世界上最大的啤酒競賽，2008年參賽酒

款達到5644款！參賽的啤酒須通過兩輪評選。第一輪會分為許多小組，在多個場所接受評判。進入決賽的啤酒會由釀酒師送至第二輪，總是在每年6月和美國全國自釀者研討會一同舉行。

評判非常嚴謹，使用一份滿分為50的量表，並依一定的數字分配給外觀、香氣、風味、酒體和整體。無論競賽規模大或小，都會確定每個類型的優勝者，而所有類型的金賞得主會在最後的大會最佳酒款回合面對面。和GABF一樣，參賽啤酒會羅列在評審面前，經過一段時間的思考後，便會開始淘汰。這些酒款又因都屬於不同類型而更顯複雜。評審可能得在大麥酒的十足威力和比利時小麥白啤酒的精緻美麗間做出權衡。

品飲活動類型提議

- **依類型**：如IPA、白啤酒等
- **依國家或啤酒釀造傳統**
- **經典類型的精釀與傳統製造商大對抗**
- **垂直品飲**：同一款啤酒，不同年份
- **依原料**：啤酒花、麥芽等
- **依季節**：夏季啤酒等
- **依酵母類型**：拉格、愛爾、白啤酒、比利時酵母
- **傳統間的比較**
- **相似的愛爾與拉格**：例如棕愛爾與慕尼黑拉格
- **搭配食物**：起司、巧克力等（第7章）

BJCP／AHA認可的競賽也出現於地方層次，從規模較小、參賽酒款少於一百種的競賽，一直到宛如巨大瘋人院（這是我能用的最好形容詞）的美國休士頓迪克西盃（Dixie Cup）。另外，也有許多不同的地區巡迴賽會，最後合計一季的競賽積分總和。沒有舉辦競賽的社團相當罕見。

啤酒世界（Mondiale de la Bière）：這是位於蒙特婁、令人興奮的啤酒節附屬競賽。競賽的進行有點不尋常。每組啤酒都混合了不同類型，而非由單一類型組成。另外，所有同桌評審都評判不同的啤酒。主辦者相信這能減少討論造成的偏差。如果你習慣了基於類型的評判，一開始可能會對這種方式有點困惑，但當進入狀況後，就能運作得宜。這套系統的不尋常特徵是你需要猜出這款啤酒的類型，然後此酒款根據該類型有多怡人來評分。這當然很不傳統，但在我的個人經驗中，出色的啤酒在此仍然發揮得非常好。

飲料測試協會（Beverage Testing Institute）：這家位於芝加哥的公司就如其名所言，剛開始是葡萄酒評鑑機構，1994年起也擴展到啤酒與烈酒。此公司經常舉辦評判會，並依類型分類啤酒。然而，這是套享樂性系統，意思是評審依據喜歡哪款啤酒的程度，在滿分為14的量表評分。因此，類型之間自然會產生懸殊差異，但因所有排名都是在個別類型內進行，所以並無影響。BTI的獎

項是基於相對分數頒發銅牌、銀牌和金牌。該公司因頒發獎項太過隨性而受部分人士批評，但這種基於分數的授獎系統在其他食物和葡萄酒競賽廣為應用。評分和評語都發表在 Tasting.com 和《關於啤酒》（*All About Beer*）雜誌。

非競爭性品評

啤酒廠需要高度嚴謹的系統品評產品，雖然大部分工作都能透過精密的分析設備達成，但仍有許多關於啤酒的面向只有人類才能發掘。啤酒廠可能只是需要監視發行的啤酒，以確保一致性；或者檢查不同啤酒廠釀製的相同酒款嘗起來是否一樣；或者尋求改進；也可能是試著確保在原料、設備或釀造技巧變動後風味仍然一致。當然，在創造新產品時，新產品也得接受品飲。品飲小組通常是從經訓練及測驗的酒廠員工選出，但對於新產品之類的東西，讓常客加入品評也很重要。

品飲有許多方式，最需要敏銳力的是面對只有一個面向具差異的眾酒款，即三款一組中只有一款啤酒怪怪的。「一二點」（duo-trio）試驗法就是範例之一：首先呈上一個參考樣品，接著小組成員得辨識出接下來的兩款啤酒中那一款和樣品相同；「三角」試驗法則是三款啤酒同時呈上，小組成員必須挑出不同的那款；而「成對比較法」中，品飲員會被詢問兩款啤酒中那款特定屬性較高（例如苦味）。

受試者可能需要面對一系列的啤酒，並且評出特定屬性的任何差異，常用 1～5 或 1～10 分的量表。也可能使用由負數至正數的系統，例如以正 7 與負 7 為兩極，0 居中。受試者需要依某些特性或偏好為一系列啤酒排名，通常是 6 款以下。

這些方法都需要一些統計方法以確保結果的效度和信度，因為品飲員有可能只是運氣好選中了正確的啤酒。在統計之外，任何影響大筆金錢的品評，都必須大量考慮心理因素。我們都知道樣品的順序會影響品評，因此可靠的評價大多來自中段樣品。啤酒間的強烈對比也會產生效果，這也是為什麼風味較不強烈的啤酒會先接受品評。若是啤酒全都十分相似也會迷惑小組成員，讓他們覺得啤酒比實際還要相似。量表方式也會有所影響，有的人評分傾向兩極，有的則是固定在量表中段；有時會選擇刪除品評中最高和最低的分數，使資料平滑。當然，我們都會受到暗示影響，不論是品牌名稱、包裝的事前期待，或其他品飲員的意見，因此在嚴謹品評場合，這些都應盡可能消除或避免。

品評場合的侍酒方式

當以嚴謹方式品評時，必須全力讓啤酒以最佳狀態抵達品飲員的口中。

首先要考慮溫度。適當的溫度極難控管，特別是老天沒有送我們溫度為10°C的冰。一般而言，拉格應維持4°C、愛爾10～13°C，較烈的啤酒溫度比輕的高些。常見作法是在競賽開始前一小時左右把啤酒拿出冰箱，讓它們回溫到理想的飲用溫度，或稍低些，因為只是接觸到杯子啤酒都會變暖幾度。這是舉辦競賽的細節之一。紅外線溫度計是有用的工具，有了它，只要對著啤酒一指就可以知道啤酒的溫度（比探針式溫度計輕鬆多了）。

評審也應該注意啤酒溫度。太冰的啤酒會缺少香氣，有些啤酒還會產生情有可原的低溫混濁。明顯太冰的啤酒可以在手中回溫一下，再重新確認香氣。

啤酒應該在品飲開始一刻才倒好。將啤酒倒進杯底正中央，等泡沫降下，需要時再倒一些，但絕不要超過三分之一。

某些評審喜歡帶小手電筒或雷射筆。這可以幫助他們評估混濁度，特別是啤酒顏色較深時。光應由底朝上或由杯旁照射；如果你能看到光束，那就是被照亮的混濁。這是所有喜歡玩具的男孩們都有的超級啤酒狂工具。我最喜歡的競賽用工具科技水準相當低：一支油彩鉛筆，當我必須將啤酒留在桌上時，可以在啤酒杯上寫下號碼，這樣不怕認不出它了。

主辦人必須做好規畫，品飲者必須知道可以期待些什麼。充足的資訊代表品飲者和啤酒都會獲得最好的體驗。

較輕的啤酒應該先出場，這意味著較不具啤酒花、焙烤風味與酒精濃度較低的啤酒會率先上桌。12款是一組啤酒的適當上限（雖然有時會再推升一些），確保品飲者有合理的休息與享受。

最後，了解自己的極限很重要。即使攝取的酒精量並沒太多，但正式品飲相當累人。12至15款啤酒大概是一段評判的上限。在一邊喝酒、一邊品飲的輕鬆場合中，也要注意別喝過頭。限制試飲量，並讓人們有其他活動可做、有水可喝，並鼓勵討論。

如何品飲

啤酒上桌，萬事俱備，然後呢？

聞香

最好在做其他事之前先聞啤酒，因為部分香氣（特別是屬於硫化物的那些）非常容易揮發，它們可能只停留一分鐘左右就再也不回頭了。聞香最好以快速嗅聞的方式（想想獵犬怎麼做）。長長的吸氣只會讓鼻子變乾，並讓鼻子中的受器飽和。花個幾分鐘浸淫其中，有些香氣需要一點時間才能注意到。特別注意浮現的任何微小記憶片段，因為這些對於辨識香氣是很有價值的線索。試著停留在這些回憶中，在裡面繞繞，並利用它們找出是什麼觸發了回憶重

現。你在哪？那是土司嗎？玫瑰？護唇膏？這檔事有點怪，但是那恍然大悟的瞬間，感覺真是太美妙了。

寫下關於香氣的記錄，如果認出的不多，可以試著讓啤酒在杯裡轉轉；如果對此類型而言，啤酒顯得太冰，在轉杯時用手捧著它，使它升溫並釋出香氣。如果需要回復嗅覺，可以聞聞手背，這可讓鼻子聞點別的東西，再回頭重新面對啤酒。當然，單純等個一分鐘左右也能達到同樣的重置效果。

觀看及啜飲

當似乎已經獲得啤酒能提供的所有香氣時，好好看看啤酒並記下關於色彩、清澈度、酒帽特色和持續性等特徵。接著便可以開始品嘗了。啜飲一口，讓酒液停留在舌頭上，並在口腔底部回溫。注意甜和酸之類的基礎味覺，再為苦味等個幾拍，因為它的發展比其他味道慢得多。

還要注意口感：酒體、含氣量、澀味、油脂感。特別注意餘韻：短或長？平順或粗糙？有啤酒花、麥芽或焙烤調性？還有其他嗎？同樣記錄下來。

用鼻子品嘗

現在再喝一口，這次試著捕捉一些揮發進入鼻腔的香氣。葡萄酒品飲者使用稱為「吸氣」（aspiration）的技巧，將少量酒液置於口腔底部、舌頭兩側之間讓它升溫，然後將舌尖置於上門牙下方慢慢吸進空氣，讓它汩汩地穿過酒液。這會釋放香氣物質，透過輕輕吸

氣與吐氣，可以讓它進入鼻腔，帶來一股怡人而集中的香氣。因為在啤酒評判通常會吞下樣品，因此可以吞下啤酒並從鼻子慢慢吐出一點氣，效果差不多。並沒有最好的方法，只需要注意目的是將香氣分子送進鼻腔頂端，觸發嗅覺神經。找出最適合自己的方式。當它正確發揮作用時會十分明顯。如果深受感動，不妨加強或修改香氣評語。

注意任何突兀難聞的氣味。有類似丁二酮或 DMS 的異味？有任何粗糙感或澀味，尤其是在尾韻？有任何氧化的紙板、木頭調性，或討厭的酸味？

分析與評分

最後，來點高階分析。如果是以類型評判，此款啤酒在整體強度、苦味、麥芽性格和覆於其上的發酵等面向表現得有多適切？如果它是一款拉格，它是不是沒有酯類果香？平衡如何？所有部分是否妥當配合？這是可以喝一品脫，還是兩品脫的啤酒？會帶去荒島嗎？會因為這款啤酒的優點，一年後還記得它嗎？

一旦寫完所有記錄並為啤酒評分，就可以和其他評審討論。在資深裁判努力不支配討論時討論效果最好，因為即使是新進評審也能有所貢獻，而且每個人多少都會有盲點。

品飲活動

社交性品飲是身為啤酒狂的樂趣之一。前往充滿啤酒愛好者的場合，探索並分享新的啤酒發現，對我而言就像

是去趟教堂，但有趣多了。在我的經驗中，當自己參與舉辦活動時會更有趣。過去二十多年來，我一直參與芝加哥啤酒學會，該學會一年大約舉行六場品飲活動，全屬志願參與的非營利活動。這些年來，我們探索了許多形式，對於哪些能成功、哪些會失敗有了許多心得。

最簡單的活動是稍做計畫、以啤酒為焦點的社交聚會。可以要求參加者帶東西前來、分擔支出，或乾脆輪流主辦。重點是要規畫主題，且不要嘗試一次就喝盡整座啤酒世界。為參加者準備一段介紹、一份摘自權威著作的講義，或做一組品飲記錄會讓每個人獲益更多。試著將啤酒的款式限制在 10 款左右，因為超過這個數字會讓人吃不消。好的玻璃杯能為體驗加分，通常可以要求參加者重複洗淨使用同一個（或兩個）玻璃杯。

當然，不一定要規畫自己的活動。

多數自釀酒館和許多包裝發行的啤酒廠都會經常舉辦釀造晚宴，這是與釀酒師及啤酒迷夥伴見面的絕佳場合，也是認識特定啤酒廠的啤酒、了解它們為何如此的出色方式。雖然現在啤酒鑑賞團體還不多，但值得一探。許多自釀啤酒社團也會舉辦各種啤酒品飲活動，而且從不介意不釀酒的人同樂。

在芝加哥啤酒學會，我們比較喜歡活動上有食物。首先，我們相信這是負責任的作法，因為食物可減緩酒精吸收，並讓人們接觸啤酒之外的面向；其次，這確實讓整個場合更具社交性，並讓啤酒成為一段美食體驗，且是體驗中最出色之處。也可以在餐廳的私人包廂舉行品飲活動，讓食物開銷包含在包廂費裡。

啤酒晚宴、午餐和早午餐

這些活動相當簡單明瞭，即使是較小的社團舉辦。一旦有了構想，下一步就是聯絡有私人包廂、適合預期人數的餐廳，一起討論活動內容、收費（確定含稅和小費）。接著聯絡當地的啤酒廠或啤酒經銷商，看看他們是否願意贊助啤酒，或以活動門票交換。他們都有樣品預算，這些活動對他們而言，是讓啤酒呈現在潛在熱情顧客面前的簡單方式。

還須確認當地贊助啤酒的相關法

規。在美國的許多州直接贊助啤酒是違法的，在那種情況下啤酒可能須付費。然而，啤酒製造商可能會願意買票或提供資金贊助來協助打消啤酒開支。雖然我無法提供太多細節，但當地的啤酒製造商和經銷商會知道什麼可行。

如果一切看來都沒問題，將它們整合成一張傳單，散布到當地啤酒熱點，並把相同的資訊放在網路。當然，還有許多工作要做。其中最困難的會是運送啤酒。關於這點，你可能需要和餐廳、當地啤酒廠、經銷商或自釀啤酒玩家借用一套具規模的桶裝啤酒設備。

輕鬆的品飲活動有許多不同形式。我們曾經辦過一場白啤酒早午餐；一場叫做「啤酒花遊印度」的印度自助餐與 IPA 節；一場有 25 種啤酒搭配起司的活動；以及受比利時啟發啤酒的高檔比利時晚宴。如果住在海邊，也可以把活動移到船上，來場啤酒巡航。我們曾在芝加哥藍調樂團與烤肉的陪伴下舉杯，完成了我們的藍調啤酒巡航。有夠好玩！

如果成員對於擔負責任較為謹慎，或許可以向當地啤酒製造商團體或精釀啤酒製造商公會尋求合作。隨然並非每個地方都有這些組織，但商會團體通常很歡迎熱情志願者協助處理細節，也常會以分享成功活動的收益來換得規畫活動的人力。

以下是部分我曾參與的傑出活動：

活愛爾之夜：真愛爾啤酒節的小規模替

啤酒與食物
結合啤酒與食物的活動是人們享受二者最愉快的方式。

代品，由雷・丹尼爾斯（Ray Daniels）在芝加哥啤酒學會的協助下舉辦多年。活動現場通常有約四十組真愛爾小桶。活動場地可能需要特別配合，因為例如週六活動用的啤酒週二就必須設置完備，也需要相當的技術水準確保啤酒在開桶時正在顛峰狀態。我們發現在天氣保證涼爽時（例如芝加哥的三月初）舉行活動，可以透過開窗或調低空調溫度來控制啤酒溫度。雖然有真愛爾的冷卻系統，但較為昂貴又費力，除非絕對必要，應該盡量避免。可以重力出酒，這表示只需要簡單的塑膠出酒頭，而不是既昂貴又在此時對啤酒並無助益的手動幫浦。此活動準備了簡單但實在的開胃小點，加上一些起司商帶來的手工起司，和成山的臘腸。

桶陳啤酒節：嚴格來說，是伊利諾州精釀啤酒製造商公會舉辦的活動，但芝加

NIGHT OF THE LIVING ALES!
A Celebration of Real Ale

哥啤酒學會成員負責大部分在外奔走的工作。是集合美國各地桶陳類型啤酒的園遊式品飲活動。活動也舉行了專業評判，提高對參加者的要求。

自釀酒館大戰：為了這個活動，芝加哥啤酒學會向當地所有啤酒廠和自釀酒館發出請帖。每家廠商都得帶道小菜與適合搭配的特定啤酒，以及器材與服務人員。包裝發行的啤酒廠得找餐廳搭檔。尼克・佛洛依德（Nick Floyd）曾帶了白城堡漢堡配合他的 Alpha King Ale，完美的搭配讓人驚奇。也很歡迎啤酒廠在餐搭啤酒外多帶酒款。此活動曾在小學體育館，現在則在愛爾蘭在美文化中心設置會場，人們可以四處走動並試飲；在下午結束時，每個人都投票選出最佳啤酒、最佳食物與最佳搭配。學會計畫並安排活動架構、提供獎杯、冰塊和免洗餐具。啤酒廠為繁重工作出力，讓活動進行相當順利。學會不直接為啤酒和食物付費，但將門票所得一部分退給啤酒廠以協助打消開支。這是讓啤酒廠挑戰極限，並在大群非常熱情的潛在顧客面前實驗新菜色的絕佳方式。這點也使得眾多想奪得金牌的啤酒廠間顯得相當競爭。

享受啤酒節

啤酒節擁有許多魅力。面前布滿數不盡的啤酒，幾小時內就可以遇見超過幾年看過的啤酒，並且和滿滿的啤酒迷摩肩接踵，簡直是極樂世界！

但是大批群眾、太多選擇和不舒適環境的啤酒節，有時也會有點讓人吃不消。好的策略和一點自制對於享受活動大有幫助，以下是一些竅門：

了解自己的極限：在酒精、炎熱、陽光、步行與應付群眾上。注意啤酒製造商有時會為活動秀出他們最宏大、強烈的啤酒，這當然很棒，但最好對高酒精濃度啤酒再多放一點尊重。

人群最少時參加：可以在開始時進入會場；如果是個較長的啤酒節，可以選擇生意清淡的日子。知道何時該離開（別介意失去最後混亂的那一小時）。有些啤酒節會有「私人時段」，這可能索價較高，但吵鬧程度會低很多。對我而言，這十分值得。

做足功課：在抵達前找出誰的啤酒出色。網站BeerAdvocate.com和Ratebeer.com並非定論，但很有幫助。

別害怕把酒倒掉：沒道理一定要喝不喜歡的啤酒。你不會冒犯任何人的。

訂個目標：集中在某件事上，像是還沒喝過的啤酒、特定類型、沒聽過的啤酒廠，或找出完美的社交型啤酒。記錄並討論。

和啤酒製造商聊天：有些啤酒節會有啤酒廠員工在旁。這是進一步發掘他們啤酒的絕佳機會，如何釀造？他們對這酒款有何看法？是什麼啟發了他們？甚至可能還有一些酒譜祕辛。

志願義工：當身處在啤酒出酒頭的另一邊，活動常會更加有趣。通常可以和有趣的啤酒迷或職業釀酒師一起工作，而且有機會向群眾散播好啤酒的訊息。它讓你有目的感，而且通常都有私人品飲活動、活動後派對或T恤之類的額外好處。

檢查「額外」的活動：許多啤酒節在活動的幾天內會有晚宴、導覽等節目。有時會開放大眾參與，有時只對啤酒製造商和活動相關人士開放，這是另一個自願擔任義工的絕佳理由。

喝水，進食：好好照顧身體。

確定有人載你回家：在需要的時候。

從最正式的評判到陽光普照的啤酒花園中，新鮮、美味啤酒的單純喜悅，品飲體驗的多樣性幾乎都和啤酒數量一樣多。一旦啤酒入杯，你就是和啤酒間關係的決定者：支持或批評，陌生人或最佳拍檔。和任何值得追求的事情一樣，啤酒品飲體驗只能由自己完成。鼓足感官和經驗，全心投入。你會發現這場體驗相當具有啟發。

Chapter
6

啤酒的
侍酒之道

啤酒是十分重視細節的飲品。
它不適合太暖或太冷;它得避免陽光;
它重視杯具的尺寸、形狀與清潔程度;並且老實
回應出色的斟酒。在整組啤酒中,每款啤酒
都是首席女伶,都需要正確地引出它的最佳表現。
啤酒也有寬厚的靈魂,只要做過努力,
都會回報以豐富而值得回憶的體驗。當然,
也可以抓起一瓶啤酒乾了它(也有啤酒是為此而生),
但如果想要一窺它們內在靈魂,大部分啤酒
都需要以多點敬意對待。

啤酒侍酒檢查表

- ☐ 啤酒溫度適當
- ☐ 切合啤酒與場合的正確杯具
- ☐ 妥善斟酒下緊密、持久的酒帽
- ☐ 清潔無瑕、充分洗淨的杯具
- ☐ 飲者的合理預期

當一杯啤酒合於當下心情、酒齡與狀態，覆著綿密持久酒帽，並迸發香氣，便能發出耀眼美麗的光芒，愉悅每個感官。這種從啤酒誕生就感動無數人的體驗，至今仍然一分不減地讓人興奮。這美麗的體驗值得我們付出小小的努力。本章將會囊括啤酒侍酒的所有面向，讓你以成為啤酒侍酒達人為目標練習。

溫度

沒有任何事情比侍酒溫度影響更大。風味、香氣、質地、含氣量，甚至清澈度都會隨溫度改變。當然，完美溫度並非那麼容易，尤其是要提供大量啤酒時。但為此多費心力總是值得。

某種程度上，啤酒的侍酒溫度由傳統決定，它們的確依循特定的邏輯：較烈的啤酒比輕啤酒暖；深色啤酒比淺色啤酒暖；拉格啤酒發酵溫度比愛爾低，因此也應該以較低溫度提供。美國工業啤酒設計成最適於讓嘴唇都麻痹的低溫飲用，但沒有任何特色啤酒需要以這種溫度提供。

啤酒的適溫範圍在 3～13°C，具體溫度全因類型而定。太冷，香氣就會停留在啤酒液體中；如果不讓氣味飄散在空氣裡，就無法對我們起什麼作用。太暖，大家應該都知道暖啤酒喝起來如何。想要臻於完美非常困難。盡量逼近就有機會遇到絕佳體驗。

理想上，提供特色啤酒的零售商應該要至少能將溫度控制在幾個範圍內，並為各種類型的啤酒提供適當溫度。實際達成比聽起來困難許多。最推薦的方式可能是特色拉格以2°C，特色愛爾以

紅外線溫度計
雖然看起有點太狂熱。這種溫度計不需要直接接觸啤酒，只須對準、按下。

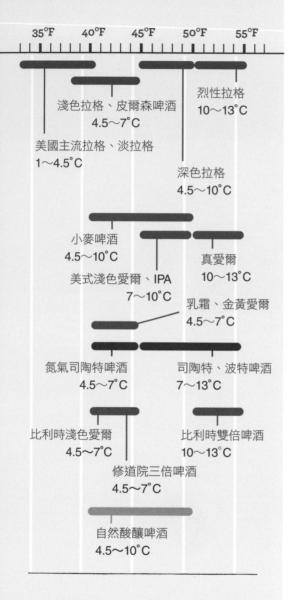

建議侍酒溫度

35°F　　40°F　　45°F　　50°F　　55°F

淺色拉格、皮爾森啤酒
4.5～7°C

烈性拉格
10～13°C

美國主流拉格、淡拉格
1～4.5°C

深色拉格
4.5～10°C

小麥啤酒
4.5～10°C

真愛爾
10～13°C

美式淺色愛爾、IPA
7～10°C

乳霜、金黃愛爾
4.5～7°C

氮氣司陶特啤酒
4.5～7°C

司陶特、波特啤酒
7～13°C

比利時淺色愛爾
4.5～7°C

比利時雙倍啤酒
10～13°C

修道院三倍啤酒
4.5～7°C

自然酸釀啤酒
4.5～10°C

註：此為杯中溫度。注意多數主要桶裝啤
酒設備公司推薦以3°C儲存所有啤酒類型
（除了真愛爾），因為較高的溫度可能會
造成起泡。

7°C，如果目標專注在英式愛爾，或許可以再暖一點。此方式適用於桶裝與瓶裝產品。

真愛爾（桶內熟成）需要專屬溫控，除非你有間又深又黑的地窖，常年保持在10～13°C。美國大多數提供真愛爾的酒吧通常一個時期僅有一、二款，才不會占去太多儲存空間。

瓶裝與桶裝

桶裝與瓶裝的啤酒都可以回溯至人類開始迷戀這金色萬靈丹的時代（兩者孰優孰劣的爭論或許也差不多）。當然，技術已經改變，但討論仍在。並沒有哪種最好的簡單答案。兩者都可以是十全十美的啤酒儲存容器，而兩者也都有各自的潛在問題。

今日大多數桶裝啤酒未經巴氏滅菌，因此必須冷藏以盡量拉長保存期限。多數人覺得味道和質地比以瓶裝發行的相同產品稍好些。

瓶裝啤酒

瓶裝啤酒有許多包裝形式，我們可能無法以酒標分辨裝瓶的方式。哪種形式較好全依啤酒類型與如何享用而定。啤酒製造商與消費者喜歡巴氏滅菌為主

**一瓶不錯，只要不是太新，
我愛一瓶，但兩瓶更開心。**
——無名氏

瓶裝啤酒的包裝方式

裝瓶，再進行巴氏滅菌

最普遍的瓶裝啤酒型態。許多人覺得巴氏滅菌會讓啤酒風味沉悶，但影響很不明顯。

巴氏殺菌，再進行無菌裝瓶

支持者覺得這種過程較短但溫度較高的巴氏滅菌對啤酒較為溫和。

微過濾（低溫過濾），再進行無菌包裝

被認為能為瓶裝產品帶來「真正桶裝風味」。未經巴氏滅菌。

瓶內熟成

帶有活酵母與一些糖分，將仍發酵的啤酒封入瓶中。酵母會產生二氧化碳，為啤酒充氣。酵母也會有脫氧與其他保護作用。被視為「真愛爾」。

罐裝精釀啤酒

通常裝著主流拉格，但部分精釀啤酒廠也頗喜愛罐裝啤酒。

流啤酒帶來的穩定。瓶內熟成啤酒就真的應該在侍酒時另外倒進其他杯裡；它無害，也不會令人不快，但不是每個人都欣賞經常隨瓶底酵母塊而來的一絲土味。而且瓶子也非生而平等，如棕色瓶就能阻隔造成臭鼬味的藍光。

罐裝啤酒

罐裝啤酒可以視為和瓶裝差不多的東西。罐裝啤酒大多來自較大型的啤酒廠，經巴氏滅菌或低溫過濾，但許多

精釀啤酒廠以此推出了受歡迎的產品。比起桶裝，罐裝愛好者欣賞輕量、不破裂、冷卻快速且對環境友善等優點。

在地的自釀酒館有時會以裝進「酒壺」（growler）的方式販售啤酒。今天，這些酒壺通常是半加崙的玻璃壺，但此字眼歷史悠久，原指用途相同的小金屬桶。就像是新鮮、保存期限短的桶裝啤酒。某家酒館釀酒師曾對人們說：「它就像牛奶」，最好冷藏保存，並在幾天內喝完。

桶裝啤酒

一套桶裝啤酒系統包括一個加壓裝置，其以啤酒管線連結出酒頭，以及一瓶高壓液態氣體，經由調節器掛在啤酒酒桶上。

由於二氧化碳是酵母生產的氣體，因此是啤酒內最常見的氣體。二氧化碳還可以在幾百磅壓力下的儲存瓶中液化。因此，每個小巧的氣瓶都可以儲存相當大量的氣體。

氮氣，或是氮氣與二氧化碳的混合氣體，經常用於英式或愛爾蘭式啤酒出酒，特別是司陶特啤酒。因為氮氣在啤酒的可溶性很低，即使氣體可以強制充入，但當壓力釋放時，氮氣就會迅速離開啤酒，造成大量的微小氣泡並帶給啤酒非常低的含氣量與綿密質地。應該注意的是這以「氮氣」出酒的方式是替代傳統真愛爾酒桶的方案。雖然氮氣啤酒本身用於司陶特啤酒或印度淺色愛爾也不錯，但還是比不上真愛爾的微妙。

氮氣也可以用來提供當啤酒通過非常長的管線送達出酒點時所需的額外壓力。如果使用足量的純二氧化碳，啤酒可能會高達 30 或 40 psi 的氣壓而過度充氣。

如果想設置一套家庭桶裝啤酒系統，可以在飲品服務公司和大多數自釀啤酒設備供應商找到完成度不一的套件。與商用設施不同的是，家用系統容易安裝，體積也比較小。容量六分之一桶的酒桶也能有多種選擇。在家享用新鮮桶裝啤酒實在是一種難得的享受。

今日的桶裝啤酒幾乎都以直筒型不鏽鋼酒桶包裝。在美國最流行的是品牌 Sankey。美國 Sankey 酒桶的基礎是容量 31 加崙的老式酒桶，源自英格蘭古愛爾（相對於使用啤酒花的啤酒），容量為 31 美制加崙（117 公升）的木桶。

酒桶失竊

根據美國啤酒製造商的估計，每年啤酒業界酒桶遭竊的損失超過五千萬美元。隨著不鏽鋼之類的金屬價格逐漸攀升，未經固定、易於得手的酒桶實在具有難以抗拒的吸引力。誰會為此付出代價？答案是你。立法與公眾意識兩方都正為此努力，但是只要酒桶保證金仍比實際價格少，問題依舊會叢生。啤酒製造商為每個酒桶付出高達 150 美元，這個價格也隨著不鏽鋼價格持續升高。請自釀啤酒玩家由合法來源取得酒桶，並記住保證金並不是購買價格。

全桶容量的酒桶已經不存在了，因為超過 300 磅的酒桶實在很難處理，雖然古代人們還是能用某種方式解決。半桶（15.5 加崙）、四分之一桶（7.75 加崙）、六分之一桶（5 加崙，通常以高「汽水桶」形式出現）是市面上流通的桶型。

較復古的的橡木桶型酒桶稱為霍夫－史蒂文斯（Hoff-Stevens）。由於多種理由，大多現在已被淘汰，雖然它們曾養育整個精釀啤酒產業。有些小啤酒廠會因為價格低廉、容易取得而持續使用。由於它們缺少把手，所以想將潮溼、冰涼的霍夫－史蒂文斯酒桶從卡車上弄下來並搬進酒窖會是個挑戰，也讓人不禁尊敬過去拎著它們到處跑的專業人士。

某些備有大型、高容量啤酒的會場不使用二氧化碳，只依賴氮氣或偶見的

退貨！

沒有人會希望消費者喝到爛啤酒，所以當你拿到一杯糟糕啤酒時，其中必定出了些問題，你應該自在地行使權利，並在沒有爭論的狀態下退回啤酒，要求換一杯。當你遇到以下情形時可大方要求退回：

杯具不潔： 杯壁黏附著大面積的氣泡毯是可靠的線索。或是發現杯緣的口紅，這是無可辯駁的懶惰。

理應清澈透明的啤酒中有混濁： 例如皮爾森啤酒。許多微型啤酒廠，特別是自釀酒館的啤酒都有點混濁，溫度低時更是如此。

怪異氣味： 奶油感、酸敗的牛奶或起司、動物般的氣味等全都表示啤酒出現問題。可能是啤酒本身，更可能是出酒頭管線有毛病。

酸味： 除了幾款罕見比利時類型，任何啤酒中的酸味都可能因為管線不潔，而且通常伴隨上述的怪異氣味。

壓縮空氣。長期而言後者會傷害啤酒，但在體育館之類的場合酒桶很快就會清空，啤酒也不會以空氣加壓存放，因此可能比較不成問題。但專家相信這會產生許多遠非完美的桶裝啤酒，因此其實不該使用。

連接酒桶至出酒頭的啤酒管線可以從數英呎到遠超過一百英呎不等。這對汲酒管線如何設計、安裝與清潔有戲劇性的影響。因為長的管線可以容納相當多啤酒，而且通常蜿蜒地穿過地下酒窖未經冷卻之處。通常需要以絕熱方式安裝，以冷空氣或冷凍甘醇冷卻。隨著管線增長，在裡面過夜的啤酒也會越多，如果管線不是極為清潔，就可能產生感染，以乳酸桿菌或片球菌的濃烈奶油酸味為代表。

當啤酒通過塑膠管線時，一層薄薄的蛋白質會黏在管壁上，這東西非常難以清除。啤酒管線最常以幫浦送進熱的腐蝕性清潔液。現在有精密機器能驅使小發泡球通過管線，把擦洗管壁的工作做得更好。好的啤酒酒吧會每隔兩週清洗出酒頭管線，高水準的啤酒酒吧會更常清洗。

不潔的管線會對置身啤酒釀造世界的人造成極大恐慌。飲用者不一定都知道啤酒在離開啤酒廠後種種都可能出錯的事。他們所知的就是手中這杯來自特定啤酒廠的爛啤酒，猜猜他們會罵誰？而見多識廣的啤酒行家則會先進行觀察，一家酒吧提供太多奶油味的酒款，便可能意味著店家沒有認真看待啤酒管線清潔。

木桶頌

木桶是「野蠻人」給人類最好的禮物之一。發明於西元元年前後的木桶，實用壽命目前已達兩千年。這是森林居民的智慧證明，除了好幾世紀前引入的金屬箍之外，木桶甚至在今天還延用著原本的形式與目的。在第二次世界大戰

後則由金屬酒桶取代。木桶對陳年烈酒與眾多葡萄酒仍是不可或缺。在今日的精釀景緻中，桶陳啤酒是啤酒世界奢華端令人興奮的新成員。

桶內熟成真愛爾

英國啤酒保護社團真愛爾促進會（CAMRA，第24頁）將真愛爾定義為「使用傳統原料生產的天然產品，透過稱為二次發酵的過程，在酒館中於酒桶容器內熟成」。

一百年前，這是英國啤酒的常規。快速釀製，並在仍發酵的狀態火速送到酒館，真愛爾需要積極而熟練的酒窖人員，確保啤酒到達客人杯中時是在色彩鮮明而美味的完美狀態。這是非常老式的作法，而且和過去數十年間的商業現實有巨大的衝突。

首先，要將還不算完成的啤酒移入酒桶並上塞，然後送至酒館。每個酒桶都有兩個開口：一個在頂部，是放入出酒頭之處；另一個約在桶身中段最寬處，維持在桶子橫放出酒時的最上方。這個開口插著稱為「破片」（shive）的有洞塞子。一旦運抵酒館酒窖，啤酒狀況就會由酒窖總監評估，並插上稱為「木塞」（spile）的多孔蘆葦樁，這個

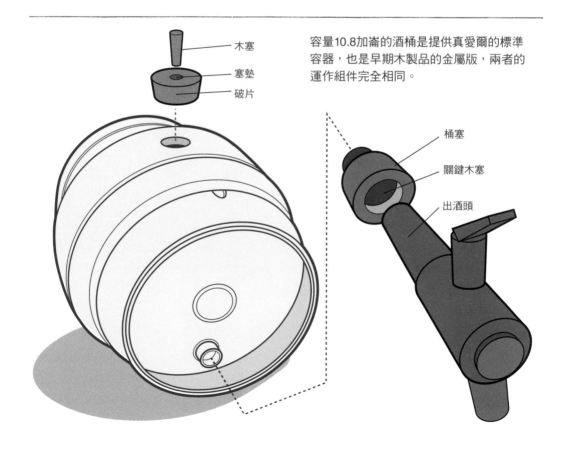

木塞
塞墊
破片

容量10.8加崙的酒桶是提供真愛爾的標準容器，也是早期木製品的金屬版，兩者的運作組件完全相同。

桶塞
關鍵木塞
出酒頭

椿能讓多餘的二氧化碳排出。當排氣減緩，啤酒便被認為達顛峰狀態，此時會移除軟椿並輕輕插上稱為硬木塞的木椿，讓桶內維持壓力。

還需要一點時間（通常只要幾天）讓啤酒靜置並脫去酵母與其他固態物質。有時會添加澄清劑（魚膠）以加速沉澱過程。當啤酒可以提供給客人時，會將塑膠出酒頭使勁敲進塞中。這時塞子裡稱為關鍵木塞（keystone）的木拴會退開，讓出酒頭就位。如果執行正確，漏出的啤酒會非常少，但拿著木槌的手猶豫不決可能無法讓出酒頭完全就位，造成啤酒噴發。硬木塞得暫時移除，讓空氣進入以取代噴出的啤酒，通常會在酒館晚上打烊之後放回去。啤酒的保存期間非常有限，因為二氧化碳逐漸逸失，而氧氣的氧化作用取得主導地位。一旦酒桶插上出酒頭，愛爾就得在幾天

不冰又沒氣？

相對於美國觀光客屢屢提及的第一印象，英式愛爾其實應在 10～13°C 的涼爽窖藏溫度提供，並有活躍但不過分的氣泡。酒帽的合適分量在英國是爭辯激烈的議題，標準也因地而異，如北部偏好較多酒帽。雖然現今王室認證的品脫杯在杯緣下一吋處有注酒滿杯線，但不過幾年前，滿杯線就是杯緣，這也讓老顧客以層出不窮的小動作，提防泡沫出現，他們會灌下半杯，然後要求「滿上」！

內喝掉。有經驗的愛好者可以分辨已經插上出酒頭多久了，甚至可能更喜歡氧氣帶出的稍為柔和的風味。但到某個程度後它會走樣，桶內熟成愛爾會變得沒氣、沉悶，甚至帶酸味。

多數酒館的啤酒儲存在酒館下方的酒窖，因此需要某些輸送工具將啤酒向上送達酒館。由於真愛爾不可使用加壓二氧化碳，因此必須使用手動幫浦。雖然這些裝置體積龐大又引人注目，但操作其實很簡單，很像自行車打氣筒，裝置內有汽缸、活塞，兩端設有閥門。拉下幫浦時，啤酒就會透過管線汲取並自噴口流進杯中。有時酒嘴末端會旋上稱為花頭（sparkler）的小塑膠限流器，花頭迫使啤酒流經小孔，釋放一些二氧化碳協助創造一層細緻、綿密的泡沫。和許多關於英國啤酒的事物一樣，花頭的使用也有地區之別，通常在北部比較流行。應該注意的是，手動幫浦雖然是真愛爾標幟十分明顯的一部分，但對啤酒的風味或質地並沒有加分（花頭除外），它們只是將啤酒從酒窖向上打到酒館的工具。在啤酒節或酒桶就在身邊的場合，使用簡單的重力出酒頭沒有任何不良影響。

真愛爾促進會簡直是死抓著老傳統不放。真愛爾從主流產品過渡到特色產品的過程想必相當痛苦，即便今日仍是，若是少了真愛爾促進會的不屈不撓，真愛爾可能已經成為回憶。然而，有時過度的保守主義幫助不大。例如，在傳統方式中，一旦酒桶打開後啤酒便暴露於空氣。1995 年，真愛爾促進會詳

盡地研究了有關酒桶呼吸器的使用，這是以一層二氧化碳取代空氣的裝置，讓酒桶在酒館的保存時間延長。盲測顯示酒桶呼吸器對啤酒品質無害。然而，真愛爾促進會仍選擇忽視自己做的研究，決定支持傳統。

啤酒杯

千年以來，飲用啤酒的專門容器已成為啤酒文化中人們珍視的部分。它們有各種尺寸、形狀與材質，不過目的都是一樣：讓啤酒以亮麗的外表，討人喜歡、甚至令人興高采烈的方式送入口中。它們必須容易持握，並合乎啤酒要求。如果還能讓眼睛一亮那就更棒了。

一百五十年之前，啤酒杯較常用玻璃以外的材質製成。玻璃曾是種稀少且昂貴的材料，有賴技藝高超的工匠，只有富人負擔得起。一般百姓則用黏土、金屬，甚至以塗布焦油的黑傑克（blackjack）皮革容器飲酒。直到十九世紀後半，機械製造的玻璃杯現身後，人們才開始有機會用玻璃杯享受啤酒。

啤酒杯的大小自數盎司至一公升不等。一般而言，啤酒會與杯子配對，較烈的啤酒使用較小的杯子。現代啤酒杯的形狀與早期外型非常相似。杯子形狀會同時影響啤酒看起來、聞起來與喝起來的感覺。因此某些形狀經得起時間考驗，就沒那麼讓人意外。

透明的杯具可以說是最佳選擇，雖然帶點色彩也相當吸引人（第107頁）。而深色啤酒杯則很少見。杯身切面之類的設計也能增加啤酒的視覺效果。

杯具的手感也很重要。錐型或杯身以不同形式的凸起可以防止杯子滑落。若是容量更大的啤酒杯，把手則如同必備。高腳也有類似把手的效果，兩者都可以減少手的溫度轉給啤酒。

關於香氣，杯緣小於杯腹的設計可說是最有效果。葡萄酒杯便是經典範例，許多啤酒杯也有相同特徵。不過，如果酒倒到杯緣便喪失了這項優點，但是啤酒降到杯緣下方一、兩吋時，香氣就會留在杯內，而不是逸散到房間中。此效果相當明顯，甚至可謂戲劇化。你可以同時比較標準雪克（shaker）品脫杯與任何紅酒杯。將兩杯都裝到半滿，並誠實感受香氣。我完全不用提示你尋找什麼，它們的差異顯而易見。

外展錐型會對泡沫有所影響，例如經典皮爾森啤酒杯，錐型給啤酒頂端的酒帽額外支撐。而向杯緣收縮錐型，在注酒時則像是將酒帽壓在自己身上，有集中泡沫的效果，最後帶來比較細緻、綿密的酒帽。

啤酒泡沫一直受到眾人重視。杯子裡的肥皂或油脂都會削弱精細的膠體結構。泡沫會在某些起沫核心築起，而汙垢或杯壁刮傷形成的微小粗糙可以造成相當巨大的變化，這常表示清潔草率，酒吧員工可能因此被臭罵一頓。有時會刻意製造起沫點讓泡沫順利持續釋出，補充並維持酒帽，同時釋出香氣——Chimay的高腳杯底裡以雷射雕刻的

小小品牌標誌就是為了這個。

　　泡沫對啤酒花的風味展現特別戲劇化。由於電荷與化學性質的影響，啤酒花苦味複合物會優先移往酒帽。因此泡沫嘗起來可能會比啤酒本身苦一點。注意別超過了飲者的啤酒花容忍度。

　　適量的泡沫是多少？多數人覺得大約是一吋，雖然這取決於文化的偏好，但泡沫量也和含氣量等級有關。許多比利時啤酒含氣量很高，例如品牌 Duvel 之類的啤酒幾乎不可能不倒出巨大、蓬鬆的酒帽。因此，啤酒杯的容量通常是啤酒分量的兩倍。

　　有了正確的啤酒，適當的斟酒，就能創造出豐厚、綿密的酒帽。欲達到此目的，請大膽將啤酒直倒入直立的杯子中央。別讓啤酒從杯側慢慢流入，如此一來可能造成啤酒含氣太多、香氣不足，以及一層薄而快速消散的酒帽。使勁倒酒會產生許多泡沫，當泡沫沉下後，酒帽將會細密持久。對於釋放一些啤酒內的氣體也很重要，尤其是瓶裝啤酒。太多氣泡會掩蓋啤酒花香氣等物質，而且很容易覺得腹脹。所以反覆進

行倒酒、靜置的動作直到裝滿杯子。啤酒太快上桌時，部分歐洲地區的飲者反而會起疑，因為他們了解創造出色的酒帽需要時間，也願意為了更好的啤酒等待一、兩分鐘。

　　為比利時愛爾或巴伐利亞小麥啤酒等高含氣啤酒侍酒時，注酒前先以清水沖洗杯子可能有幫助。水能破壞表面張力，讓含氣量超多的啤酒不會產生多到煩人的泡沫。

　　成本、可否疊放與清潔難易度等實務特性，也是決定店中使用何種杯子的重要角色。不幸的是，我們似乎受困於最糟糕的啤酒杯選項：雪克品脫杯。除了「品脫」二字會造成誤解（多數只能裝 14 盎司，部分只有 12 盎司）之外，這些杯子對展現香氣或啤酒美麗的一面都幾乎沒有幫助。

　　最後，杯緣。杯緣可能向上內縮或外展。杯緣的外型會改變啤酒入口時接觸口腔的部位，也可能讓酒液更廣域的分布整個口腔，而非舌頭中央，因此改變風味在口腔被感受的方式。這些效應相當複雜，也很難論定簡單而普遍適用

棕黃十月一無所缺，如畫般圓熟完美；
多年前黯然退卻，而今昂然在列；
烈燄在燈中耀眼，一無所畏；
縱使與酒莊最佳作品一決。
——摘自詹姆斯・湯姆森詩作〈秋〉（Autumn）

歷史上的啤酒杯具

◀ 普阿比夫人（Lady Puabi）的 金質平底杯

西元前 2400 年伊拉克北部
伊拉克北部美索不達米亞烏爾城（City of Ur）的
皇家陵寢中發掘出土，年代可回溯至西元前 2400
年，昂貴的容器顯示此飲料在當代人心中的地位。

▲ 金製奇恰酒器

西元 1000 ～1476 年西坎文化
（Sican）祕魯北部
稱為「奇恰酒」的玉米製啤酒，
承載著祕魯北方精緻古代文明下
的儀式與日常生活重心。

◀ 中世紀陶製酒罐

西元 1271 ～1350 年，倫敦
中世紀一般百姓使用的酒器
大抵以實用為主。

鐘形杯文化（Beaker Culture）▶

約西元前 4000 年
鐘形燒杯在歐洲各地都可發現。繩狀裝飾
指出這些人們與麻科植物的關聯。

◀ 博敏（Bellarmine）或鬍人壺 （Bartmannkrug）酒罐

西元 1575 年北萊茵
矮胖而有臉孔的酒罐，以一樣豐滿的樞機
主教博敏命名，除了啤酒，也可盛裝葡萄
酒等飲品。通常也會加上都市印記。

皮製黑傑克（Blackjack）或臼炮（Bombard）▶

西元十六世紀倫敦
這種瀝青塗布的皮製大酒杯可能經歷過早期戰亂。
它們由容易取得的材料製成，而且無法在酒吧打鬥時
當作武器。一直到十九世紀仍有使用。

接力杯（Pasglass）▶

西元十七世紀歐洲北部

瘦高錐型的外型是現代皮爾森啤酒杯的直系祖先。和許多杯子一樣，用來在飲者間互相傳遞共同品嘗。杯壁上的環是飲酒遊戲的一部分，每名飲用者都需要剛好喝到線上，不多不少。綠色外觀是所謂經典森林杯，源於玻璃中的鐵與其他雜質。捷克的工匠仍有生產此杯與其他老式杯具。

◀ 紋銀品脫大酒杯（tankard）

約西元 1704 ～ 1705 年倫敦，
老菲利浦・洛羅斯製造

◀ 銀製雕花大酒杯

約西元 1670 ～ 1675 年倫敦，
雅各・波登迪克製造
自豪華奢侈到樸實單純，
紳士與淑女們以此馬克杯
喝著愛爾。

啤酒馬克杯（stein）▶

約西元 1830 ～ 1900 年
德國與奧地利
這些加蓋容器有多種尺寸、
材質與個性，特別適合
戶外飲酒。

減量杯（Schnitt）

約西元 1900 年美國

粗短的小平底杯設計為盛裝少量啤酒，過去會隨威士忌附上。有標誌的版本是啤酒收藏家競相爭逐的對象。

英國矮人愛爾杯（Dwarf Ale）▶

約西元 1780 ～ 1820 年

精巧的小杯只有幾盎司容量，用來啜飲鄉間士紳莊園釀造的烈性十月啤酒。雖然尺寸和容量不一，但它們都會以多種方式裝飾，最常見的方式之一是刻有啤酒花與大麥的設計。

現代經典啤酒杯具

❶　　　　　❷　　　　　❸　　　　　❹

雪克品脫杯 ❶

· 美國的標準杯。

· **不適合**用於較烈或較不尋常的特色啤酒。

杯名來自它原與一個稍微大的金屬杯一起當做雞尾酒雪克杯使用，並非設計為飲用杯具，更別說是啤酒了。直到西元 1980 年代才開始裝起精釀啤酒。人們喜歡它相對較大的容量，但不會對啤酒的風味和香氣有所助益。

英式鬱金香品脫杯 ❷

另一款二十世紀的杯子。常用在供應愛爾蘭司陶特啤酒。

不缺角（Nonick）❸ 品脫杯

· 西元 1960 年代早期開始用

於英式愛爾。

· 適於麥汁原始比重低的社交型啤酒。

· 凸起處讓杯緣不易因碰撞缺角，立飲時也易於握持。

窄口聞香杯（Snifter）❹

· 二十世紀流行用於白蘭地。

· 適於大麥酒及帝國司陶特啤酒。

非特定型的古老的杯型，但深邃而內彎的杯緣與小體型，用於烈性愛爾十分理想。

高腳鬱金香杯或稍大杯（Poco Grande）❺

· 內縮錐型能保留香氣。

· 外展喇叭口能支撐酒帽並貼合嘴唇。

各方面而言都最棒的杯具。鬱金香杯在歷史上並不常見，十九世紀後期才開始出現。

錐型皮爾森啤酒杯 ❻

· 窄身能展現清淺酒色。

· 外展的錐型能支撐酒帽。

· 高腳可增加安定性與優雅。

今日所知的皮爾森啤酒杯在中世紀後期便以類似外型出現，但一直未被廣泛接納，直到 1930 年代，角度極大的外型符合當時裝飾藝術風格，情況才有了改變。

白啤酒花瓶杯（vase）❼

· 能容納泡沫的大容量。

· 內縮錐型能集中泡沫。

白啤酒花瓶杯似乎是從中世紀後期的高腳燒杯演化而來，但

❺ ❻ ❼ ❽

現今富於曲線的樣式大概在二十世紀才發展出來。

球形（Bolleke）高腳杯 ❽

· 內縮錐型集中酒帽與香氣。

· 較小的容量適於烈性啤酒。

· 此杯型在比利時的安特衛普（Antwerp）十分有名。

荷語的Bolleke是小球之意，意義為何就留給你自行推測了。

德式矮腳杯（Pokal）

· 勃克啤酒的傳統杯具。

· 較小的容量適於烈性啤酒。

· 外展錐型能支撐酒帽。

· 矮腳。

原本的德式矮腳杯通常容量大，並以相當顯眼的方式裝飾，安上可拆除（未以鍊子連接）的杯蓋。到了十九世紀，它們最常與勃克啤酒扯上關係。

現代德式矮腳杯

· 內縮錐型能集中酒帽。

· 適用於比利時三倍啤酒、春季勃克啤酒和帝國印度淺色愛爾等高酒精濃度啤酒的多用途杯。

· 杯腳能避免手讓啤酒變溫。

英式波紋品脫杯

· 約出現在西元1948年。

· 用於柔愛爾及苦啤酒。

西元1840年前

後風行於英格蘭，是透鏡切割的淺色愛爾柱型杯（pillar）變矮、變寬並加上把手的變形。即使它們不是古董，也相當古色古香。透鏡設計讓琥珀色啤酒有著漂亮的光影變化。

巴伐利亞啤酒馬克杯（Seidel）

· 皮爾森啤酒、淺色啤酒和十月慶典啤酒等輕啤酒用的大杯。

數世紀以來簡單石製酒壺的玻璃版。十九世紀中葉，當機械切割與打亮玻璃技術出現後，便出現鏡圈，隨後又以鑄模製作。

適當的白啤酒倒法

含氣量高的巴伐利亞小麥啤酒有自己獨特的倒酒與呈酒儀式。首先必須有杯身瘦高、優雅的錐型，且容量達半公升，是擁有許多頂部空間的「花瓶」杯。倒酒的獨特傳統方式會使你大吃一驚。先將非常乾淨的杯子以清水沖洗，開瓶並將杯子倒扣瓶上。一手持杯，一手持瓶將兩者上下翻轉並稍稍傾斜。在倒滿杯子的過程中，將瓶頸保持在稍高於杯中液面的位置。如果動作正確，會得到泡沫正好抵達杯緣的滿滿一杯。如果做錯了，嗯，可能得自己把桌上的啤酒擦乾。最後的步驟是抽出幾乎倒空的瓶子在桌上滾一滾，然後把瓶中的酵母繞圈滴在泡沫上，它會穿過泡沫並在啤酒中帶出一簾雲霧。

的杯緣外型規則。我個人認為外翻的杯緣（和較薄的邊緣）喝起來比較舒服，因為符合嘴唇的自然曲線。

檸檬片可加可不加。我的啤酒狂熱朋友們大部分對它嗤之以鼻，但我認為它是個不錯的呈現方式。如果你喜歡檸檬，就加吧，不用不好意思。

無數高度特化的專用葡萄酒杯，依形狀有種種好處，但大多源於偽科學的舌頭圖。（第2章）

瓶內熟成啤酒的瓶底會留有一些酵母。如前所述，小麥啤酒的酵母會包含在啤酒中，但其他多數啤酒類型的酵母不只會破壞外觀，有時還可能帶點土味。所以如果能一次倒完整瓶，並將酵母留在瓶內便很完美，但若是提供小量啤酒，通常最好將啤酒移入公壺，較無顧忌。

品牌專用杯

比利時人著迷於以啤酒廠標誌裝飾的特製酒杯。有些比利時酒吧在啤酒專用杯都用完時，還會請你先點其他酒款，等適合的杯子回來。我喜歡這種醒目的方式，以及傳達我們應如何尊重啤酒的訊息。但我不敢說它們都有透過科學設計以完美呈現特定啤酒的感官特質，但某些確實比較好。許多美國精釀啤酒廠也有創造自己的杯子。

儲存和陳放啤酒

啤酒是非常纖細的產品。它絕非一成不變，並持續演變。在發酵和熟成的每一天都會有點不一樣，等到某種認可的程度後才出貨。但啤酒的改變沒有就

此停下，多數的啤酒在離開啤酒廠之後的改變更並非正面。風味會逐漸消逝，而氧化的死亡之握開始鉗緊，賦予啤酒大部分酒體與酒帽發泡特性的微小蛋白質也會崩解。啤酒越纖細，這些變化使飲用品質降低的速度就越快。在過度陳放的啤酒中，崩解的蛋白質會以小雪花的樣貌出現，啤酒看起來有點像是蛋花湯。這不是啤酒該有的樣子。

高溫也是啤酒大敵。溫度上升時所有化學作用都會加速。對啤酒來說，重複升溫、降溫的循環也有負面影響，特別是對蛋白質，因此啤酒一旦冷藏就應該持續相同溫度。進出冰箱一、兩次當然不會害死啤酒，但穩定的溫度總是比大幅變動更好，即使均溫也可能因此稍高。

首先消失的是美好的新鮮風味，特別是啤酒花香氣；麥芽風味會稍顯呆滯，並帶出一種甜美蜂蜜或蠟質香氣。愛爾啤酒的果感會逐漸隨酯類氧化成較不具香氣的高級醇而消褪，苦味也會減少，可能在前五或六個月就失去它一半的勁道，遠不及大部分正常啤酒的最佳賞味期限，不過最佳賞味期限通常指較烈以及設計成適於稍做陳放的啤酒。也就是說，酒精濃度在 6 或 7% 以下的啤酒絕不是用來陳放。多數都是設定為在離開啤酒廠後就盡速喝掉。主流啤酒的製造商對於產品在何種狀態銷售有極為完整的控制，因此這很少會成為問題。

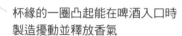

杯緣的一圈凸起能在啤酒入口時製造擾動並釋放香氣

外展的杯口將啤酒導向口腔各部位

內縮的杯緣可以捕捉香氣

窄底易於握持，並減少從手掌傳至啤酒的熱

雷射雕刻的圓圈幫助維持泡泡成串以補充酒帽並釋出香氣

啤酒品牌 Boston Beer 的吉姆・庫克（Jim Koch）花了兩年創造出能真正增進 Samuel Adams Boston Lager 酒款品飲體驗的杯子。

多數啤酒會在包裝時標上某種日期編碼，雖然未必是設計給飲酒大眾閱讀，也沒有標準格式。典型的日期編碼會標示裝瓶時間，並顯示日、月、年。或許還會加上其他資訊，例如特定啤酒廠或裝瓶線等。幸運的是，網路有豐富的資訊，所以很可能可以找到心愛啤酒們的解碼器。

鮮度對進口啤酒而言是特別的問題，特別是淺色拉格類型。這些啤酒此時很有可能會加價，但在它們家鄉嘗過相同啤酒的人都知道這絕對不是一樣的東西，就算那些啤酒沒有因應美國口味設計特殊酒譜。是的，對許多大品牌而言，酒譜是為美國人特製的，通常酒體較輕，啤酒花苦味也較少。

進口商向我保證像是品牌 Heineken 之類的大量啤酒最快可以三週上架，的確有可能達成，但由味道判斷，這對許多品牌而言是個遙遠的夢想，特別是產量少的廠商。啤酒將進行一趟長途旅行：從啤酒廠、碼頭，登上運船，再越過海洋到達港口、通過海關、進入經銷商的倉庫，最後抵達店家貨架上，這趟旅程的每個延遲都將造成不如理想的情況。

某些較烈的啤酒禁得起稍稍陳放。例如十八世紀英格蘭的習俗，便是釀造特別烈的「雙倍」啤酒慶祝兒子誕生，並在他的十八歲成年時飲用。十九世紀初至中期的波特啤酒和烈性愛爾通常會陳放達一年，才獲認適於飲用。即使是今天，某些烈性與桶陳啤酒也有相同待遇。

如果有適當酒窖環境，也可以自己存放。涼爽而不太潮溼的地下室十分理想。這樣的地下室在美國東部和中西部相當常見；美國南部和西部的人不是租酒櫃，就是在冰箱或冷凍櫃上接個溫控裝置創造涼爽的環境。我在芝加哥有間沒裝潢的地下室，用來陳放啤酒和葡萄酒都相當不錯。所以其實不一定要建造昂貴的恆溫、恆濕庫房。

理想狀態下，溫度應落在 13～18°C，夏天溫度高點似乎不會真的帶來什麼問題。再次強調，應該盡可能避免每天溫度變化的影響。

所以哪些啤酒最適合陳放？愛爾啤酒，特別是瓶內熟成的酒款，因為酵母能提供一點保護作用。這些「活」啤酒會經歷更複雜的變化，熟成風味也比經過濾或巴氏滅菌的啤酒更雅緻。拉格很少需要陳放，因為通常在啤酒廠就已到達風味顛峰。

我們應該把焦點放在酒精濃度高於7%的啤酒，較烈的啤酒能陳放得更久。比利時雙倍啤酒會失去一些甜美優勢，在一、兩年內變得更複雜、高雅。另外，具野味酵母的啤酒，例如品牌 Orval 或 Goose Island 的 Matilda（受 Orval 啟發）中，野味酵母會在一、兩年的過程持續發展出迷人的農場調性。

味酸的比利時式啤酒算是強度規則的例外。許多可以陳放好些時間，但它們的酒精濃度很少超過6%。許多自然酸釀啤酒之類的產品會在啤酒廠陳放好幾年，瓶內小部分活躍的微生物菌落會讓啤酒持續發展。如果喜歡酸度堅實的啤

酒可著手嘗試，因為隨著陳放時間它們會變得更酸。

部分啤酒則需要陳放一段時間。來自品牌 Sierra Nevada 的經典 Bigfoot 大麥酒，我個人認為年輕時有點讓人吃不消。Sierra Nevada 的老闆肯恩·葛羅斯曼（Ken Grossman）喜歡它的「較新鮮的表現，頂多放一年」，但他也說：「我曾嘗過一些酒齡達十年的 Bigfoot，它相當怡人，雖然已經變成完全不同的酒款了」。我每年都會買一手，通常五年後才會開瓶。

隨著啤酒陳放，它會變得比較不甜而更具葡萄酒感。有點違反直覺的是，陳放後啤酒的香氣會變成更甜美的麥芽感，因為揮發性高的啤酒花香與果香已消散。隨著繼續陳放，飽滿的皮革感、堅果感或雪莉般的氧化感，都為風味添加層次。

酵母會透過「自溶」的過程，帶來豐厚感與肉味，同樣的過程也會為香檳帶來吐司香氣（自溶的酵母很少會在啤酒產生吐司感）。肉感來自麩胺酸等酵母分解後的產物，經常以鮮味的面貌出現。在非常老的啤酒中，有時會出現醬油的風味調性，如果它們變得太強，就不太迷人了。

以軟木塞封口，預定要陳放幾個月以上的啤酒，應該像葡萄酒一樣橫放，以避免軟木塞變乾而漏氣。

陳放後的啤酒為有趣且具教育性的垂直品飲提供了絕佳機會，雖然有可能需要認真的事前規畫。概念只是藉由不同年份比較相同酒款，試著了解啤酒如何隨陳放而改變，也能測驗自己是否能分辨啤酒在釀完後的變化。有時變化程度遠比期待得還多。如果你有一大群啤酒同好，收集一組較易取得的烈性啤酒代表酒款可能不是太困難，例如品牌 Bigfoot，Rogue 的 Old Crustacean 和 J.W. Lees 的 Harvest Ale。似乎許多啤酒狂熱

不同啤酒類型的陳放時間

啤酒類型	酒精濃度（％）	陳放時間（年）
比利時修道院雙倍啤酒	6.5 — 7.5	1 — 3
比利時修道院三倍啤酒／烈性金色愛爾	7.5 — 9.5	1 — 4
英式或美式烈性／老愛爾	7 — 9	1 — 5
比利時烈性深色愛爾	8.5 — 11	2 — 12
帝國淺色／棕／紅／其他	7.5 — 10	1 — 7
大麥酒和帝國司陶特啤酒	8.5 — 12	3 — 20
超烈愛爾	16 — 26	5 — 100

份子都藏著這些小金塊。好些酒吧也開始收集不同年份的烈性啤酒。美國華盛頓特區的 Brickskeller 和洛杉磯聖迦谷的 Stuffed Sandwich 都以此聞名。這些較老的啤酒可能相當昂貴，但若是可以跟同好一起品飲，並以長時間的角度觀看啤酒，十分值得。

就像藝術作品，推動工作需要對作品有充分了解。在啤酒侍酒所下的工夫絕非徒勞，種種細節對於啤酒體驗的品質確實有很大影響，有時甚至極為巨大。釀酒師將所有心力與靈魂投入釀造出好啤酒，我們也應盡所能，讓這件藝術作品發揮真正的光芒。

Thomas Hardy's Ale 之 1997 年秋季選錄

在部分啤酒閱歷豐富的朋友協助下，我為《關於啤酒》（*All About Beer*）雜誌試了一批傳奇英式大麥酒。這些啤酒展現了多到令人稱奇的變化。

1995年： 中等琥珀色，只有一些含氣感。苦甜均衡。焦糖味帶著馬得拉酒般的調性，以綿長清晰的皮革感作收。圓潤而整合良好。

1994年： 偏紅的深琥珀色，幾乎沒有含氣痕跡。純粹的麥芽歡愉，有著美妙的氧化（似波特酒）調性。有桃子般果感暗示，甜蜜（但不甜膩）的中段和微苦尾韻。複雜得令人愉悅。

1993年： 龐大的果香氣息與些許氣泡。甜美而具香料感，稍帶肉桂或八角氣息。相當有堅果感；讓人聯想到液體胡桃派。苦度低，尾韻帶可可氣息。

1992年： 完全沒氣，但有杏桃水果調性，並呈現許多酒精感。均衡，前段帶有鮮明的雪莉酒感，中段堅實而苦，尾韻平順。

1991年： 酒色偏紅，氣泡頗多。辛辣，幾乎帶有胡椒調性，稍顯粗糙。風味龐大，以許多苦味貫串。六歲時嘗起來還像是可以多放幾年。

1990年： 堅實的琥珀色，些微氣泡。美好的雪莉酒般烤堅果香氣溶入圓潤苦味，口感堅實、苦甜兼具，幾乎帶巧克力感的尾韻。複雜而美味，現在正在高峰。

1987年： 大量水果乾香氣：葡萄乾和李子。相當甜，難以置信的飽滿，帶有許多堅果與焦糖，以中等苦韻作收，但非常乾爽。

1986年： 紅木色，沒有明顯氣泡。具溶劑感的辛辣氣息與許多葡萄乾和黑櫻桃果感。中段有黏膩甜美的麥芽味，沒有太多氧化跡象，只稍帶啤酒花苦味。陳年得很慢——嘗起來像是在瓶中再放十年也無妨。

Chapter

7

啤酒
與食物

啤酒本身幾乎就可以算是食物。
啤酒廣泛的風味、香氣、色彩和質地
能襯托多種餐點，讓我們在尋求共鳴時
有足夠的酒款選擇。從快活的金色皮爾森啤酒，
到鬱悶的帝國司陶特；從撫慰人心，
富於麥芽風味的蘇格蘭愛爾，
到酒花風味令人心曠神怡的印度淺色愛爾，
啤酒無疑是地球上最多樣的飲品。
所以不論是具鄉村風味的手工香腸，
或是頂級料理，都有啤酒為此而生。

由穀物製造的本質讓啤酒表現出麵包、烤麵包和焙烤感等大量風味，並能與眾多食物產生共鳴。啤酒花增添了藥草、柑桔、樹脂或松針般的香氣；酵母帶來柔和或強烈的果味，以及溫暖繚繞的肉桂和丁香，還有清列嚴峻的黑胡椒香料感。

有的啤酒也真的含有香料，從暖心的祝宴酒（wassail）到纖細的比利時小麥白啤酒，再加上其他許多的可能：水果、堅果、咖啡、巧克力和滿布香草美妙風味的二手波本桶。是不是感到有點餓？

啤酒和食物讓彼此換上新風貌。對比的要素能相互平衡，或有時創造出新的風味，就像物質和反物質會調和出威力十足的非凡體驗，這也是適當搭配的精髓所在。想要找出真正奏效並創造難忘體驗的組合，得先注意每位夥伴對彼此的影響。啤酒的苦味可能會壓過精緻風味，但也正合平衡豐厚或綿密食物所需，即便是甜點也一樣。氣泡、焙烤氣息、甜味、煙燻和酒精感等也都是要素之一。在食物中，甜味、油脂、鮮味的可口風味與辣椒的辛辣感也都是搭配的潛在要素。

啤酒鮮活的氣泡能處理讓葡萄酒畏懼的問題。二氧化碳氣泡能確實地潔淨味覺，有時對口味重或豐厚的食物有相當的幫助——例如起司。幸運的是，從英式桶內熟成真愛爾的些微刺激，到活躍的白啤酒與比利時三倍啤酒，我們也有一系列的含氣量選擇。

另一種搭配方式，是利用我們熟悉的食物組合，即使這種組合本身與啤酒無關。例如烤起司三明治，濃郁綿密的起司與煎烤麵包香就是我們熟悉的經典組合。當卡門貝爾（Camembert）或明斯特（Münster）之類柔軟、綿密的起司，配上有烤麵包香的棕愛爾，就會把這種熟悉的感受帶到全新的層次。這種由熟悉組合出發的體驗，不僅可以迅速產生共鳴，令人印象深刻，而且相當有趣。

如果你能引誘侍酒師灌下幾瓶啤酒，也許他們會勉強承認葡萄酒搭配食物有很多盲點（不只是很不配合的蘆筍）。而啤酒能愉快地補上這些空缺。許多專家已經放棄嘗試以葡萄酒搭配湯、沙拉、蔬菜、蘑菇、起司、甜點，以及任何香辣料理。在說服人們葡萄酒是搭配精緻餐點唯一的飲品選項上，葡萄酒界可說是做得非常好。我也必須說

> 肥牛大鍋，愛爾大盆，
> 更能征服這群喧嘩暴民；
> 遠勝於端上精緻佳餚，
> 如榛果塔或燉孔雀腦。
> ——英國作家威廉・金恩（William King）

我確實喜愛以傑出的紅酒Langhe Rosso配上出色的牛排，但其他食物呢？我想啤酒登場的時候到了。

開始著手

不幸地，我必須告訴你啤酒還沒有類似「紅酒配紅肉」的規則。啤酒餐搭目前都還是以常識與推論，其中並沒有困難或神祕之處。只要遵照一些基本原則，多加注意，很難出什麼差錯。別太沉浸於追求完美（因為這種事不存在）。我們致力追求的，是那偶爾遇到的絕妙搭配時刻。

如果你從未嘗試啤酒餐搭，可以從現在開始留心每次享用啤酒與食物的感受。淺色愛爾爽列的苦味可以切穿烤漢堡的厚實感；司陶特啤酒帶煙燻氣息的滑順感，能夠平衡煙燻鮭魚綿密而鮮明的風味；大麥酒苦甜兼具的特點可以穿梭在烤布蕾的甜味中。這些令人難忘的搭配簡直垂手可得。只需要稍微集中注意力便可體會。若用東方禪機闡釋這就是「啤飲當下」。

對剛起步的人來說，也許有些吃不消。以下的指南提供的是思考啤酒餐搭的脈絡，讓你著手邁向完成出色搭配的大業。隨著持續練習，你將會抓到以下概念的要領，並發展出自己的搭配名單，讓朋友們大吃一驚。當然，勤做啤酒與食物搭配筆記也很有幫助。

首先，可以記住以下三項基礎原則。每一項都很重要，但此三項基本原則在搭配過程中沒有特定的先後順序。挑出某款啤酒或某種食物，然後依照下列概念，找出他們合適的搭檔。

輕重：纖細的菜餚和纖細的啤酒最能搭

食物依風味強度排序

壽司、水煮魚、新鮮莫札瑞拉起司、椒鹽餅
嫩煎白肉魚、羊奶起司、烤蔬菜
烤雞、菠菜沙拉、披薩、炸魚、高達或格魯耶爾（Gruyère）起司
烤豬排、鮭魚或波特菇、烤火雞、蟹餅
漢堡、醬烤雞肉、德國烤豬腳、波蘭香腸（kielbasa）、道地英式切達起司、肉派
墨西哥烤肉（Fajita）、匈牙利牛肉湯、紐奧良濃湯飯（Gumbo）、義式辣肉腸（soppressata）、蘋果捲、巧克力豆餅乾、明斯特起司
燻烤牛肋排、起司蛋糕、核桃派、陳年高達起司
烤羊排、切巴契契香腸（chevapchichi，沒有腸衣的牛豬肉香腸）、藍紋起司、紅蘿蔔蛋糕
醬烤肋排、德州牧豆樹煙燻牛腩、史帝爾頓起司、巧克力慕斯
巧克力熔岩蛋糕、松露巧克力

配，調味重的食物則需要濃郁的啤酒——毫無意外。風味強度不單指一個面向，而是味覺體驗的總和。啤酒可能包括了酒精濃度、麥芽性格、啤酒花苦度、甜度、飽滿度、焙烤氣息等等要素。食物方面則有豐厚度（或油脂）、甜度、烹調方式（如烘烤、煎烤或油炸）和辛香料等都有所影響。

共鳴： 組合通常在分子擁有共通風味或香氣要素時最奏效。英式棕愛爾和手工切達起司的堅果味；帝國司陶特啤酒與松露巧克力深邃的焙烤風味；烤豬肉和十月慶典拉格乾淨的焦糖風味，都是這種例子。重要的是將食物的原料及烹調方式一同納入考量。某些烹調方式帶來的焙烤、焦糖化或煎烤風味常會成為產生共鳴的關鍵。香料、藥草、淋醬等調味也都能強化搭配效果。熟悉原料與烹調方式、加強風味記憶以及熱愛驚喜，都能在此助你一臂之力。

對比： 甜味、苦味、氣泡、辛辣（香料）和豐厚度——食物與啤酒的某些特性會以可預期的方式互動。利用這些互動確保食物和啤酒相互平衡，沒有任何一方獨占鎂光燈。這些特定互動和前面提到的輕重並不相同。此時需要分析啤酒與食物，找出某些能強化對方風味的要素。

食物與啤酒的交互作用

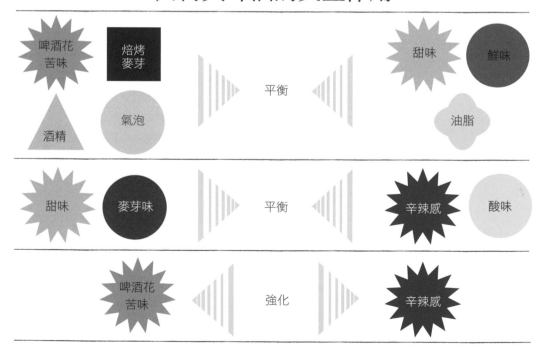

啤酒花的藥草香氣

藍紋起司、香料粉、
沙拉醬

啤酒與食物的
共同特徵

與啤酒共享特定風味及香氣的食物

啤酒花的柑橘香氣

柑橘類水果、胡椒、醋

酵母的香料特質

香辣料理，如印度、肯瓊
（Cajun）等料理

酵母的胡椒或泥土特質

帶土味的起司、蘑菇

酵母的水果特質

以葡萄酒或水果為基底的醬汁
、印度酸甜醬（chutney）

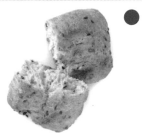

麥芽的堅果風味

麵包、硬皮且具堅果味
的起司、熟成臘腸

桶陳、香草、椰子香氣

含有香草的甜點

麥芽或酵母的蜂蜜特質

輕度焦糖化、水果、蜂蜜

麥芽的燒烤風味

煎烤或烤肉類、
烤堅果、陳年起司

麥芽的焙烤風味

長期熟成而有肉味的起司、烘烤
或煙燻肉類、巧克力、咖啡

麥芽的焦糖風味

肉類、洋蔥、蔬菜的嫩煎或焦糖化
風味；陳年起司；甜點中的焦糖

自熟悉風味出發的搭配

柔軟的卡門貝爾起司＋有烤麵包味的棕愛爾＝液體烤起司三明治

布瑞達起司＊＋有水果味的酵母小麥啤酒＝桃子佐鮮奶油

有肉味的陳年高達起司＋帝國司陶特啤酒＝烘烤或煎烤肉類

＊布瑞達起司是包有奶油與凝乳的水牛莫札瑞拉起司

甜而富油脂的食物可以用啤酒的不同要素搭配：啤酒花苦味、甜味、麥芽焙烤／烤麵包感或酒精。鮮味是豐厚、美味的基本味覺，我們能在肥美魚類、陳年起司、肉類、全熟或烹過的番茄等菜餚中發現，偶爾也能在長期熟成的啤酒中找到。鮮味可以用啤酒中平衡甜味的要素達到均衡，但由於鮮味的性格不如甜味強烈，僅需較低強度的搭配便可達到平衡了。另外，氣泡則能有效劃開豐厚感。

香料的辛辣感又是另一種交互作用。富於酒花風味的啤酒會讓辛辣的食物更加辛辣。如果你是恨不得拿辣椒做靜脈注射的辣味狂熱份子，就這麼享用吧。對我們其他人而言，帶點麥芽味、更互相制衡的方式比較討喜，因此如果想以富酒花風味的啤酒搭配香辣食物，最好確保它也擁有許多麥芽風味。

上述規則是首要考量。以下為其他額外觀點。

參考經典：啤酒國度的飲食風格提供了許多出色的組合。將來自相同地區或甚至相同修道院的啤酒和起司搭配是顯而易見的好選擇，就像德國油煎香腸（Bratwurst）和淺色拉格，但誰能想到把司陶特啤酒和牡蠣放在一起？經典搭配也是進一步探索的絕佳起點。比利時人對啤酒與食物近乎偏執，並有高度發展的啤酒料理（cuisine de la bière）。學習他們的作法將會激發許多構想。

利用熟悉模式：某些菜餚的風味組合對多數人相當熟悉，這就像是可供發展的共通基礎。如果能在啤酒嶄新且不同的脈絡再次創造，甚至召喚易於辨識的風味搭配，就已經是成功的一半了。

練習再練習：不是每次搭配都能盡如人意，但如果能欣賞驚喜，這些意外也很有趣。要是遇到並不出色的搭配，就記錄下來並繼續前行。以成功的搭配為基礎，繼續尋找神奇組合。

考慮季節：夏季清淡些，冬季厚重點；特定季節食物與啤酒的搭配非常自然，也合於氣氛。

把對比與襯托放在心上：所有啤酒與食

物的組合都應該圍繞這兩個原則。有些搭配會比較依賴風味對比，有些則比較依賴風味襯托，但兩者都該致力於達到某種平衡。一款綿密的勃克啤酒能抗衡火腿的鮮明鹹味；以印度淺色愛爾配紅蘿蔔蛋糕或爽冽的淺色愛爾配牛排，主要都是以對比為出發。第 118 頁圖表標示了重要的對比要素，但即使是以對比為主，啤酒和食物的風味強度還是必須相近，不然其中一方就會壓倒另一方。

猶疑時就選比利時：如果需要一款幾乎能搭配晚餐所有料理的啤酒，我會建議一款比利時式的修道院雙倍或三倍啤酒。它們擁有面對任何食物的內涵，且沒有過度強烈而壓倒多數食物的麥芽或酒花風味。而且，大瓶裝看來也相當稱頭。

　　記住，上述都只是建議，並非絕對的規律。啤酒飲食美學建立在創意及實驗。希望你在有啤酒與食物相伴的旅途上，秉持著此精神。

啤酒搭配沙拉和開胃菜

　　爽冽、清新的啤酒是一餐的最佳開場。較輕盈的小麥啤酒與簡單沙拉是完美搭配，但當沙拉和開胃菜的風味更強、更複雜時，啤酒的風味強度就需要增加。

　　開胃菜的搭配沒有簡單的規則可循，因為開胃菜的個別差異很高。一道簡單的鮮蝦雞尾酒沙拉加上拌有起司的炸墨西哥辣椒就變得非常不同。因此還是要運用輕重相當、尋找相似處和處理

搭配輕盈開胃菜的啤酒

全麥皮爾森啤酒
比利時式季節特釀啤酒
酵母小麥啤酒
比利時小麥白啤酒

搭配豐盛開胃菜的啤酒

印度淺色愛爾
水果啤酒
紅裸麥愛爾
比利時淺色愛爾

對比等原則。有個性的金色愛爾搭配嫩煎鮪魚可能會很棒；富酒花風味的美式淺色愛爾可以平衡起司塔和普切塔（Bruschetta）之類鮮美多汁的開胃菜；富香料感的季節特釀啤酒是重口味紐奧良式鮮蝦的完美對比；風味飽滿的紅愛爾或琥珀拉格可以是燻魚的理想伴侶，或者你會選擇與一款酒體輕、帶煙燻焙烤風味的司陶特啤酒呈現。開胃酒應當提供美妙體驗，且不使味覺疲勞。找酒體輕、沒有強烈苦味的啤酒吧。

　　沙拉能和苦度溫和的啤酒搭配得宜，特別是配有芝麻葉或萵苣等苦菜的情況。這苦味通常以淋醬、糖衣堅果、碎藍紋起司等裝飾中的甜味平衡，它們也都能承受富酒花風味的啤酒。同樣的情況也適用於番茄，由於成熟的番茄包含許多鮮味，因此可以應付中等苦味。陳年起司則是另一個可能灑在沙拉上的鮮味來源。這些搭配都表示酒體較輕而有一定酒花用量的啤酒可以和沙拉搭配得很好。富酒花風味的季節特釀啤酒和

較輕的印度淺色愛爾也都可用。

啤酒搭配主菜

只要記住原則：輕重相當、尋求共鳴、創造對比，每道主菜都有適合它的啤酒。另外也需要考慮每道菜餚三個面向，如下所述：

和開胃菜一樣，主菜也由主要食材、烹飪方式、醬汁和裝飾組成。每個成分都影響整體風味強度和菜餚性格。首先要考慮的是主要材料，例如小羊肉味道比雞肉重，所以味覺強度就從較高等級開始積累。

其次是烹調方式。水煮不太會添加風味，但烘烤、嫩煎、油炸、煎烤和煙燻都會逐漸增強風味。因為褐化反應在食物與麥芽烘烤過程基本上是一樣的，因此也是啤酒與食物的相似點，這些常見的啤酒風味包括麵包味、堅果味、焦糖味、烤麵包味、焙烤風味。不同的食物與烹調方式會有不同的油脂量，這需要強度相當的啤酒風味要素來平衡（第118頁）。

第三，考慮調味料、醬汁等額外加入菜餚的元素。這些元素可能包括藥草、香料、油脂、糖分、酸度、辣椒辛辣等，它們會大大改變菜餚的個性。調味料和醬汁增加了許多可以搭配的相似點，但也同時製造不少難題。記住，完美的搭配並不存在。通常最好的方式是找出較突出的風味要素，以這些要素設想搭配方式。

例如，醬烤肋排。豬肋排本身風味強度只算中等，但當再加上許多煙燻與加熱造成的肉類褐化、一些辣椒，以及一層甜美濃郁的焦糖醬汁，這份香辣醬烤肋排的風味便相當豐厚了。肉和醬汁的甜美焦糖面向是主要元素，可用啤酒中麥芽的焦糖風味連結。由於醬烤肋排甜美豐厚，口感乾爽的啤酒也會有助於平衡，而中高酒精濃度與高含氣量將進一步幫助削減豐厚感。雖然還有其他啤酒類型也很適合，但我偏好比利時式雙倍啤酒，雙倍啤酒的整體風味強度也搭配得相當好。

煎魚等風味較輕盈的料理，可以搭配多特蒙德式拉格。而烤雞則可選擇富麥芽風味的琥珀拉格或淺色愛爾。煎牛排或烤牛肉，豐美的波特或司陶特啤酒是出色之選。記住，香辣料理碰到酒花風味非常突出的啤酒時，等於在辣椒熱火上加油（可能也有人會喜歡）。對多數人的味覺而言，梅爾森啤酒、慕尼黑深色啤酒或蘇格蘭愛爾之類飽滿而富麥芽風味的啤酒，則能扮演出色的滅火角色。

啤酒搭配甜點

甜點與啤酒的搭配也相當美妙。為

了怕你忘記，讓我再次重申：「啤酒配甜點無比美妙！」是的，這個點子乍看或許古怪，但想像一下常見於啤酒中的豐厚、甜美、帶焦糖和焙烤調性風味時，就合理多了。但不是所有啤酒都能搭配甜點。甜點的甜度與豐厚感需要飽滿、富風味的啤酒。在多數情況下，可以完全不用考慮酒精濃度低於 6% 的啤酒，而所謂的「甜蜜點」或許還要更高。我們通常會覺得糖的風味相當平板，其實它也並不複雜。但它會在舌上爆發並全面占領味蕾，這也就是為何需要風味強健的啤酒。面對油脂時也一樣。

幸運的是，搭配甜點的啤酒有許多選擇。蘋果派或杏桃塔等具果味的甜點，可能可以搭配強健但爽冽的比利時式三倍啤酒。麵包布丁或甜核桃派可能也需要擁有類似特性的啤酒。老愛爾焦糖調的苦甜感能夠美妙符合需求。

甜點越甜，處理酒花苦味就越容易。雙倍印度淺色愛爾之類大量使用啤酒花的烈性啤酒是起司蛋糕、烤布蕾或紅蘿蔔蛋糕等超甜甜點的理想搭檔。這是啤酒與食物的戲劇性互動，雙方都改變了對方的模樣。不論甜點多甜，富酒花風味的啤酒都能立刻打消甜味。同樣地，即使是苦味最激進的啤酒，都能完全被精緻、甜美的甜點安撫下來。許多

啤酒的香料與柑橘特性，也能和類似突出風味的甜點配合無間。

巧克力愛死了深色啤酒。牛奶巧克力搭配受比利時啟發的深色愛爾，或任何沒有太多重度焙烤特徵的烈性啤酒都十分美妙。不含麵粉的巧克力蛋糕或松露巧克力等最純粹、強烈的巧克力，搭配漆黑的帝國司陶特等宏大黑啤酒真的很不錯。巧克力含量較少的甜點（例如巧克力豆餅乾和花生醬巧克力）能良好地搭配濃郁的棕愛爾、蘇格蘭愛爾或老愛爾之類焙烤風味較少的啤酒。別忘了白巧克力，它能出色地搭配烈性淺色啤酒，有時甚至也能和水果啤酒搭配。

水果啤酒和水果甜點的關係也很親密。酸釀啤酒 kriek（櫻桃）或 frambozen（覆盆子）的酸度，可以切開櫻桃起司蛋糕或覆盆子水果塔等甜點的甜味與綿密豐厚的口感。水果啤酒通常和口味較輕的甜點搭配得最好；風味更強的啤酒搭配巧克力有神奇的效果，盤中有覆盆子醬之類的水果更是如此。

近來出現了許多桶陳啤酒，這些宏大而富風味的啤酒擁有精緻的波本威士忌、香草與雪莉酒調性，搭配任何豐厚

甜點都無疑令人愉悅。而添加咖啡、巧克力、榛果等許多輔料的特色啤酒，能搭配的食物則顯而易見。

啤酒和起司

　　就像Brooklyn釀酒廠蓋瑞特・奧利佛（Garrett Oliver）喜歡對聽眾說的，起司是經乳牛處理和微生物修飾的禾本科植物。啤酒也是經過微生物酵母處理的禾本科植物。所以兩者有一長串的共通風味，就不讓人意外了。

　　印度淺色愛爾的藥草與酒花調性香氣，能良好地融入藍紋起司複雜的香氣，同時苦味能清理味覺。酵母小麥啤酒的果香能和新鮮莫札瑞拉起司簡潔的奶味形成好搭檔；水果啤酒與布利（Brie）或三倍乳脂類那樣纖細的熟成起司搭配極佳；司陶特啤酒和切達起司又是另一組出色夥伴，就像煙燻啤酒與煙燻起司；長期熟成的鹹起司帶肉味的豐厚感，與帝國司陶特之類的烈性深色啤酒搭配最佳。肉質加上燻烤的組合也是以熟悉風味出發的出色範例。

　　起司對飲品而言是很難搭配的餐

啤酒酒款和起司搭配建議

Stoudt's Weizen
搭配布瑞達起司（包有奶油與凝乳的新鮮莫札瑞拉起司）

Dogfish Head 90 Minute IPA
搭配Golden Ridge Blue
（綿密、高雅而帶蘑菇調性的藍紋起司）

Flossmoor Station Pullman Brown
搭配ColoRouge卡門貝爾起司
（黏糊美味的洗浸起司）

Orval Trappist Ale ▶
搭配Hillman Farmhouse起司
（塗抹草木灰熟成的山羊起司）

Lindemans Framboise
搭配Redwood Hills Fresh Chèvre
（綿密而有土味的新鮮山羊起司）

Saint Arnold Fancy Lawnmower Beer（科隆啤酒）
搭配Fair Oaks Farms Triple Cream Butter Käse
（簡單但令人沉迷的綿密奶油起司）

點。它風味強健、刺激、帶土味、鹹味和口感綿密等面向常常會壓垮較輕的飲品（我沒有提到任何飲品名稱喔）。注意我們曾提到的三項基本餐搭指南，你會發現由於啤酒混合了氣泡、酒花苦味和焙烤元素，正好能巧妙地處理起司足以包覆口腔的綿密感。

和啤酒一樣，起司也有從精緻到宏偉強烈等一長串的風味強度。因此選擇啤酒搭檔首先取決於輕重相當。我發現風味越強時，也越容易搭配。想要搞砸大麥酒或帝國司陶特與史帝爾頓（Stilton）之類雄大而長期熟成的起司搭配，幾乎不可能。

和主流啤酒一樣，美國人已習慣雜貨店裡以塑膠包裝，味如嚼蠟的起司。在連鎖商店流通的切達（Cheddar）、明斯特（Münster）、傑克（Jack）、瑞士（Swiss）等起司都只是與正品沾不上邊的仿製。真正的起司充滿風味，香氣獨特、多元、令人讚嘆且道地。而且某些最棒的產品來自於最小的製造商，不論他們是忠貞的傳統主義者，或是激進的叛逆者。換句話說，傑出的起司和精釀

Okocim Palone Smoked Schwarzbier
搭配Roth Käse Vintage Van Gogh Gouda（豐厚而有堅果味，陳放六個月的高達起司）

Rogue Ale's Shakespeare Stout
搭配Rogue Creamery's Smokey Blue（風味強烈、質地乾爽而帶美妙煙燻感的藍紋起司）

◀ **Samuel Smith's India Ale**
搭配Neal's Yard Montgomery Cheddar（乾爽，質地細緻的淡味切達起司）

Three Floyds Dark Tripel
搭配St. George起司（乾爽，手工製作的陳年牛奶起司）

Two Brothers Dog Days Dortmunder
搭配Canasta Pardo（外覆肉桂細粉的羊奶起司）

Einbecker Mai-Ur-Bock
搭配Meister Family Dairy Horseradish White Cheddar起司（每一口都和你想像的一樣充滿活力）

Schlenkerla Rauchbier Märzen
搭配Carr Valley Applewood Smoked Cheddar（帶有突出培根美味的美式切達起司）

啤酒有許多共通處。

　　尋找高品質起司十分值得，不僅是感官饗宴，搭配啤酒也充滿樂趣。雜貨店通常只有少數真正有趣的起司，所以最好去特色雜貨店、美食商店，如果很幸運地住家附近就有特色起司專賣店，千萬別錯過。

　　和精釀啤酒一樣，美國也有手工起司運動，某些因此誕生的起司品質就和

Anchor Old Foghorn大麥酒與Point Reyes Farmstead Cheese Company Original藍紋起司

絕不會失敗的啤酒與起司搭配

帶土味的季節特釀啤酒 Brasserie Dupont Moinette North Coast Le Merle Southampton Saison	+	**綿密而外覆粉末的起司** Sweet Grass Green Hill半熟成起司 MouCo卡門貝爾起司 法國庫洛米爾Coulommiers起司
帶烤麵包味的深棕愛爾 Dogfish Head Indian Brown Unibroue Chambly Noire	+	**堅實而帶堅果味的羊奶或牛奶起司** Ossau Iraty Comte St. Antoine
具酒花風味而宏大的淺色愛爾 Sierra Nevada Celebration Bell's Two Hearted Victory Hop Devil	+	**綿密豐厚的藍紋或古岡佐拉（Gorgonzola）起司** Green Moutain Farm Goredawnzola起司 Rouge Creamery Rouge River藍紋起司 Maytag藍紋起司
帝國或宏大的司陶特啤酒 North Coast Old Rasputin Deschutes Abyss	+	**帶肉味且長期熟成的高達起司** 四年荷蘭高達起司 Roth Käse Vintage Van Gogh高達起司
大麥酒 Anchor Old Foghorn Three Floyds Behemoth Brooklyn Monster	+	**史帝爾頓或其他風味強健且陳年的藍紋起司** Colston Bassett史帝爾頓起司 Jasper Hill Bayley Hazen藍紋起司

歐洲出品的一樣好。在我的經驗中，櫃檯後面的起司商通常十分了解自家的產品，麻煩他們推薦（或許還有試吃）是個好主意。這些人多半也有搭配啤酒的好建議。

起司是啤酒與食物旅程絕佳的出發點（甜點也很好）。出色的起司並不難找，上桌前也不需要太多準備工作，而且因為它是單一物品，不是由原料、調味再經過烹調組合而成，搭配起來也簡單些。但起司的一點一滴都和啤酒一樣複雜，所以建議找本優秀的入門書協助你了解起司的世界。

舉辦輕鬆品嘗活動最簡單的方式，是找幾個朋友準備四到五款不同種類的起司，並且讓每個人都帶些啤酒，然後把它們全部擺開享用。對一場輕鬆的品嘗活動而言，每種起司每人一盎司是個不錯的起點，如果食量大的話就加倍。若還想加入麵包或餅乾，請讓它們盡量簡單。優良起司最適於室溫品嘗，所以別忘了在上桌前讓它們回溫。過程中聊聊那些搭配很成功，哪些失敗。當然，發現傑出搭配很重要，但搭配的過程才最具意義。喔，也別忘了玩得開心。

安排啤酒晚餐

啤酒與食物的活動可能有許多形式，但最典型的是每道菜搭配一款（有時兩款）特定啤酒的晚餐。更具雄心的晚餐活動也會在每道料理嘗試讓啤酒入菜。這些活動是啤酒與食物相遇的好機會，也是認識心愛啤酒廠幕後英雄，並與同好相見的出色方式。大部分自釀酒館和許多以桶裝或瓶裝發行產品的啤酒廠會經常舉行釀造總監晚宴。

我們當然也可以自己舉辦啤酒晚餐派對，只需要尋找一下以什麼啤酒酒款搭配餐點。網路上有許多菜單，啤酒專門食譜也是絕佳的資訊來源。你也可以找找蓋瑞特·奧利佛（Garrett Oliver）和露西·桑德斯（Lucy Saunders）的著

Southampton Saison和Pavé d' Affinois
（柔軟綿密的熟成牛奶起司）

芝加哥啤酒學會
自釀酒館大戰

Wild Onion自釀酒館

哈里薩辣醬牛肉佐無花果醬與庫斯庫斯
（Couscous）

修道院三倍啤酒

品嘗紀錄：

三倍啤酒切開了豐厚感，緩和了香料辛辣
感，同時呼應無花果果感。

Goose Island Clybourn自釀酒館

蘋果木煙燻全豬佐麥金塔蘋果

雙倍勃克啤酒

品嘗紀錄：

啤酒的烤麵包和焦糖風味與焦糖化的豬肉配
合無間。

Prairie Rock自釀酒館

泰式棒棒腿佐香辣亞洲醬料及嫩葉

雙倍印度淺色愛爾

品嘗紀錄：

酒花風味與菜餚的豐厚感形成對比，但有足
夠的麥芽平衡辛辣感。

Rock Bottom釀酒廠與餐館

小薄餅夾啤酒燉牛腩佐水田芥與阿西亞格
（Asiago）起司

乾啤酒花美式棕色愛爾／暖冬愛爾（winter
warmer，傳統甜麥芽風味愛爾）

品嘗紀錄：

豐厚的牛肉味呼應帶烤麵包味的啤酒，且有
足夠的爽冽苦味切開可觀的豐厚感。

作。

　　比利時或德國之類以啤酒為中心的
料理不可錯過，但也可以嘗試更多異國
情調：印度淺色愛爾搭配印度料理，泰
國菜搭配德國拉格，墨西哥菜搭配十月
慶典啤酒，燒烤搭配比利時愛爾。實在
數不盡。

　　就和所有美食體驗一樣，充足的安
排及準備往往會讓活動從尚可，躍升至
出色。以下是幾個籌畫啤酒餐宴須事先
考慮的事。

啤酒和食物以誰為主：沒有特定規則。
在許多情況下，此問題並不難回答。例
如，一場只有一家啤酒廠產品的晚餐活
動，酒款已經給定，因此只需要將酒款
依風味強度排序，接著為它們搭上合適
的料理。輕盈的酒款分配給開胃菜，而
最重的酒款則保留給甜點，剩下的酒款
通常可以和主餐搭配得宜，所以就選擇
最能展現該酒款的主餐料理。

強度由低至高：酒精、啤酒花、焙烤感
和甜味都會痛擊味覺，所以把最纖細
的啤酒擺在活動之初較為合理。由此可
知，料理也會依循此經典模式，由輕而
重。

不要做過頭：品飲太多啤酒可能導致味
覺超載。在計畫晚餐活動時，試著將啤

泰式棒棒腿搭配
Stone Ruination Double IPA

酒數量限制在 6 至 8 分間，即是一次最多倒4盎司；烈性啤酒則少一點。也要記得鼓勵參與者乘坐大眾交通工具，舉辦公開場合品嘗活動更是需要加強提醒。

以最佳狀態登場：侍酒溫度、適當且乾淨的玻璃杯、合宜的光線，以及沒有香煙和惱人香氣的場地，在籌備任何啤酒與食物搭配活動時，這些都應納入考量。

啤酒入菜

由於啤酒的多元，讓它成為廚房好夥伴。啤酒或許也可當做高湯使用，但需要注意一些事項。就像在設想啤酒餐

蘑菇與起司塔和兩種普切塔搭配
Wolaver's American Pale Ale

搭時一樣，啤酒的風味強度須與料理相稱。啤酒中的苦味也需要特別留意。一般而言，低苦度的啤酒最適於烹調。建議不要收乾啤酒，因為即使是微苦的啤酒對料理來說都可能會太苦。少量苦味可以由些許甜味、鹹味或酸度平衡。和往常一樣，邊煮邊嘗。

讓麵糊輕盈：啤酒能為魚或雞之類的油炸麵糊增添輕盈感。
建議啤酒：啤酒花用量低的淺色或琥珀色拉格或愛爾。

刮起（deglaze）：嫩煎或烤餐點的醬汁能使用刮起的技巧，以啤酒為平底鍋中焦黃與殘渣收成醬汁。別把啤酒收乾，醬汁可能因此變得太苦。
建議啤酒：不論是為因應料理選用纖細或強烈的酒款，低苦度啤酒都是比較好的選擇。

淋醬和醃料：啤酒可以是沙拉淋醬以及煎烤或燒烤肉類醃料的出色夥伴。酸啤酒可以在淋醬中代替醋。
建議啤酒：色淺、苦度低的啤酒用於淋

啤酒入菜料理

烤豬里肌佐蘋果與櫻桃愛爾

深色拉格或黑啤酒燉豬蹄膀

鴨肉佐雙倍勃克啤酒醬

烤鮭魚佐比利時小麥白啤酒奶油醬

紅愛爾綠胡椒烤牛排

烤雞佐杏桃乾與小麥勃克啤酒醬

比利時小麥白啤酒蒸扇貝

德式薑餅棕愛爾蛋糕

帝國司陶特松露巧克力覆黑麥芽粉

核桃大麥酒冰淇淋

醬；較豐盛的琥珀或棕色啤酒用於醃料。

蒸煮或水煮：雖然小麥啤酒蒸淡菜是道經典，也應有其他出色組合。
建議啤酒：比利時小麥白啤酒、白啤酒，其他纖細且啤酒花用量低的啤酒。

為高湯增味或直接取代：許多啤酒都能為豐盛的湯品或肉汁增添豐厚感，起司湯更是不能沒有它！
建議啤酒：甜味司陶特啤酒、雙倍勃克啤酒、蘇格蘭愛爾。

讓甜點更奢華：豐厚的烈性啤酒或許可以取代蛋糕和糕點中的液體。水果啤酒能為糖煮水果或果醬增添複雜度；或者也可以讓啤酒成為主角——在一杯帝國司陶特啤酒投入冰淇淋，鏘鏘，甜點上桌！
建議啤酒：甜味司陶特啤酒、雙倍勃克啤酒、水果啤酒。

我們每天都需要吃，也需要喝。我們只需要做一點小小的調整，開始在吃喝時更加注意風味、質地等感受。這小小的留心將帶來巨大回報，很快地就會發展出每口酒都完美呼應下口菜的固定組合。就像完美的舞伴，啤酒與食物是生動、靈活，似乎為彼此而生的夥伴。啤酒與食物的搭配一直是一場出色互動，不論它們互相支持、甜言蜜語、輕撫或將彼此提升到巍峨的新高度。啤酒和食物總是一同翩翩起舞。

Chapter
8

類型分析

有些啤酒釀造社群成員
會對啤酒類型的概念大為惱怒。
他們會說啤酒是藝術，任何將它限制
在既定類別的嘗試，都會減損它的美，
類型不過是缺乏想像力的心靈寄託罷了。
但啤酒類型真的存在。
它們存在於歷史中、市場上，
某些地方甚至還有法律強制力保護。
釀酒師依循類型釀造，消費者依循類型購買，
而競賽也依循類型評判。
啤酒類型尊崇過去，並規範現在。
類型協助人們了解啤酒。

我喜愛企圖打破界線的創意啤酒。但為反叛而反叛就有點空虛；啤酒類型為看不到邊的世界畫出某種架構，啤酒類型也為寬廣的啤酒世界增加了廣度與深度。深入研究類型也會將目光帶向啤酒中較不醒目的面向：諸如平衡、文化偏好、流行趨勢，以及個別類型的概念。

這也許有點像是宗教信仰，可以選擇信或不信。但當一個世界能容納更多並非受眾人支持的構想時，這世界也顯得更加寬廣。所以我會說：「放馬過來！」

啤酒類型究竟是什麼？它是一組擁有共同且單一整體的特性。雖然這個整體可能會在細究時又變成群體，但沒關係，啤酒類型說的是共識。

這些特性首要且最明顯的就是能客觀測量的各種屬性：色彩、比重、酒精濃度、苦度、發酵度等。啤酒類型幾乎可以只由這些屬性定義。接著是主觀感官特徵：香氣、風味、質地和口感，它們完整了杯中物的描繪──也決定了這杯酒在類型之內或外。

但這僅是表面。感官特徵無法訴說完整的故事，或解釋類型為了什麼目的、透過誰且又是如何出現。而技術、地理和文化基礎則在更深、更豐富的層次，促成了啤酒類型明顯的特性。了解這些，並將啤酒類型置於適當的歷史脈絡，對掌握類型的大方向與精髓是必要的，也讓釀酒師與飲者雙方能在更高層級享受啤酒。

在釀酒師與消費者之間建立特定啤酒的基本模樣，啤酒類型不可或缺。啤酒類型也是相當方便的行銷法門，「美式淺色愛爾」和「琥珀色的頂層發酵愛爾，酒精濃度為 5～6.5%，富美國啤酒花的爽冽苦味與樹脂、柑橘調性」哪個比較容易了解？當然，這些可以用小字寫在後方酒標，但真的會有人細讀酒標嗎？研究顯示消費者與貨架上包裝相遇的時間不過幾秒，因此訊息必須在幾乎瞬間完成傳遞。在這方面，啤酒類型幫了大忙。

許多啤酒類型是隨著時間自然產生，廣為人知後才被命名。在大約西元1725年得到「波特啤酒」之名前，深色棕愛爾已在倫敦釀造了一個世代。「司陶特啤酒」早在十七世紀後期就是英格蘭通稱烈性啤酒的字眼，但直到一個世代後，以它專指烈性波特啤酒的用法才流行起來。慕尼黑啤酒原來只是在地啤酒，直到傳播開來後，才帶上城市的名字。

有些啤酒類型則是經由發明，而非慢慢演化產生。皮爾森啤酒能精確地追溯至1842年，當時市內士紳決定創造並釀製一款淺色啤酒，拉格世界就此種下了新點子。比爾·歐文斯（Bill Owens，美國近代自釀酒館誕生推手）發明了「琥珀」的說法，他說：「已經有了深色和淺色，我該怎麼稱呼中間的那個？琥珀吧。」

啤酒類型會在代代相傳的過程不斷演變。看似穩定不變的都是沒人要喝的父執輩啤酒。每個世代似乎都會找到自己的出路，即便最後可能離家不遠。

傳統雖然曾頗受歡迎，但並非總是代表一切。例如，琥珀啤酒近日剛經歷了轉型；每次啤酒世界盃的類型指南修訂，都讓它更以酒花為重。

不論啤酒類型的形成還會受到什麼影響，都必須通過我們感官的把關。所有元素結合成一個看起來、喝起來、聞起來和感覺起來都十分出色的整體。當然，不是所有的可能性都能奏效。什麼是讓人們喜歡的要素，研究其中的差異相當有趣，這也是透過探討飲食文化可以學到的，這樣的飲食文化就包括了啤酒。每當發現在釀造歷史中不幸絕跡的

啤酒十分美味時，我便能感到雖然人人不盡相同，但關於喜歡怎麼樣的啤酒，我們擁有許多共同之處。而我們需要的只是開放的心胸。

啤酒可滿足眾多不同的需求：以「液體麵包」的形式補充水分與營養、晚餐派對的夥伴、為特殊場合準備的日常社交啤酒，以及頂級客層需要的奢侈品。滿足以上目的的啤酒可以回溯至蘇美人，那時輕的、烈的、品質出眾的，甚至減肥啤酒都共聚一堂。啤酒是文化的一部分，因此它會以各種形式現身，達成肩負的各式任務。

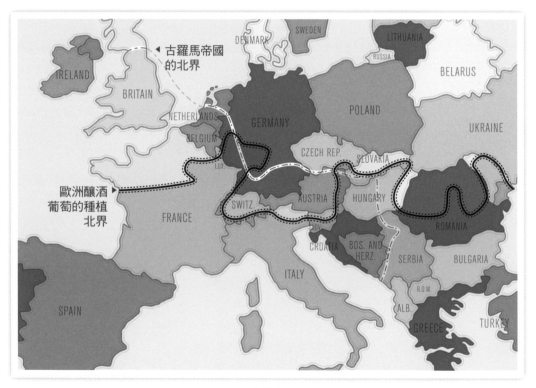

葡萄線

釀酒葡萄在歐洲種植的北界，近似於古羅馬帝國的北界（不列顛群島除外）。
跨過此線，向北望去肯定遍地啤酒飲用者。

盡可能用最最寬廣的視野觀看人類活動，只有如此才能完全了解啤酒類型。地球上有好些地方適合種植大麥，好些地方更適合其他穀物，當然也有什麼穀物都長不好的地方。地理環境影響了什麼人會用什麼材料釀製啤酒。例如，一條橫跨歐洲的界線，此線（大約是古羅馬帝國的北界）以北釀酒葡萄無法生長，由於農業與文化因素，此線以南總是喜愛葡萄多過穀物。希臘人和其後的羅馬人，將葡萄酒視為文明飲品，啤酒則是野蠻人的飲料，這種態度始終影響著後代西方思維。不過，此觀念已經有所改觀。像義大利這樣曾屬於啤酒沙漠的地區，最近也綻放出許多令人興奮的手工啤酒，雖然現今仍比較像是有趣的實驗，而非深層的文化變遷。

大麥與使用量稍低的小麥是啤酒的穀物首選，但裸麥和燕麥之類較硬、較能忍受惡劣氣候與土壤的穀物，也能湊出還過得去的啤酒。例如英格蘭、低地國家（Low Countries，指比利時、荷蘭與盧森堡三國）與斯堪地那維亞（Scandinavia），甚至遠達波羅的海（Baltic Sea），燕麥啤酒或偶爾出現的裸麥啤酒都是常見的酒款。小麥需要特定氣候與優質的土壤，而且還有原料競爭對手麵包師傅。因此，在許多時代與地區，都會發現小麥啤酒的規範比大麥啤酒更嚴謹，在困苦的年頭有時還會遭禁，或由王室獨占經營，例如十八世紀的巴伐利亞。

另一方面，想讓啤酒花能開出毬果體的條件更嚴格。例如在南方的英格蘭啤酒花茂盛到嚇人，但在遙遠的北方就沒那麼幸運。英格蘭啤酒的酒花使用率也大致依循此生長結果。當你得知蘇格蘭完全不產啤酒花時，我想你可以自行判斷這是不是與蘇格蘭人傳說中的節儉性格有關。而且，他們不喜歡付錢給英格蘭人。於是蘇格蘭啤酒傾向於非常富麥芽風味，也就不那麼奇怪了。啤酒花是一種小巧、高價值的作物，因此也可以進行長途運送。所以，追隨啤酒花足跡是另一種理解啤酒類型的方式。

除了氣候，地質也必須納入考量。地下岩床對當地水源的化學性質大有影響。當水流經河流、湖泊與地下水層時，會溶解當地礦物質。進而影響硬度與酸鹼平衡，這兩者都對釀造過程影響深遠。直到二十世紀初，對於水質化學的理解才發展到可以操作的程度，所以釀酒師可依隨當地水源，釀造出良好的啤酒。

水是個複雜主題，硬而帶鹼性的水，最適於色深、富麥芽風味的啤酒，這是最重要且須注意的方向。富酒花風味的啤酒不是需要軟水，就是硬而帶酸性（石膏）的水。倫敦、都柏林和慕尼黑的棕色啤酒，都是在帶著粉筆味硬水的城市中釀造出來。來自皮爾森與特倫河畔波頓鎮爽冽而富酒花風味的啤酒（以苦味鮮明的淺色愛爾聞名），也都充分利用了當地水源的長處。

所有農夫都會告訴你，天氣不可預測。啤酒作物也受制於不確定性，行筆至此時，啤酒工業正感受到全球穀類作物的重組影響與啤酒花短期嚴重不足。

供應吃緊，價格飛騰。壞年收的淨效應是啤酒製造商尋求代替品。西元 1825 年之前，糖是英格蘭啤酒釀造的禁用品，但幾次不理想的收成後，先是暫時允許，1847 年便無限期許可糖與其他輔料用於啤酒釀造。

　　季節循環的氣候變化也有所影響。冷藏技術與其他技術的演進，使釀造啤酒全年皆可進行；但就在短短一百年前，情況並非如此。首先，由於農業的勞力需求表示許多地方的夏季，會缺乏釀造啤酒的人力。還有炎熱，在沒有控制發酵溫度工具，以及空氣細菌與野生酵母數量極高的情況下，啤酒會在夏季的炎熱催促下酸敗得非常快，因此解渴的輕啤酒就變得不可或缺。另外，再加上儲存條件不出色，到了夏天，上個秋天的麥芽已經頗失活力，啤酒花更是如此。

　　當時常見的作法是在釀酒季尾聲（三或四月）釀造中等強度的啤酒，便可度過整個夏天，撐到秋天新釀啤酒適飲前。許多歐洲地區都有類似的循環。英格蘭以往最受歡迎的啤酒就是一種烈性的十月啤酒，相似但品質較低的三月啤酒也有人釀製。法國人釀

啤酒的一年

新年：新年來到，開瓶比利時三倍啤酒取代一成不變的無趣老香檳吧。隔天以美好而富酵母風味的小麥勃克啤酒滋養大腦與靈魂。

一月最後那過不完的十二天：沒有什麼比垂直品飲最愛的大麥酒或帝國司陶特啤酒，更能讓時間飛逝了。注意別讓垂直變成水平喔。

情人節：選擇一大堆！試著用比利時烈性深色愛爾搭配牛奶巧克力，或是帝國司陶特啤酒搭配像安可辣椒（ancho）的熔岩蛋糕那般真正火辣又有罪惡感的東西。如果另一半想要顏色淺一點，何不來款比利時烈性金黃愛爾，搭配白巧克力版本的黑森林蛋糕？誰說啤酒情侶不能羅曼蒂克？

四旬期：我個人沒有太多克己經驗。我會選擇像是勃克啤酒或雙倍勃克啤酒這些有肉體禁欲療法驗證的類型。每年的這個時刻它們嘗起來也確實很棒。

復活節與更多春分的異教說法：復活節啤酒在斯堪地那維亞和北歐其他地方曾是大生意。只有在可以早點開瓶春季勃克啤酒的情況下，我們才會滿足於某些色淺而稍烈的啤酒。在露絲姑媽來吃早午餐時，開瓶覆盆子酸釀啤酒吧。

春天第一個好日子：即便我有時會這麼做，但在室內喝白啤酒實在是有點怪。所以在天氣終於好得可以坐在臨時啤酒花園，並在冷冷的陽光下享用一杯深色小麥啤酒時，我才能擺脫罪惡感而放鬆暢飲。

五月：喝杯春季勃克啤酒。如果復活節後還有剩的話。

六月：讓我們叫它印度淺色愛爾月吧。

七月四日：讓美國愛國狂熱作主，以上帝之名榮耀美利堅合眾國與草創於此的啤酒，兩

季節啤酒酒標

多年來，啤酒因應季節釀造。雖曾一度衰微，幸好此傳統已經歸復。

者都渺小而偉大。選擇有很多：前禁酒令皮爾森啤酒、蒸汽啤酒、乳霜啤酒、美式小麥愛爾和精釀麥芽酒（malt liquor）。

聖史威遜節（St. Swithin's Day）：

七月十五日。是的，真有這麼個節，而且它的歷史涉及一段與大洪水有關的有趣故事。我推薦淡啤酒。

炎熱夏日：還是很熱。該是出動解渴巨砲的時候了：比利時小麥白啤酒、英式夏季愛爾、經典德式皮爾森啤酒、酵母小麥啤酒——請用大杯裝。

開學或什麼的：仍然溫暖而充滿陽光，但已經可以從空氣中嗅到改變。這是來杯優質季節特釀啤酒的完美時刻，另外也還有許多適合這個季節的啤酒：英式苦啤酒、愛爾蘭司陶特啤酒、黑啤酒、調和酸釀啤酒。等到九月底，你就可以在丹佛的全美啤酒節品飲上述以及更多的啤酒。

十月啤酒節：你真的還需要建議嗎？

萬聖節：南瓜啤酒是此時的理想選擇，但試著找找較為罕見的版本：南瓜大麥酒、南瓜小麥勃克啤酒或南瓜帝國波特啤酒。這比派好多了！

火雞時間：試著用三倍啤酒搭配填餡且完美烘烤的禽肉——在開始烘烤時可以往鍋底倒一品脫蘇格蘭愛爾。三倍啤酒也能搭配核桃派，但說到南瓜派，烈性棕愛爾會更適合。

聖誕夜：我聽說聖誕老人偏愛用帝國淺色艾爾配巧克力豆餅乾。

節日：英國人有他們的祝宴酒以及許多混合熱飲，這些可以讓你成為派對的靈魂人物（如果沒把房子燒了的話）。許多節慶啤酒都受到英格蘭往日美好的飽滿、辛香風味啟發。但老實說，此時只需要享用任何買得到的宏大慶祝啤酒，再給你自己一點動機立定新年新志向吧。

造三月啤酒已有至少數個世紀。當然，梅爾森啤酒雖在衰微，但德國仍可見且身為十月慶典啤酒的始祖，而十月慶典啤酒現在似乎每年都變得更輕盈。德國薩克森（Saxony）地區有收穫啤酒（erntebier），和現代的老啤酒有許多相似之處。

勃克啤酒是另一種與古老以及迷人季節性連結的啤酒。勃克啤酒是種烈性啤酒，生於艾恩貝克（Einbeck）再向南遷徙，從einbeckisches變成einpockisches bier，最後縮短成bockbier（勃克啤酒）。勃克是德文的雄山羊，象徵男性繁殖力，而大自然的繁殖季節便是春天。那時，嚴守教規如僧侶的人們，努力尋找四旬期禁食的漏洞，他們研究教規並裁定上帝不知為何忘記把啤酒連同肉類一併禁止。為了充分表達他們的感激，Paulaner（那時還是修道院，不是商業啤酒廠）的僧侶們在1773年釀煮了一款加烈版本的勃克啤酒，並將它命名為Salvator。此名稱曾在幾世紀的時間裡為類型通稱，直到他們決定取回商標。這些混雜的傳說故事也凸顯了啤酒類型研究者面臨的繁重複雜。

我們還是可以跟著啤酒追隨季節流轉。在夏季酷熱下大口飲盡的解渴啤酒，就無法滿足二月的沉悶陰日。春季也創造出不同於秋日蕭瑟的氣氛，不同種類的啤酒就會不時現身。

技術與啤酒類型

技術對啤酒影響極大。說到像是航空領域的技術進步，就明顯地與品質上升成正比，但反觀啤酒世界的技術影響就比較複雜，技術提升未必總能釀出更美味的啤酒。一個知識充足的人，只用一撮酵母、水桶和一些工具，就能釀出美味到令人流淚的啤酒，但這必須有技術支撐，想要合乎經濟效益更是如此。每項新技術都會帶來發明者未必意料得到的改變，而隨之而來的類型影響也是如此。

烘乾麥芽方面的技術，可以只是簡單地攤在頂樓地板乾燥，但比較常用的方式是以爐窯加溫。早年的麥芽乾燥爐是直火加熱，所以燃燒產生的高溫氣體會直接穿過麥芽，並帶來煙燻氣味。到了1700年，烘乾技術已經有所改善，大部分的歐洲啤酒也不帶煙燻味。然而，煙燻的質樸特徵，今日仍可在班貝格、巴伐利亞北部，以及瑞典哥得蘭島（Gotland）的古老自釀啤酒廠品嘗到。一個世紀之前，帶煙燻味的啤酒要更為普遍，像是盛行於德國北部，甚至是法國史特拉斯堡（Strasbourg）的格雷茲煙燻小麥啤酒和利希登罕煙燻小麥酸啤酒。

早期麥芽烘乾過程面臨的挑戰不只有煙燻。製作琥珀至棕色的麥芽相對簡單，也只需要簡單器具；但想讓顏色很淺或很深才是一項挑戰。黑色麥芽的問題並非在烘烤過程，而是臻至完美時，如何避免麥芽燒起來。西元1817年，丹尼爾·惠勒（Daniel Wheeler）發展出裝有水霧裝置的桶式烤爐，並申請了專利。到了今日，它仍稱為黑色專利麥

芽。黑色麥芽徹底改變了波特啤酒。在惠勒的發明出現不過三十年前，釀酒師理察森（Richardson）寫了本詳細記載在溫度計協助下的啤酒釀造觀察。他驚訝地發現雖然棕色麥芽釀出的啤酒美味且顏色深沉，但相較於淺色麥芽，它的可發酵物質則少得多，因此啤酒廠的會計盡忠職守地要求釀造總監多用淺色麥芽，少用棕色麥芽，因為兩者原料成本相差並不大。即使聽起來不完全合法，但政府似乎也對業者用焦糖為波特與司陶特啤酒染色視而不見，至少在惠勒的

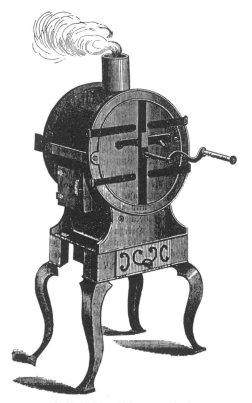

麥芽烤爐（約 1850 年）

仿造1817年丹尼爾·惠勒申請專利的革命性裝置，這種烤爐讓黑色麥芽誕生，並且宣告極深色啤酒時代到來。

發明前是如此。閱讀這些人氣啤酒歷經動盪的變革過程，常會令人哀嘆也許我們永遠無法喝到「真正的」波特啤酒。

同樣地，顏色淺到可釀出能稱為淺色啤酒的麥芽，也需要溫度控制良好的間接加熱精密乾燥爐。雖然英格蘭和歐洲大陸很久之前就有風乾的「白」麥芽，但直到十九世紀中葉，真正的淺色或皮爾森麥芽才能大量生產。

焦糖－結晶麥芽，以飽滿強健的麥芽用於許多現代啤酒的技術，直到1870年左右才發展出來，因此也對多數經典歐洲啤酒類型的誕生沒有太大的關聯。最初，在創造低比重英式苦啤酒時首次出現，它富口感並帶焦糖感的特性，能為麥汁比重非常低的啤酒增添分量。最後，許多經典啤酒類型中都可見結晶麥芽的特色，但此特色與類型本身的發展起源不具關連。

為水、麥醪與麥汁加熱，是早年啤酒廠非常具挑戰的重任。今日，金屬容器仍是釀酒間最昂貴的工具之一，但如果我們回溯得夠遠，金屬容器便不見蹤影。雖然以木桶裝水也堪用，但不能以直火加熱，因此最初是將加熱後的石塊投入麥醪或煮沸過程以提升溫度。之後，釀酒師可以將部分麥醪移至小煮沸槽煮沸，並再次倒回原本麥醪做階段升溫。此方式為糖化的煮出法，在傳統德式與捷克式拉格中扮演重要角色，為它們添了些獨特而美味的焦糖調性。

在控制溫度方面，釀酒師也使用溫度計之外的工具。許久以前，釀酒師能憑目視掌控糖化溫度，不論是小心調整

裡。而最後我們也釀造出專為冰飲的啤酒，這些爽冽、色淺、含氣量高的啤酒正是美式含輔料皮爾森啤酒。

路易·巴斯德也發揮了影響力。雖然酵母由他人發現，但巴斯德在 1871 年所著的《啤酒研究》找出了什麼導致啤酒「生病」且研究出避免的實用方法。他也找出了讓啤酒和其他產品在微生物學安定的處理方式：在特定的時間及溫度區間內加熱——或稱巴氏滅菌。巴氏滅菌法大幅增進瓶裝啤酒的保存期限，結合了冷藏技術後，使得大規模經銷網絡變得可行，並把啤酒帶到啤酒曾經相當罕見的美國南方等地。

另一方面，因為木製酒桶只能承受很有限的壓力，桶裝啤酒含氣量始終只是中等程度，手製的玻璃或黏土瓶也一樣不可靠。直到十九世紀後半，能承受高壓的機械製玻璃瓶才出現。新的高含氣量啤酒便因應誕生。一種自然酸釀啤酒經調和後裝瓶的調和酸釀啤酒便在不久後出現。裝在非常厚重石瓶中的柏林白啤酒在十九世紀極受歡迎。在蘇格蘭（主要出口美國）、澳洲和美國，氣泡愛爾也都風行一時。當然，也別忘了現代的工業化拉格。

科技進步帶來的最大改變，也許就是釀造啤酒不再與原料的所在地以及釀造環境緊密連結了。某些啤酒類型為何仍留在特定地區是由於許多文化因素。到了 1900 年前後，因技術原由造成某類

沸水與冷水的比例，並考量季節氣溫；或是觀察水在加熱途中的變化。當水加熱到某種程度時，一層薄霧會消失，但在水面受熱開始翻騰前，會有一小段時間水面平滑如鏡，幾乎能見自己的倒影。此時，溫度大約是 77°C，約是製作麥膠的適當溫度。即使以一輩子練習此技巧，仍只能達到近似值，因此應很難對麥汁的可發酵性有良好的控制。溫度會影響啤酒釀造過程的每個部分，所以想達到有效一致地生產啤酒，有在每個階段能微調溫度的能力十分重要。使用溫度測量數據也讓釀酒師能以共通語言，討論啤酒釀造過程最關鍵的部分。

自從釀酒師了解溫度如何影響啤酒釀造過程後，便對控制溫度極感興趣。進而發展出溫控發酵槽，通常是在槽中懸掛管子，並讓冷水流經。西元 1870 年代，冷藏技術終於發展到可在啤酒業應用的程度。如今，也終於可以全年無休地生產啤酒，而非只能在最冷的六個月

型只能在某地區釀造的理由已經很少。隨著某些啤酒類型（例如皮爾森啤酒）在世界各地釀造，並慢慢變成各自相當不同的類型，啤酒類型純粹而道地的表現常有賴於原創製造商的頑固堅持。這股改變的力量也讓傳統有了巨大的轉變。今天，由於行銷的創意，十月慶典啤酒和波希米亞皮爾森啤酒等經典類型的保留責任就落到了熱情而熟知歷史的釀酒師身上。啤酒類型或許就和動物園裡的動物一樣，有一天仍能回到原始棲息地。而現在的任務就是保留物種。

法律、稅賦與啤酒類型

打從啤酒誕生，政府就對它伸出髒手，由於我們對啤酒的渴望如此強烈，政府也通常能夠得逞。西元前 2225 年刻在石碑的〈漢摩拉比法典〉（世界上第一部成文法），就包含一條客棧老闆應該如何為啤酒定價的規定。在中古歐洲，啤酒稅在布魯日等地方可以高達地方政府財政收益的一半。在啤酒花出現前，稅賦以古魯特特許權（Gruitrecht）的形式，即是當地啤酒製造商被迫向政府購買並使用的此種混合調味料的權利。當啤酒花出現時，稅賦就依麥芽和啤酒花徵收。純酒令，這條被過度誇耀的巴伐利亞啤酒「純淨」法規，主要是稅賦執行法規，強制啤酒製造商使用納稅的原料。

啤酒製造商依麥芽使用量納稅時，通常會有附加法規：啤酒價格須因應麥芽使用量制定，以保證消費者購買的啤酒強度貨真價實。這些規定常見於過去的北歐，且維持了數百年的時間。當啤酒花稅高漲時，啤酒製造商便開始對啤酒花用量十分謹慎。西元 1862 年啤酒花稅的廢止，正好對應到啤酒花用量較高的淺色愛爾流行的時刻。

今日的英國啤酒製造商依麥汁原始濃度納稅，這意味著讓啤酒越輕越好的壓力始終存在，當然這也符合英式社交飲酒習慣。另外，在啤酒製造商的產品線中，較烈與較輕的啤酒有定價區隔，這也使得酒精濃度較輕的產品需求始終不衰。

比利時人有另一種獨特的制度：依糖化槽（盛裝濃稠麥粥的容器，麥芽澱粉在其中轉化為可發酵糖）容量納稅。由於稅賦是依容器大小，與內含多少麥芽無關，因此這條法規就像是鼓勵啤酒製造商把容器填滿，影響了啤酒。政府也容許為未發芽穀物另外設置一槽，而稅收則以一槽計算，因此啤酒製造商也奮力想把這個槽裝滿。造成了比利時小麥白啤酒與自然發酵啤酒大量使用未發芽小麥的經典酒譜。

依酒精量課稅的制度發展較為晚近，可以回溯至十九世紀末。一般依酒精含量分級，稅率依此逐漸增高，例如部分斯堪地那維亞地區使用的一、二、三級系統。不論在何處施行，酒款都會試圖調整到最低等級的最高強度。德國就曾有許多餐酒強度（table strength，體積比 4～5%）的啤酒，隨著 1890 年輕啤酒（schenkbier）類型的創立，而下降到酒精濃度 2～3%。

啤酒類型也常因啤酒與烈酒間的競爭而影響。多數時代裡，政府對啤酒的課稅較低，以遏制烈酒。當比利時政府於 1919 年禁止即飲通路銷售琴酒時，無意間為烈性啤酒創造了嶄新的市場，以彌補烈酒的空缺。

戰爭也對啤酒有十分深遠的影響。因戰爭可能會造成原料和設備的短缺，使得產出的啤酒並不算優良。如果人們沒那麼習慣來一瓶啤酒，還不算是多大的問題。但啤酒似乎自那時便無法從災難中完全復原。對士兵來說，戰爭也是對人生影響巨大的特殊事件；他們與同袍共享的啤酒也會成為終生生活模式的一部分。因此，第二次世界大戰中士兵的羈絆讓罐裝啤酒成為受益者。

啤酒製造商和政府有時也會在啤酒類型的稱謂合作。這些受保護的產品類別限制了啤酒可以由誰生產，以及如何釀造，並且標示為特定類型。例如，嚴修熙篤會愛爾（Trappist Ale）並不完全算是一種類型，但它擁有一套規範制定什麼算是真正的僧侶或修道院啤酒廠、什麼不是，以及誰能獲准使用此稱呼。自然酸釀啤酒也有自己一套規矩。在德國，許多啤酒類型都有麥汁比重的上下限，而十月慶典啤酒的製造商還必須位於慕尼黑市界內。美國大致上不受這些規矩拘束，雖然許多狂熱的州別（像德州）有些怪異且過時的釀造規範法規。

啤酒業的壓力

控制成本，並在市場上擁有競爭力，也影響了什麼原料能出現在釀酒間。美國啤酒製造商首先開始使用輔料來削減酒體，並將蛋白質含量降低到包裝發行啤酒可接受的程度，但他們最後發現玉米和稻米等輔料比大麥麥芽便宜。第二次世界大戰後的美國啤酒製造商，隨著廉價啤酒的爆發性成長，而經歷了一段產品無限削價的過程。今天，最便宜的特價啤酒輔料使用量可高達一半，這也是法律允許的上限。

競爭壓力迫使啤酒製造商尋求擁有最大群消費者的產品，也就是平和易飲的產品；在此過程中，有時候較具特色的產品便無法存活下來。蒸汽啤酒能存活到今天，要感謝弗利茨·美泰克的足智多謀與不屈不撓，加上奇蹟般的幸運。Anchor Brewing 公司只是數十個二十世紀後半徘徊在倒閉邊緣的老啤酒廠之一，而且剛好它們有個在歷史上十分獨特且被市場循環屏除在外的產品。

文化流行也影響著我們的飲食。我們現在正享受擺向更專門、道地飲食的鐘擺，品嘗其所帶來的益處。一百多年來，美國這個移民國家一直試著找到成為整體民族的方式。企圖在大眾市場找出共通語言，「摩登」產品便是其中一種方式：金寶湯、神奇麵包、美國起司。它們都還在架上，但這些工業化產品的明顯的冷漠理性特質已經不再那麼吸引人。我們之中也有許多人寧願土司不切片、起司發黴、咖啡新鮮烘焙，想要啤酒色深還可能有點混濁。非理性也可以是種美麗，而我希望這個鐘擺可以長長久久地擺動。

本書啤酒類型與推薦酒款的注意事項

一旦你開始將啤酒世界區分成各個類型，就得做出一些抉擇。大型啤酒釀造競賽會把類型切得非常細，以便將每個別的啤酒數量減少到可接受的程度。許多競賽中有必要分開的類型，其實彼此之間只稍有不同，且擁有共通的歷史、釀造原料等等。本書中，我將某些類型（例如淺色愛爾與苦啤酒）視為關係緊密的家族，而不是獨立個體。我的目標是清楚地描述啤酒類型，並闡明它們之間的關係。

啤酒類型本身便是不斷地移動，隨著市場喜好與經濟壓力而變。歷史上的類型與現存類型間的角力相當激烈，雖然有些小型啤酒製造商有時會發掘並重新釀造受歷史啟發的類型典型，但有些啤酒還是會像十月慶典啤酒，很快地變成了不同以往的東西。我大致採取較為保守的作法，並撒下大網，在定義啤酒類型與設定要素時謹記古典歷史觀點。

我綜合選擇了歐洲經典與美國精釀啤酒，後者幾乎總是比它們的歐洲原型更咄咄逼人一點。我試著挑選易於取得、來自不同地區的啤酒。規模較小且在地的精釀啤酒廠與自釀酒館常會做出許多啤酒類型的耀眼範例，所以請花點時間尋訪它們。

我以這些推薦酒款描繪啤酒類型的特質。不少極佳的啤酒稍微違反了規則，而且還有大批傑出的啤酒與任何特定類型無關。請放在心裡，有時這些啤酒會是最有趣的。

Chapter
9

英式愛爾

大不列顛與愛爾蘭的居民飲用啤酒
已有非常長的時間。古代常見的
穀物與蜂蜜搭檔可以在蘇格蘭歷史
至西元前三千年的陶瓷碎片發現。
蘇格蘭境內的其他地方，還有更多證據
顯示原住民皮克特人喜歡享用添加了石楠、
繡線菊、甜楊梅（香桃木）、小紅莓，
和一種稱為莨菪的危險精神性藥草的啤酒。
學者相信這些釀造傳統可能完全源於當地，
甚至可能沒有傳到東方。

他們談論著自己的外國美酒——香檳與清新的
德國摩賽爾（Moselle）白酒——好像就因為它們來自遠方，
我們就一定會愛死，還有這些酒的品質有多麼傑出到宛如美妙的童話。
但不論酸甜，它們都無法擊敗一杯老英式愛爾。
如果我沒有天天和「老約翰大麥穀」聚會，
我的眼睛能否依舊明亮？我的心靈能否依舊愉悅？
不，不，即便禁酒主義者站在麥芽與啤酒花面前責罵，
我也要在他們跟前笑著痛飲老英式愛爾。

——J·卡克斯頓，摘自歌謠〈一杯老英式愛爾〉（A Glass of Old English Ale）

在羅馬人入侵前，常被提及的凱爾特人入侵其實並沒有發生，但日後被視為凱爾特人的高盧部族確實隨時間逐漸滲入不列顛群島，並帶來由來已久的啤酒傳統。希臘人和羅馬人曾在東方、法國及義大利多次接觸凱爾特人。古典作家記錄了他們對飲酒的鍾愛，以及對於飲品嚇人地不挑，相當適合「蠻族」的稱號。進口的義大利葡萄酒是奢侈品，而由小麥製成並經常以蜂蜜加烈的啤酒，通常稱做「麥酒」（cerevesia），其被視為高級品很可能是因為它的強度更高。稱為「寇瑪」（korma）或「科米」（curmi）的是一種屬於庶民的大麥啤酒。老普林尼曾說高盧人有「許多方式」製成「許多種」啤酒，但我們只能透過想像來揣測他的真意了。

自西元前 55 年起，凱撒便將羅馬文化引入這已經夠複雜的景致中。他注意到肯特（Kent，肯提姆）人生活方式與高盧人一樣，但更遠的北方則有個他較不熟悉且更為熱愛啤酒的文化。在雇來防衛羅馬帝國前線的士兵間啤酒極為流行，因為他們並非義大利人而是日耳曼援軍。這些士兵很可能真的協助強化了不列顛的啤酒飲用傾向，而無視於使大部分蠻族部落屈服的羅馬葡萄酒文化。

羅馬時代不列顛的啤酒與釀酒事業都有大量文獻和考古證據。一如往常地，啤酒的細節缺失，但已知有使用大麥、小麥和斯卑爾脫小麥（spelt，一種介於兩者之間的穀物），而且也有專門的製麥和烘乾設施。

愛爾蘭從未被羅馬人征服，因此保持著原生的釀造傳統，並在進入修道院時期後與早期基督教融合。特別是具有異能的聖彼利其特（St. Brigid），能為幫助病人而將水變成啤酒，並且在某次穀物短缺時，讓慶祝復活節的啤酒變多。

黑暗時代的啤酒

羅馬人最後在西元五世紀離開了不列顛群島。當時有許多皮克特人與原居愛爾蘭的蘇格蘭人,自蘇格蘭進入英格蘭劫掠。在向羅馬請求協助但一無所獲之後,不列顛領袖轉而向盎格魯薩克遜傭兵求援,這些人最後更違背雇主的意願留了下來。亞瑟王在神話般的巴頓山之役所成就的只是不斷嘗試驅逐盎格魯薩克遜傭兵失敗中,一場罕見的勝利。

盎格魯薩克遜人是另一波啤酒飲用者,並帶來在蜜酒廳共同飲酒的傳統。史詩《表沃夫》(*Beowulf*)提到了四種飲品:其中溫酒(win)和蜜朵酒(medo)很明顯地是葡萄酒和蜂蜜酒;而彭爾酒(beor)雖然看來和啤酒的英文很像,但大概是指另一種蜂蜜飲品;而愛盧酒(ealu),則是現在英文愛爾一字的早期形式,指由穀物製成的飲品。

中世紀早期的文獻還提到「清愛爾」(clear ale)、「威爾斯愛爾」(Welsh ale),這些酒相當甜且可能含有蜂蜜;「雙釀愛爾」(double-brewed ale)和「柔愛爾」(mild ale)的意思並不清楚,但稍後「柔愛爾」一詞指一種相對新鮮而沒有經過長期陳放的啤酒。

早在西元九或十世紀,啤酒花就在英格蘭植物標本出現,並與飲料有所關連。當然,啤酒花一直到 1500 年前後,才在英格蘭啤酒業變得常見。但在十四世紀時,不使用啤酒花的愛爾與和使用啤酒花的啤酒之間已有區隔。到十五世紀初,使用啤酒花的啤酒已在肯特和英格蘭東南部地區建立了重要的灘頭堡。

在西元十世紀,客棧開始成為盎格魯薩克遜啤酒文化的重要據點。在修道院外,啤酒生產是一種家庭活動,主要由婦女進行;此情況在之後持續數百年,直到啤酒釀造規模逐漸擴大,開始商業化後成為主要由男性進行的事務。早期的女性釀酒師被稱為女釀酒師或啤酒婆(alewife)。在家釀啤酒是種帶點額外收入的合法方式,對於因寡居等因素陷入困境的女性更有幫助。就像是女性也是釀酒師及客棧老闆的古代蘇美文明一樣,有啤酒可販售的啤酒婆會在門上掛起掃把或一小叢灌木(愛爾椿),此標誌源於用來捕捉並在各批啤酒間保存酵母的成捆細枝。

如果她的愛爾新鮮,就像鋪著濃霧的清晨;如果她的愛爾強烈,她的爐火旺盛、面容美麗,城鎮也富饒。她坐下時常有鳥兒啁啾結伴,上教會或參加洗禮時,也一定會給多嘴鄰居幾十塊餅與愛爾。

——唐納・路普頓(Donald Lupton),《倫敦與鄉村的多種飲食性格》(*London and the countrey carbonadoed and quartred into seuerall characters*, 1632)

中世紀後期,根據酒譜記載當時使用了一定比例的小麥。那時也有價廉的燕麥啤酒,賣給稱為「泥水匠」的窮困階級顧客,因為此啤酒以穀物及用來調味的香料混合釀造而命名。這樣的啤酒實際上與歐洲北海沿岸隨處可見的白啤

> **趁著穀子還未燙，倒入更多穀物，倒入更多水；**
> **攪拌攪拌，一如粥般攪拌，以稻草加溫，讓碎料長存，**
> **平易且怡人，夫又復何求？**
> ——湯瑪斯·圖瑟（Thomas Tusser），〈農事要點〉（Pointers of Good Husbandrie, 1557）

酒大家族有關，並在十九世紀後期的德文（Devon）與康沃爾（Cornwell）地區找到最後的避難所。

幾世紀以來，可能早自諾曼征服起，英格蘭人就已經對他們的愛爾有某種型式的價格管制。以麵包與愛爾法案等手段，依據麥芽通行售價制定了特定分量的啤酒價格；此法規具體說明單倍和雙倍啤酒應該使用多少麥芽，從而指明每種啤酒的酒精含量程度。法案曾數次修訂以增加財政收入，但一直到1643年，才由大幅增加烈性與昂貴啤酒稅率的級進制度取代，後者也是現行制度的先驅。

英格蘭有近千年的時間，啤酒都只能以王室稽稅官認證的量器銷售。舊文獻中充滿了因竄改量器、以未經認證的量器販售等罪名，而戴上頸手枷或坐上浸刑椅的犯人。對習慣成杯購買啤酒的美國人而言，似乎對裝滿容量過於偏執，由此可見英國文化在這裡有多麼根深蒂固。

朝向現代

西元十六與十七世紀見證了現代英式啤酒類型的起源。就如同一支歸國的勝利之師，原本不使用啤酒花的愛爾並沒有立刻消失，而是逐漸變成使用啤酒花的啤酒。由於即使是少量啤酒花都能讓啤酒更具安定性，再加上許多酒精之後，啤酒就可以陳放一年，有時還可以更長。

在這段時間裡，鄉間莊園變得更大，運作也更有效率，而讓事業運作更加順暢便需要一間啤酒廠，且啤酒也是員工薪資的一部分。鄉間莊園或「家用」啤酒廠一般生產三種強度的啤酒：酒精濃度約2%的「輕啤酒」，人人都能幾乎無限飲用；通常認為的一般強度「佐餐啤酒」，在5～6%；第三種為酒精濃度8～10%的「三月」或「十月」，以釀造的月分命名。重點是輕啤酒沒有專供家族飲用的特殊等級，每個人喝的都一樣。當然也有更烈的啤酒，有時會釀造酒精濃度10%以上的「雙倍啤酒」，並靜待熟成，供特殊場合飲用。

伊莉莎白女王一世時代的編年史家威廉·哈里遜（William Harrison）記錄的家庭規模酒譜，《英格蘭紀實》（*The Description of England*, 1577）是一款各帶5或6%小麥和燕麥的大麥麥芽啤酒，顯示那些穀物仍用於當時的主流啤酒中。這些穀物在其他地方被稱為「酒帽穀物」，可能用於增進啤酒酒帽，添加至英式啤酒中的小麥至今仍擔負著這項任務。此酒譜也以每桶四分之三磅的比例

添加啤酒花，以現代標準看來用量相當合理。哈里遜的酒譜可能取自他的妻子（她是家中的釀酒師）。

工業化開始時，鄉間的烈性琥珀啤酒因勝過商業釀造啤酒而聞名。地主沒有像一般釀酒師的經濟壓力，因此可以使用更多麥芽和啤酒花，品質也很可能好上一等。加上他們是家庭釀酒師，可以隨心釀造自己喜愛的口味。他們納稅的金額也比對外發行產品的釀酒師少，因此也更具優勢。

這段時期另一個重要特徵，就是「柔」或「流通」愛爾和「陳年」啤酒間的區分，後者長期存放在木桶或木槽中，不但能發酵得非常完全，更重要的是也因寄宿在木桶中的微生物，而沾染土味氣息和檸檬般且甚至帶酸的風味。這樣的啤酒當然配得上「老」愛爾一詞，因為陳放確實帶來獨特風味。這項以往常見於烈性啤酒的作法，如今在英國已經罕見。應該提及的是，品牌Guinness仍然會在生產的每一款司陶特中調和少量這樣的陳年老啤酒。

即使有了巨大的技術進展與工業化，十八世紀對於英格蘭的啤酒仍是個充滿挑戰的年代。咖啡和茶正在極貧民眾之外的市場全面取代輕啤酒，而琴酒爆紅的力道之強，甚至讓社會結構動盪。和美國的禁酒令一樣，限制酒精的規範造成了私酒猖獗、犯罪滋長等問題。當時許多啤酒製造商開始添加藥材以加點力道，像是印度防己（Cocculus indicus，一種來自東南亞的苦味莓果，含有強烈、危險的興奮劑）和苦豆（一種來自菲律賓的苦味香料，含有番木鱉鹼），它們都有毒性或麻醉效果。直到十九世紀初，這團混亂才逐漸梳理乾淨。

儘管有這樣的騷動，或者就是因為這樣的騷動，啤酒釀造開始集中在數量較少、但規模較大的企業手中，這樣的兼併動作也持續至今。當時的倫敦是無可置疑的王國啤酒釀造中心。到了1701年，倫敦194間對外發行產品的啤酒製造商，釀造的啤酒（平均每家五千桶）是國內他處共574間啤酒製造商的兩倍；而對外發行的啤酒釀造業當時集中在南方。

十七世紀後期的倫敦，一種稱為「琥珀」或「兩便士」的啤酒是不使用啤酒花愛爾的最後遺跡。它帶有一點啤酒花，但比富酒花風味並很快會被稱為「波特啤酒」的栗棕愛爾少得多了。古書充滿對當時優質烈性啤酒的讚頌，雖然暱稱很多，但比較直白的說法便是「棕色」或「堅果棕」愛爾。儘管十八

較烈的啤酒分為兩部分，輕啤酒與舊啤酒；
前者可解渴，但後者就像將水倒入鐵匠的熔爐，飼養著更多怒火；
陳年過頭的啤酒會在醉鬼身上熔出洞來，就像鏽侵蝕鋼鐵；
或使我的技藝失靈，而所寫的文字都會成為笑柄。
——約翰・泰勒，《水上詩人》（*The Water Poet*, 1630）

賀加斯（Hogarth），〈琴酒巷〉（Gin Lane，左）與〈啤酒街〉（Beer Street，右）
十八世紀烈酒生產與銷售無須執照，兩圖為當時英國社會評論者對此社會現象
做的衝擊性看法。可見啤酒長期以來被視為一種溫和的飲品。

世紀的情況艱困，此時期仍是英格蘭美好往日的啤酒經典時代之一。在那之後，懷念此時代的懷舊情懷，便貫串了英國啤酒文化。

然後，波特啤酒出現。就和工業化一樣，波特啤酒的故事容後討論（第161頁），而此時啤酒世界進入一個前所未見的現象。便宜、強勁、充滿風味，而且大致有益健康，波特啤酒適合當時的氣氛，而且繁衍出整個持續至今的黑啤酒家族（包括司陶特啤酒）。

出口國

自十五世紀後期以來，對不列顛啤酒而言「出口」的影響相當重要。當時不列顛啤酒製造商已經熟習釀造使用啤酒花啤酒的技術，甚至足以將啤酒花啤酒回銷到啤酒花原產國荷蘭。隨著帝國成長，將各式商品（包括啤酒）銷售到世界各地的機會也增加。更有利的是，出口船隻的貨艙空間要比進口來得便宜，而通常船艙底處也需要沉重的品項穩定船隻。因此，哪裡有英國人，哪裡就有渾熟的英國啤酒酒桶與酒瓶。最著名的例子在印度，當地派駐了大量的士兵、貿易商與官員。英國啤酒早在1630年代便輸送至印度。一開始只有涓涓細流，隨著需求增加，成了一股洪流。初期輸送的是深琥珀色或棕色愛爾，但當波特啤酒席捲全英之後，較烈的波特啤酒也輸往印度。

真正知名的出口故事始於十八世紀中葉，而主角就是淺色愛爾與後來的印度淺色愛爾。1780年代初期，一位名為霍奇森（Hodgson）的倫敦啤酒製造商，開始出口琥珀色且大量使用啤酒花的桶裝十月啤酒。這是一種專為長期存放而

英格蘭啤酒在尼德蘭和下日耳曼相當有名，
以大麥和啤酒花製成，英格蘭盛產啤酒花，然而他們也使用
法蘭德斯啤酒花。下日耳曼濱海的城市禁止公開銷售英格蘭啤酒，
好讓當地啤酒製造商滿意，但私底下如瓊漿般品飲。
但到了尼德蘭，消費力大到不可思議。
——費因斯·莫瑞森（Fynes Moryson），《遊記》（*Itinerary*, 1617）

設計的烈性啤酒。它可以適應六個月的海上航程，並以絕佳狀態抵達港口。沒有證據顯示當時有特別為印度出口市場開發的酒譜。在四十年來的大受歡迎後，經營啤酒廠的兒子變得貪心，進而喪失英國東印度公司的寵愛，而英國東印度公司正是控制英國與亞洲領地貿易的強大壟斷者。

與此同時，北方特倫河畔波頓鎮的啤酒製造商，自十三世紀以來就因獨特而硬度頗高的水源，得以製造烈性愛爾而聞名。西元 1800 年初，一項運河計畫打開了一條自波頓入海的可靠路線，而波頓的啤酒製造商，也大量增加甜美深色啤酒的產量，準備輸往波羅的海與俄羅斯。1822 年，與俄國的往來因高關稅壁壘而瓦解，但此時倫敦霍奇森留下的 Hodgson 公司的動盪剛好使印度市場門戶大開，波頓的 Allsopp 啤酒廠很快地抓住了這個機會。

Hodgson 的啤酒顏色較淺且富酒花風味，和當時的波頓啤酒非常不同。這些甜美的深色啤酒發酵度可能低到 50%，所以必須費點工夫發展一款顏色較淺、較爽冽的啤酒，足以取代倫敦啤酒。波頓充滿石膏的水源，其實比倫敦更適於釀造色淺而富酒花風味的啤酒；

第一款酒譜據說是在茶杯裡發展完成。

運往印度的新款波頓淺色愛爾，遵循酒花使用量越多，啤酒就能放越久的通則，因此酒花使用量比國內酒款更高。Bass 啤酒品牌的行銷文案就有一則著名的故事，描述裝有印度淺色愛爾的酒桶，從前往印度的沉船打撈上來後，受到英國大眾的熱烈歡迎。雖然這則故事有些歷史問題，但當時大眾確實是在某個時間點開始了解印度淺色愛爾，而這款顏色較淺、較爽冽的啤酒也廣獲肯定。就像先前的波特啤酒，這印度淺色愛爾也以野火燎原之勢散播開來，到了十九世紀中葉，淺色和印度淺色愛爾已經取代波特啤酒，成為英格蘭的流行啤酒了。

以晚近的標準而言，十九世紀中葉的英國啤酒可謂相當烈。喬治·阿姆辛克（George Amsinck）詳盡的啤酒釀造紀錄指出，1868 年的酒精濃度可從 5% 的單倍司陶特啤酒、柔或流通愛爾，到厚實達 13.8% 的「倫敦愛爾」，還有許多啤酒在 5.5～7% 的範圍，遠比今日的英國啤酒高上許多。阿姆辛克身為對英國啤酒製造商直言不諱的批評者，他看到了啤酒的走向且並不喜歡。他更在《實用啤酒釀造》（*Practical Brewings*,

1868）中寫道：「啤酒製造商創立了一個低階啤酒釀造體系，容許愛爾和所有價格在其之上的酒款大幅度地折扣降價⋯⋯這些支出多數狀態下必定無法創造任何利潤。」

現代啤酒類型的根源

1880年，麥芽稅廢止，改由依麥汁原始比重（和酒精含量大致相符）課稅的制度。此項級進制度持續至今，而且將啤酒推向越釀越輕的效果，這股潮流在接下來的半世紀還會加速。

在英格蘭維多利亞時代後期，大部分的啤酒類型都有販售多種強度。淺色和深色啤酒的強度皆以一至多個X表示，最高到「XXXX」。「苦啤酒」就是此啤酒類型的稱呼，這個稱呼來自十九世紀中葉消費者對新的淺色愛爾和印度淺色愛爾的俗稱。「K」則主要在南方用來標示一系列色淺、乾爽而稍微沒有一般淺色愛爾那麼苦的啤酒。就和「X」啤酒一樣，它們也自成一系列，從「K」約1.045的原始麥汁濃度（11柏

烈性啤酒的古英文名

史汀哥（Stingo）
惡霸（Huffcap）
尼匹達頓（Nipitatum）
上腦（Clamber-skull）
龍乳（Dragon's milk）
瘋狗（Mad-dog）
翹腳（Lift-leg）
天使食糧（Angel's food）
大步開（Stride-wide）

拉圖度或11°P），到「KKKK」約1.090的原始麥汁濃度（24柏拉圖度）。隨時間經過，一度各成一脈的淺色愛爾、苦啤酒和K啤酒，由於一個半世紀以來的通稱法、地區差異、操之過急的經銷商，和任何文化產品都有的趨勢，已經無可救藥地糾結在一起。到了十九世紀後期，波特啤酒已經是風燭殘年。啤酒光譜中真正的深色端，現在則被它的後裔司陶特啤酒取代。它自豪地以黑色專利麥芽（或是愛爾蘭的黑色烤大麥）釀造，對廢止老式的棕色麥芽與長期發酵毫無歉意。擠進來取代波特啤酒位置的「柔愛爾」（這個詞非常古老）意指沒有因為長期存放於木製容器而變酸，並在相對新鮮狀態下自酒廠售出的啤酒。但在十九世紀後期，柔愛爾是一種以顏色稍深於淺色愛爾麥芽的麥芽釀製，添加少許黑色麥芽調色，並在發酵槽加糖

柱型（pillar）愛爾杯
這些透明的杯子很受歡迎，它們成功展現十九世紀中葉淺色啤酒鮮亮的模樣。

削減酒體的啤酒。在倫敦，它們通常調成深紅棕色，但其他地方則有淺色柔愛爾。和當時的淺色愛爾相較之下，柔愛爾的啤酒花用得不多。和大多數啤酒一樣，柔愛爾也有多種強度，但在 1871 年達到最高約 1.070 的原始麥汁濃度（17柏拉圖度）後，就在下個世紀慢慢降下來了。

世界大戰對英國啤酒十分嚴峻。經常性的匱乏、配給與配合戰爭生產的壓力，都意味啤酒比重下降和酒館營業時間縮短，而同時價格上升，情況甚至隨著戰爭進行而更加重、緊張。到了 1918年，政府要求所有啤酒的半數強度不得超過 1.030，即少於 3% 的酒精含量。啤酒廠、啤酒和稅率再也沒有回到戰前的情況。再加上啤酒開始被視為老派飲料，缺少調酒的摩登光彩與葡萄酒的經典感。種種壓力又再助長了兼併的力道，導致許多啤酒廠關閉。

1930 年代後期，啤酒消費有所增加，但戰爭再度降臨歐洲。第二次世界大戰的影響與第一次相似：啤酒變得更輕、價格更高，這次還帶點針對的意味。德國的轟炸摧毀了許多酒館和啤酒廠。戰爭結束後，大量重建工作尚待完成，啤酒釀造進展的緩步侷限超過十年。到了 1950 年，英國啤酒廠總數不到1940 年的三分之一。

1900 年，所有經典啤酒類型大抵就位，它們在過去的一世紀中也有起有落，二十世紀不太可能為其中任何類型增添什麼。英國啤酒與 1900 年相較之下，顯得更輕、更不苦、使用更多輔料，且較不多樣化。責難聲四起，但這些影響來自於更為強大的社會力量，許多國家也面臨相同問題。

真愛爾重生

1960 年代以前，人們對啤酒以及啤酒往日多彩時光的重視大多只能妥協於時勢。此時，英格蘭傳統的真愛爾即將被取代，換上經罐車運送注入酒館酒窖中大型出酒槽的呆板桶裝啤酒。我們在第 6 章提到的真愛爾，為在到達酒館時還在發酵的啤酒，這樣少量且持續的發酵會在酵母沉降前為啤酒充氣。因此這些桶內熟成的愛爾並未經過巴氏滅菌或過濾，也造就了更複雜、微妙的啤酒。在科學上，自然充氣的具體優點意見不一，但經由自然程序產生便是件好事。

真愛爾促進會為了積極遊說支持桶內熟成愛爾的傳統，在 1972 年成立。現代商業勢力為何反對真愛爾的理由其實很簡單。它守舊、複雜又沒效率。酒桶並不一致，因此需要精湛技藝才能獲得傑出的啤酒。保存期限也很有限，在幾天後，啤酒就會顯得含氣量不足而死板（可能也會太酸）而無法銷售。另一方面，為何會有一群人願意付出時間努力保有並推崇真愛爾的原因也很簡單。微妙而纖滑如絲，傑出的真愛爾有種生命感，也充滿讓人享受迷人的一杯後還想來一杯的深度。啤酒世界裡沒有其他東西能像真愛爾。

真愛爾促進會確實做到了阻止其絕跡。但其他飽含氣體的桶裝啤酒，仍然

為數不少。拉格在英國是門大生意，而且還在成長。真愛爾雖然保存了下來，但現在已不再是主流的特色啤酒，而且我猜也不會再有機會變成主流了。不過，這也不是那麼糟。只要還是有了解真愛爾的優點且願意多花心思取得的人存在，並構成具成長潛力的市場，就有錢可賺，而真愛爾就可以長存不息。

愛爾的滋味

所有在此描述的啤酒類型，都是長久以來與英格蘭、蘇格蘭或愛爾蘭愛爾相關的頂層發酵酵母品系發酵而成。由於它們的發酵溫度介於室溫和酒窖溫度之間，傾向展現出比拉格更具水果、香料感的性格。酵母品系的變化廣泛，但較不如比利時親戚奔放。許多英系酵母的魔力，展現在強化麥芽、啤酒花和啤酒中其他成分的風味。有些會加強綿密的麥芽感，其他則會強調某些麥芽的木質感，或啤酒花爽冽、生鮮的精華。

1700 年前後至 1847 年間，英國愛爾依法須是全麥產品。在那之後，才允許使用糖或其他輔料。英國啤酒製造商也從那時開始採用輔料。輔料有好有壞；少量時，小麥或燕麥之類的穀物能增添美味、綿密的質地，並改善酒帽持續力。糖、米與玉米粗粉會使酒體變薄，釀造出較輕盈、較不占胃（就是更易飲）的啤酒。這是否是好事則見仁見智，但由於多數輔料都比大麥麥芽便宜，這種誘惑總是會讓財務部門希望釀造總監能用多一點輔料。這也確實是品飲英式愛爾要注意的。

麥芽本身偏向爽冽、輕快，並帶點烤麵包氣息，即便淺色啤酒也是如此。一般常可在德式深色拉格中找到的綿密焦糖感，在此並不明顯。烈性蘇格蘭愛爾則是例外之一，此類型的豐富麥芽風味是主要迷人之處。

淺色愛爾家族的成員都以明顯的啤酒花做為主要特色。英系啤酒花家族在飽滿且新鮮的香料感有相似之處。實際上，英國啤酒製造商也使用大量的進口啤酒花，但會避免在香氣跨越傳統界線的方式；換句話說，不會過度使用 Cascade 之類的美系酒花品種。過去波特和司陶特之類的深色啤酒也具有相當鮮明的酒花風味，但現今已較少，這些深色啤酒中只有愛爾蘭司陶特保有一點原本的苦味。

在美國，很少能碰到侍酒得當的英式愛爾，也很少有桶內熟成特色啤酒成功越洋，而許多抵達美國的也只剩些許活力了。Bass 和其他大酒商的桶裝啤酒通常含氣太多，侍酒溫度太低。如果能控制在 10～13°C 會正好。你可以拿起叉子，快速地攪打啤酒以去除一些氣體。在美國當地的最佳選擇可能是找到以經典方式生產傳統類型的美國精釀啤酒廠，並且買一杯桶內熟成的啤酒。

**愛爾必須擁有的特性：
新鮮而清澈，不該黏稠或有煙味，
也不該沒有價值和故事。**
——安德魯・柏得（Andrew Boorde），
《簡要管理或飲食健康》（*A Compendious Regiment or a Dyetary of Helth*, 1542）

淺色愛爾和苦啤酒

如前所述，這些關係密切、命名方式有點讓人混淆的愛爾，構成了一個混雜的家族。「淺色愛爾」一般更常用於強度較高的瓶裝啤酒，但也有許多桶裝版本。「苦啤酒」可能橫跨所有強度，雖然這個詞通常指桶裝啤酒，但也有包裝上市的版本。「一般」、「精選或特級」與「烈性特級」（ESB）的稱呼用於強度相對增加的啤酒，但此規則並非舉世皆然，而許多啤酒廠也只提供兩種，而非三種。

這個頂層發酵啤酒家族在第一次世界大戰後，便大致維持一樣的形式，雖然仍有些許變動。就風味而言，這些啤酒的基礎為帶堅果特徵的「淺色愛爾」，以及常有烤麵包氣息的輕度烘烤麥芽。它們大多屬於輔料啤酒，因此也擁有爽冽、易飲的特質。此類型名為「苦啤酒」也並非巧合，啤酒花在其中總是扮演重要角色，有時甚至有戲劇性的影響。英式啤酒花是必備的，至少在香氣上是如此。

經典苦啤酒
Classic Bitter

源起： 1850至1950年間發展成為桶裝淺色愛爾，並隨著時間逐漸降低強度和酒體。如前所述，它有一系列分界模糊的子類型。通常除了麥芽外，也會使用輔料，以減輕酒體並增進易飲性。目前以真愛爾型式以酒桶提供表現最佳。儘管比重低，酒譜又有輔料，這些啤酒的佼佼者仍然誘人、複雜而有魅力。

所在地： 不列顛群島，特別是英格蘭；許多美國和加拿大精釀啤酒製造商也生產可靠的傳統版本

風味： 新鮮啤酒花加帶堅果味的麥芽感，尾韻爽冽

香氣： 首先是啤酒花，加上帶堅果或木質感的麥芽；香料和果香也相當明顯

平衡： 偏向啤酒花或麥芽；尾韻苦

季節： 全年

搭配： 各樣食物；烤雞或烤豬；配咖哩是經典

建議嘗試酒款： 此類型的真愛爾形式真的不同凡響。也許可在特色酒吧或當地自釀酒館找到。可尋找酒款：Coniston Bluebird Bitter、Ridgeway Ivanhoe、Harviestoun Bitter & Twisted、Royal Oak、Anchor Small Beer、Goose Island Honker's Ale、Deschutes Bachelor ESB。

比重： 一般：1.033～8（8～9°P）；精選／特級：1.038～40（9～10°P）；烈性特級：1.046～60（10～15°P）

酒精濃度： 一般：2.4～3%；精選／特級：3.3～3.8%；烈性特級：4.8～5.8%

發酵度／酒體： 非常乾爽至中等

酒色： 8～14°SRM，淺至深琥珀色

苦度： 25～55 IBU，中等至高

我嘗過德國白酒和波爾多紅酒，馬得拉（Madeira）和摩賽爾，
這些虛矯的葡萄酒沒有一支能振作弱者；
事實非常清楚，從頭到尾的任何苦痛，
所有疾病都能被耀眼的苦啤酒制服。
——麥克拉蘭（MacLaghlan）

經典英式淺色愛爾
Classic English Pale Ale

如前所述，幾乎不可能將淺色愛爾自苦啤酒家族完全區分出來，但既然競賽都這麼做，我們也這麼做吧。整體來說，淺色愛爾是比苦啤酒更結實的啤酒，但有很大部分的特性重疊。相較於苦啤酒，更有可能找到淺色愛爾的全麥版本。美國啤酒製造商喜愛這類型，也生產出自己的版本。許多美國精釀的酒款也很適合英國的口味，但部分屬美式。多數美式風格較烈且總以全麥釀造，但真正的不同在於啤酒花。正規的英式淺色愛爾應展現英系啤酒花的特色。

源起：源自於英格蘭鄉間釀製的琥珀色「十月」啤酒，在1800年前就廣受倫敦大眾歡迎。此類型也與北方城市特倫河畔波頓鎮變得極為緊密，最後傳至全英格蘭，並成了國啤。西元1870至1920年間此類型經歷了比重的大幅度下滑。

所在地：英格蘭；美國也有可靠的傳統版本

風味：爽冽（水源影響）、帶堅果味的麥芽、啤酒花辛香

香氣：乾淨的麥芽加上一大帖辛香或藥草調性的英系啤酒花

平衡：均衡，或乾爽、苦；尾韻乾淨

季節：全年

搭配：各式各樣的食物；肉派；英式起司

建議嘗試酒款：和各種苦啤酒一樣，試著找到此類型的桶內熟成，或經適當瓶內熟成的版本。可尋找酒款：O'Hanlon's Royal Oak、Whitbread Pale Ale、 Firestone Walker Double-Barreled Pale Ale、Odell 5 Barrel Pale Ale。

比重：1.044～1.056（11～14°P）

酒精濃度：3.8～6.2%體積比

發酵度／酒體：爽冽、乾爽

酒色：5～14°SRM，金至琥珀色

苦度：20～50 IBU，中等至高

印度淺色愛爾（IPA）
India Pale Ale

屬於較廣義淺色愛爾家族的一部分，類型之間還可能有點重疊。在任何啤酒製造商的產品線，IPA一定比自家的淺色愛爾酒色較淺、較烈、較苦，與此類型的發展歷史一致。但想要辨別它們可能有點棘手，因為某家啤酒製造商的淺色愛爾可能如同另一家的IPA。另外，美國版本的IPA較為健壯，有著美系啤酒花辛辣、帶松針、葡萄柚調性的香氣。

源起：大約在西元1780年，倫敦釀酒師喬治·霍奇森（George Hodgson）將十月愛爾運往印度，而發展成真正的印度淺色愛爾。1830年，霍奇森公司被逐出，而特倫河畔波頓鎮的啤酒製造商則發展出更爽冽的版本，成為此類型的標準。

所在地：英國、美國精釀啤酒廠

風味：擁有許多麥芽風味，但由啤酒花主導；即使在最苦的酒款也該有某種意義的平衡

香氣：英系啤酒花辛香感最為顯著，加上帶堅果味麥芽的良好支撐

平衡：總是富酒花風味，但程度不同

季節：全年

搭配：強健、香辣的食物；像紅蘿蔔蛋糕一樣扎實、甜美的甜點

建議嘗試酒款：Burton Bridge Empire IPA、Meantime India Pale Ale、Goose Island India Pale Ale、Summit India Pale Ale、Wild Goose India Pale Ale。

比重：1.050～1.070（12～17°P）

酒精濃度：4.5～7.5%體積比

發酵度／酒體：爽冽，但可能些許麥芽豐厚感

酒色：6～14°SRM，金至琥珀色

苦度：40～60 IBU，高

波頓愛爾

是印度淺色愛爾顏色較深的親戚，波頓啤酒製造商於印度淺色愛爾巨大風潮來襲前釀造。這些啤酒飽滿、呈深琥珀甚至棕色，有許多殘餘糖分，原始比重也經常相當高。雖然此啤酒類型十分不受注目，仍有一些商業酒款，這些酒款也值得更多人認識。不過，容易造成困惑的是，「波頓愛爾」一詞被用於代稱淺色或印度淺色愛爾的商業酒款。

英式金黃或夏季愛爾
English Golden or Summer Ale

在冗長、枯燥的一個世紀之後，能看到一些來自英國啤酒製造商的新點子真是太好了。

源起：近期來自英國較小啤酒廠，基本上可算是輕量化的IPA，設計成爽冽、解渴的啤酒，以共同對抗拉格浪潮

所在地：英格蘭、美國精釀啤酒廠

風味：明亮、乾淨的淺色麥芽；堅實的酒花尾韻

香氣：乾淨的麥芽加上啤酒花辛香

平衡：均衡到中度酒花

季節：夏季

搭配：各式各樣的食物；雞肉、海鮮、香辣的料理

建議嘗試酒款：Hopback Summer Lightning、Wychwood Scarecrow Golden Pale Ale、Tomos Watkin's Cwrw Hâf（威爾斯語的夏季愛爾）。

比重：1.036～1.048（9～12°P）
酒精濃度：3.6～5% 體積比
發酵度／酒體：乾爽、爽冽
酒色：4～8°SRM，淺金至琥珀色
苦度：20～28 IBU，中等

蘇格蘭愛爾

蘇格蘭啤酒（Scottish Ale）和它們的英格蘭親戚關係密切。雖然有些許差異，但它們都主要來自相同的傳統，而且隨著工業化進展，啤酒也變得更為相似。

我們對蘇格蘭愛爾的標準印象是甜美、啤酒花使用量少、呈深紅色的啤酒，也確實有此模樣的典型酒款。但今日的蘇格蘭啤酒展現了許多變化，而且在一個世紀多以前，愛丁堡就是以和波頓相似的水源，釀出乾爽且帶礦物感的淺色愛爾而聞名。

由於北方氣候比較涼爽，蘇格蘭啤酒的發酵溫度通常比英格蘭啤酒低。因此蘇格蘭愛爾展現的水果與香料調性會少於英格蘭愛爾，麥芽性格也因此更為明顯。蘇格蘭也有種植啤酒花，但蘇格蘭的緯度較高，目前並沒有大規模栽培。不論是因為蘇格蘭人不想付錢給英格蘭人或是其他理由，蘇格蘭愛爾的啤酒花用量通常較少。

身處於英式愛爾範疇內的蘇格蘭啤酒命名方式顯得有點讓人困惑。蘇格蘭啤酒有歷史上以先令標示的幾個強度：60/-、70/-和80/-，這曾經是蘇格蘭啤酒一桶的價格，如今已不再使用，三種價格分別對應到輕、重和出口強度，大致和英式苦啤酒的三種價格或強度等級相符。酒精濃度更高的是一種就叫做Scotch ale的啤酒，也稱為「有點重」（Wee Heavy），或以先令標示120/-。唉。

中世紀的蘇格蘭愛爾必定充滿泥煤煙味，此氣味來自烘乾麥芽的燃料。根據古代啤酒釀造文獻，1700年左右的啤酒製造商，喜愛當時新發展出以煤或焦炭間接加熱烘乾麥芽的乾淨風味。他們將沒有煙燻味的啤酒視為進步，而它也就這樣維持了近三百年的時間。一直到最近隨著精釀導向的啤酒製造商開始重新審視根源，再度在蘇格蘭啤酒引進少量泥煤麥芽。值得注意的是，某些啤酒廠的水源因流經泥煤而染上某種程度的泥煤調性，這樣的泥煤調性也可能進入啤酒。

蘇格蘭輕愛爾（60/-）
Scottish Light Ale (60/-)

源起：蘇格蘭桶裝啤酒產品線的低階產品，歷史與英格蘭苦啤酒相似

所在地：蘇格蘭

風味：乾爽的麥芽感；帶焦糖與烤麵包氣息

香氣：乾淨的麥芽感，沒有明顯的酒花香氣；帶點泥煤氣息

平衡：豐滿而富麥芽風味，可能會有點烤麵包感

季節：全年

搭配：較輕盈的食物；簡單的起司，較清爽的鮭魚和雞肉料理

注意事項：可能很難買到，請向當地的自釀酒館確認。

比重：1.030～1.035（8～9°P）

酒精濃度：2.5～3.2% 體積比

發酵度／酒體：輕盈而乾爽

酒色：10～25°SRM，琥珀至深紅棕色

苦度：25～35 IBU，低

蘇格蘭重啤酒（70/-）
Scottish Heavy (70/-)

源起：蘇格蘭桶裝啤酒產品線的中階產品，歷史與英格蘭苦啤酒相似

所在地：蘇格蘭

風味：柔順的麥芽感；帶焦糖與烤麵包氣息

香氣：乾淨的麥芽感，沒有明顯的酒花香氣；帶點泥煤氣息

平衡：綿密的麥芽風味，些微酒花氣息和少許焙烤感，三者達平衡

季節：全年

搭配：較輕盈的食物；簡單的起司，較清爽的鮭魚和雞肉料理

建議嘗試酒款：Caledonian Amber Ale。請向當地的自釀酒館確認。

比重：1.035～1.040（9～10°P）

酒精濃度：3.2～4.0% 體積比

發酵度／酒體：中等到非常輕

酒色：10～25°SRM，琥珀至棕色

苦度：12～20 IBU，低

蘇格蘭出口啤酒（80/-）
Scottish Export (80/-)

源起：蘇格蘭桶裝啤酒產品線的高階產品，歷史與英格蘭苦啤酒相似

所在地：蘇格蘭

風味：酒體雖相對較輕，卻有飽滿的太妃糖、烤麵包麥芽風味；酵母性格收斂；帶點泥煤氣息

香氣：複雜的麥芽；些許可可風味；啤酒花不太明顯

平衡：明顯富麥芽風味，由烤麵包味和少許啤酒花平衡

季節：全年

搭配：較輕盈的食物；風味強度中等的起司，較清爽的鮭魚和雞肉料理

建議嘗試酒款：Belhaven Scottish Ale、McEwan's Export、Odell's 90 Shilling、Samuel Adams Scotch Ale、Three Floyds Robert the Bruce。

比重：1.040～1.052（10～12.9°P）

酒精濃度：4.0～5.2% 體積比

發酵度／酒體：中等偏輕到稍較飽滿

酒色：10～19°SRM，琥珀至棕色

苦度：15～30 IBU，低

有點重（120/-）
Scottish Ale/Wee Heavy

源起：由蘇格蘭愛爾家族的高階成員慢慢演化而來，可能受到波頓愛爾影響，其實是一種深色大麥酒

所在地：蘇格蘭、美國精釀啤酒廠

風味：飽滿、太妃糖般的麥芽風味不斷湧現；酵母性格收斂；有點像波特酒

香氣：宏大複雜的麥芽，混合了太妃糖與柔順的焙烤感；其他香氣不多，但有時帶泥煤氣息

平衡：豐厚而富麥芽風味，可能有點烤麵包感

季節：全年

搭配：太妃淋醬布丁蛋糕和其他扎實的甜點

建議嘗試酒款：Traquair House Scottish Style Ale、Brasserie de Silly Scotch Silly、AleSmith Wee Heavy、Founders Dirty Bastard

比重：1.072～1.085（17～20°P）

酒精濃度：6.2～8% 體積比

發酵度／酒體：飽滿而甜

酒色：10～25°SRM，琥珀至深紅棕色

苦度：25～35 IBU，低

英式棕愛爾

棕愛爾的起源已消失在漫長的時間洪流。人們很早就開始釀造棕色啤酒，但故事要從 1700 年左右說起，當時還可在倫敦喝到不使用啤酒花的舊英格蘭愛爾、琥珀或兩便士啤酒。那時出現了另一種更苦的棕色啤酒，後來變成波特啤酒。即使波特啤酒大獲成功，使用少量啤酒花的深色啤酒，還是在這位廣受歡迎的親戚身旁努力存活了好些時間。數世紀以來，棕和堅果棕兩詞廣泛應用於啤酒，但十九世紀末前，這兩個字詞並沒有變成類型描述或商業用語。

棕愛爾從來不是最受歡迎的啤酒，但總是有消費者會喜歡一款比淺色愛爾多點烤麵包味、少點酒花味的啤酒。這個類型在英格蘭的北方與南方也有點差異，北方的棕愛爾相較之下顏色較淺，也較烈，其實各地間也有微妙的不同。南方棕愛爾的經典酒款現在已經幾乎無法與柔愛爾區分開來，而啤酒世界盃之類的競賽也將它們歸為同一類。

叫吝嗇鬼交出財富，
還有盯著成袋黃金的雙眼；
即使奉上他們所有的財寶，
與我的相比只算貧窮；
我擁有更多，我藏了更多真正的
財富，還有未曾衰減的快樂；
當友情耀眼，當我擁有我的小屋，
以及一杯飽滿棕愛爾。
——約翰・哈蒙德（John Hammond），
〈一杯飽滿棕愛爾〉
（A Glass of Rich Brown Ale）

北方英式棕愛爾
Northern English Brown Ale

所在地：英格蘭北方，特別是約克郡，還有部分美國精釀啤酒廠

風味：帶烤麵包、堅果味，以及一些焦糖調性的麥芽；啤酒花用量低

香氣：複雜而富麥芽感，可能有些焙烤氣息；沒有酒花香氣

平衡：爽冽到微甜；尾韻乾淨

季節：全年

搭配：烤肉和各式各樣的食物

建議嘗試酒款：Samuel Smith's Nut Brown Ale、Goose Island Hex Nut Brown Ale

比重：1.040～1.052（10～13°P）

酒精濃度：4.2～5.2% 體積比

發酵度／酒體：乾爽到微甜

酒色：12～22°SRM，中等至深琥珀色

苦度：20～25 IBU，低到中等

柔愛爾
Mild Ale

柔愛爾原指在相對新鮮、未經木桶陳放的啤酒（第 60 頁）。約西元 1880 年，倫敦的日常愛爾開始傾向日後的柔愛爾。1910 年前柔愛爾並非特定酒色、強度或類型。一戰結束時，柔愛爾一詞已確定代表低比重的社交型啤酒。二十世紀中葉，柔愛爾極受歡迎；1960 年占英國啤酒市場 61%。雖有極少數淺色柔愛爾酒款，但最長壽的仍是呈深紅色的深色啤酒，今日有許多強度。到了 1980 年，柔愛爾已只占英國市場 14%。

所在地：英格蘭北方，特別是伯明罕附近，還有部分美國精釀啤酒廠

風味：稍帶焙烤風味而具焦糖調性的麥芽；啤酒花用量低

香氣：複雜而稍具焙烤、麥芽感，可能有些焙烤氣息；沒有酒花香氣

平衡：富麥芽風味，但有焙烤氣息與爽冽尾韻

季節：全年

搭配：烤肉和各式各樣的食物

建議嘗試酒款：Orkney Brewery Dark Island、Broughton Black Douglas、Wychwood Hobgoblin Dark English Ale、Goose Island PMD

比重：1.040～1.052（10～13°P）

酒精濃度：4.2～5.2% 體積比

發酵度／酒體：乾爽到微甜

酒色：12～22°SRM，中等至深琥珀色

苦度：20～25 IBU，低到中等

英式老／烈性愛爾
English Old/Strong Ale

「老」字一詞可代表兩個意涵。其一，當然是指啤酒在木製容器陳放一年左右，期間沾染上爽口的酸度與各色香氣，如此處理的啤酒被稱為「舊啤酒」，通常與較新鮮的啤酒調和銷售。

近日在英格蘭還有部分酒款以此方式製造，法蘭德斯（Flanders）地區則常見此類型（第 12 章），而品牌 Guinness 也還這麼做，雖然調和分量相當少。

另一種意涵則是琥珀色或棕色烈性啤酒的統稱。此外的其他面向（如酒花使用量）可能差異甚大，而許多啤酒製造商即使以此規則釀造產品，也不會讓酒款冠上「烈性」或「老」的字眼。英式老／烈性愛爾勉強可算是種類型。

源起：來自所有烈性啤酒都會在木桶陳放長達一年的時代

所在地：英格蘭、美國精釀啤酒廠

風味：豐厚而有帶水果調性的焦糖感，少許啤酒花；正確的「舊啤酒」版本有明確的酸度

香氣：水果、葡萄乾調性的麥芽，可能還有些烤麵包、焙烤要素；也可能有些野生酵母性格

平衡：通常偏甜，但也可能均衡

季節：全年，但天候變冷時真的很棒

搭配：烤牛肉和小羊肉等宏大、風味強勁的餐點；也能對付豐厚的甜點

建議嘗試酒款：Gale's Prize Old Ale、Greene King Olde Suffolk Ale、North Coast Old Stock Ale、Pyramid Snow Cap Ale

比重：1.060～1.090（15～22°P）

酒精濃度：5～9.5% 體積比

發酵度／酒體：中等到飽滿

酒色：12～30°SRM，琥珀至深棕色

苦度：30～65 IBU 或以上，中等到高

英式大麥酒
English Barley Wine

源起：另一個古老酒款的後裔，源自釀於鄉間莊園的烈性「十月」愛爾。此字詞由品牌 Bass 在 1903 年首度用於 No. 1 Strong Ale 酒款。類型內變化眾多。

所在地：英格蘭、美國精釀啤酒廠

風味：許多複雜的麥芽，由啤酒花支撐

香氣：飽滿、帶水果調性的麥芽和啤酒花辛香

平衡：富麥芽或酒花風味

季節：全年；冬天最佳

搭配：風味非常強勁的餐點，但搭甜點更好；試試搭配史帝爾頓起司

建議嘗試酒款：O'Hanlon's Thomas Hardy's Ale、J. W. Lee's Harvest Ale、Anchor Old Foghorn、Lakefront Brewery Beer Line Barley Wine Style Ale

比重：1.085～1.120（20～29°P）

酒精濃度：6.8～10% 體積比

發酵度／酒體：中等到飽滿

酒色：10～22°SRM，琥珀至棕色

苦度：40～60 IBU，中等到高

波特啤酒
Porter

你以為自己了解什麼是波特啤酒嗎？我也是。但研究波特啤酒的歷史就像進入理論宇宙學的多維宇宙，那裡有著許多不斷變動的平行世界，隨著時間彎曲和轉變。越是想將它固定，它就越會掙脫出來，再變成完全不同且無法預測的東西。不過，這也帶來許多樂趣。

在波特啤酒還被發明出來前（儘管還有傳說中雷夫・哈伍德與位於蕭爾迪奇的 Bell's 釀酒廠的故事），它已經現身超過三十年，波特啤酒從一群棕愛爾轉變成一個血統純正的栗色啤酒家族，最後因船運工人的熱愛而獲得「波特啤酒」的名稱。但波特啤酒從來就不只代表單一酒款，打從一開始，不論名稱和詮釋都有許多差異。

在將近三世紀的歷史中，波特啤酒幾乎每三十年就有變化。起初為主要由中度烘焙的「棕色」麥芽製成，這帶給酒款飽滿的烤麵包感和豐厚酒體。當使用液體比重計的釀酒師發現這種方式多沒效率之後，大約在 1780 年轉而使用萃取物更豐富的淺色麥芽。但如此一來，便面臨如何保留原本深棕色的酒色問題。雖然大多使用焦糖的方式並不合法，但仍是解決方法。此做法也對啤酒的味道產生巨大的變化。

1843 年，釀酒師兼作家威廉・蒂澤德（William Tizard）表示：「我們這個啜飲啤酒的國家很少有兩間啤酒製造商的產品會在風味和品質方面相似，波特啤酒尤其如此。即使在倫敦，經驗豐富的鑑賞家也真能單憑淺嘗，毫不猶豫地判斷來自哪一家或哪一地區……」

1817 年，丹尼爾・惠勒發明了製造黑色麥芽的烤爐，解決了酒色問題，也再度

改變了波特啤酒。司陶特在整個十九世紀十分興旺，波特啤酒反而顯得徹底過時，司陶特在比重、苦度和酒色都已擺脫波特啤酒。到了第一次世界大戰時，波特啤酒已經奄奄一息。

啤酒評審認證機構（BJCP）和啤酒世界盃的啤酒類型區分，都將波特啤酒又分成兩個獨立的子類型，分別是堅實（robust）和柔順（mild）。我個人認為有點武斷，尤其是因為波特啤酒在品牌Guinness 於 1974 年停產時，就正式宣告在家鄉滅亡。這兩種波特啤酒也似乎沒有清楚的歷史或商業用語來由。在現實中，波特啤酒可以代表範圍相當廣的深棕色啤酒，且沒有任何清楚定義的子類型。有些甚至入侵司陶特啤酒的領域。

源起：西元 1700 年左右的倫敦。波特啤酒被視為第一款工業化的啤酒，較烈的版本稱為司陶特啤酒。

所在地：英格蘭、美國精釀啤酒廠

風味：綿密而具焙烤、烤麵包風味的麥芽，可能富酒花風味

香氣：焙烤調性的麥芽；通常很少或沒有酒花香氣

平衡：麥芽、啤酒花、焙烤感等多種比例結合

季節：全年；在較冷的天氣很棒

搭配：烘烤和煙燻的食物；烤肉，臘腸、巧克力豆餅乾

建議嘗試酒款：Samuel Smith's Taddy Porter、Flag Porter、Deschutes Black Butte Porter、Great Lakes Edmund Fitzgerald Porter

比重：1.040～1.065（10～16°P）

酒精濃度：4.0～6.5% 體積比

發酵度／酒體：中等

酒色：20～50°SRM，棕至黑色

苦度：20～40 IBU 或以上，低到中高

波羅的海波特啤酒
Baltic Porter

源起：這種波特以十八世紀從英格蘭出口到俄羅斯的啤酒為基礎。從許多方面來說，波羅的海波特可說是波特啤酒衣缽的真正繼承者，因為它們已經持續近兩世紀而未中斷釀造。現代版本則是拉格而非愛爾，但因為其與英國版本共享歷史，所以也在此處提及。

所在地：波羅的海地區，包括波蘭、立陶宛和瑞典；美國精釀啤酒廠也有

風味：綿密而具焙烤或烤麵包風味的麥芽，啤酒花使用量少，尾韻相當甜

香氣：柔順而具焙烤調性的麥芽；通常沒有酒花香氣

平衡：麥芽、啤酒花、焙烤感等多種比例結合

季節：全年；在較冷的天氣很棒

搭配：烘烤和煙燻的食物；烤肉，肋排、巧克力蛋糕

建議嘗試酒款：Baltika Porter、Carnegie Porter、Okocim Palone（有點煙燻味）、Southampton Imperial Baltic Porter

比重：1.040～1.065（10～16°P）

酒精濃度：4.0～6.5% 體積比

發酵度／酒體：中等

酒色：20～50°SRM，棕至黑色

苦度：20～40 IBU 或以上，低到中等

所有國家都知道
波特啤酒的發源地是倫敦；
而猶太人、土耳其人、德國人、
黑人、波斯人、中國人、
紐西蘭人、愛斯基摩人、旬尼人、
美國人和拉美人，都團結在
一股對史上最廣受歡迎飲品誕生
城市的敬意之下。

——查爾斯・奈特，《倫敦》
（*London*, 1843）

司陶特啤酒
Stout

司陶特意指烈性黑啤酒，至少可回溯至 1630 年。這個詞原為「大桶啤酒」（stout butt beer），但最後演變為指稱「波特啤酒」。所以所有發生在波特啤酒的歷史，也都算是司陶特啤酒歷史的一部分。司陶特啤酒形成了一個由具深邃、色深與焙烤調性特徵組成的廣泛、多元啤酒家族。

源起：司陶特是波特啤酒之子，但已大幅超越它，有自乾爽至甜、輕至烈的多種子類型。

所在地：英格蘭、愛爾蘭、美國、加勒比海、非洲等——全世界

風味：總是具焙烤調性；可能有焦糖與啤酒花

香氣：具焙烤調性的麥芽；不一定有酒花香氣

平衡：非常乾爽到非常甜

季節：全年

搭配：豐盛、豐厚的食物；牛排、肉派；搭配牡蠣是經典；較烈的版本可搭配巧克力

燕麥司陶特啤酒
Oatmeal Stout

在司陶特啤酒添加生的或發芽後的燕麥，似乎是二十世紀的發展趨勢。燕麥可謂酒款增加非常柔和、飽滿的綿密感和一點餅乾似的堅果氣息。

建議嘗試酒款：Young's Oatmeal Stout、McAuslan St. Ambroise Oatmeal Stout、Anderson Valley Barney Flats Oatmeal Stout、New Holland The Poet Oatmeal Stout

比重：1.038～1.056（9.5～14°P）

酒精濃度：3.8～6% 體積比

發酵度／酒體：中等、飽滿、帶燕麥感

酒色：25～40°SRM，棕至黑色

苦度：20～40 IBU，低至中等

愛爾蘭乾爽司陶特啤酒
Irish Dry Stout

以品牌 Guinness 為例，愛爾蘭司陶特的特徵是使用烤大麥而非烘烤至黑色的麥芽。這原本是一種逃稅手段（未發芽的大麥不像麥芽會被課稅），但這也賦予啤酒一種獨特、鮮明、咖啡般的焙烤感。未經發芽的生大麥也用於現代酒譜，增添啤酒飽滿、綿密的質地，即便是低比重的酒款亦然。

建議嘗試酒款：Guinness draft、Beamish、North Coast Old No. 38 Stout、Three Floyds Black Sun Stout

比重：1.038～1.048（9.5～12°P）

酒精濃度：3.8～5% 體積比

發酵度／酒體：乾爽

酒色：40°SRM 以上，黑色

苦度：30～40 IBU 或以上，中等到高

甜美（倫敦）司陶特啤酒／牛奶司陶特啤酒
Sweet (London) Stout/Milk Stout

司陶特啤酒在它的誕生地發展出一種較輕薄、柔和、甜美並帶焙烤調性的類型。到了二十世紀初，它被當成給病人的飲料，且常常添加無法被發酵的乳糖以增加甜度。

建議嘗試酒款：Mackeson's XXX Stout、St. Peter's Cream Stout、Samuel Adams Cream Stout

比重：1.045～1.056（11～14°P）

酒精濃度：3～6% 體積比

發酵度／酒體：甜美、豐厚

酒色：40°SRM 以上，黑色

苦度：15～25 IBU，低

愛爾蘭出口／烈性司陶特啤酒
Irish Foreign/Extra Stout

這些烈性司陶特啤酒在家鄉以奢侈品販售，但也出口到大英帝國版圖的盡頭，在熱帶地區找到最死忠的支持者，而烈性司陶特啤酒的釀造也遍及牙買加、奈及利亞至新加坡。

建議嘗試酒款：Guinness Extra Stout（瓶裝）、D&G Dragon Stout、Bell's Double Cream Stout、Pike Pub & Brewery XXXXX Pike Stout

比重：1.056～1.075（14～18°P）

酒精濃度：5.5～8% 體積比

發酵度／酒體：中等至飽滿

酒色：30°SRM 以上，深黑色

苦度：30～65 IBU，中等至高

帝國司陶特啤酒
Imperial Stout

更烈，「帝國」的稱呼源於此類型在十八世紀時，廣受蘇俄帝國喜愛。

建議嘗試酒款：Courage Imperial Stout、Harvey's Le Coq Imperial Extra Stout、Great Divide Oak-Aged Yeti Imperial Stout、North Coast Old Rasputin Imperial Stout、Stone Imperial Stout

比重：1.080～1.120（19～29°P）

酒精濃度：7～12% 體積比

發酵度／酒體：中等至飽滿

酒色：35°SRM 以上，黑色

苦度：50～80 IBU，高

Chapter
10

拉格家族

拉格歷史是稱霸啤酒世界的故事，
至少在數量方面的確如此。
釀得好時，拉格可以是啤酒世界
一道真正的光芒。拉格家族含括多種類型：
從蒼白的淺色到深栗色，從瘦弱到強壯，
在較低溫度發酵、以低溫長期儲藏或
「窖藏」是拉格家族的共通特色。
拉格的起源為巴伐利亞和鄰近地區。
直到十九世紀中後期，
拉格以驚人之勢席捲並散布世界各地。

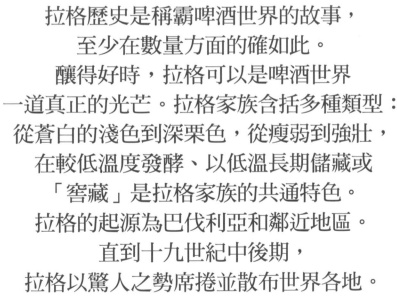

對如此成功的啤酒家族而言，關於它的起源記載卻少得令人吃驚。就和多數啤酒類型一樣，它也有個常被提起但讓人覺得少了點什麼的誕生傳說，其中也不乏真實故事。故事中巴伐利亞的啤酒製造商在天然洞穴或石灰岩丘陵山腳挖出的酒窖中發酵啤酒。隨著時間經過，他們使用的酵母逐漸適應低溫，並在十六世紀以一種新品系的面貌出現。

事實上，早先大部分的啤酒釀造（和其他）活動都是在遙遠的德國北部，如不來梅、漢堡等漢薩貿易同盟的城市中進行。巴伐利亞當時還是落後的鄉村，雖然今日此區已是 BMW 等高精密產業的家鄉，從前的樸素鄉村景色仍為人津津樂道。

世上最早生產使用啤酒花啤酒的是漢薩聯盟城鎮，並輸往北海與波羅的海沿岸地區。當時有兩個涇渭分明的啤酒家族：紅和白。它們之間的差異明顯到擁有各自的啤酒製造商行會。白啤酒使用啤酒花，紅啤酒則仍以傳統的古魯特混合調味料釀造。古魯特是一種包含了香桃木（Myrica gale）、蓍，有時也有杜香，以及許多來自當時烹飪材料中不明香料的混合物。古魯特由教會或其他古魯特特許權所有人以高價出售，也構成了早期的啤酒稅形式。

到了中世紀後期，巴伐利亞北部，特別是紐倫堡，逐漸成為啤酒花交易中心（五百年後仍是）。然而，在巴伐利亞南部，不使用啤酒花的紅啤酒仍居統治地位。重要的是，當時還沒有我們現在所知的德國，而是一群小公國，每個公國都有自己的法律、習俗、重量與測量單位，以及酒桶尺寸。

城鎮艾恩貝克早在十三、十四世紀就因啤酒而聞名。艾恩貝克不在教會控制之下，因此啤酒製造商沒有使用古魯特的義務。身為一座啤酒花交易中心，此地也專精於使用啤酒花的啤酒。許多當地的啤酒都輸往巴伐利亞，並風行一時。這款新的艾恩貝克啤酒，對巴伐利亞的啤酒製造商就像個啟示。回顧歷史，我們也不斷發現在地啤酒製造商仿造進口啤酒的模式一再出現，引進啤酒花的狀況更是如此。艾恩貝克的釀造季節是九月底至隔年五月初，啤酒因此通常在溫度相當低的狀態下發酵，也可能正因如此，讓適應低溫酵母開始發展。

西元 1540 年，公爵路德維（Duke Ludwig）十世自鄰近艾恩貝克的布倫維克（Brunswick）聘請一位北方的釀酒大師，希望他南下巴伐利亞帶來一些啤酒釀造秘訣。不久之後，艾恩貝克卻遭遇了毀滅性的火災，重建的艱辛中斷了德國的南北貿易。但也有跡象顯示巴伐利亞在那之前就吸收了北方的釀造方式：1420 年的慕尼黑市議會年鑑的一段話，被視為其中有提及拉格啤酒之意。西元 1487 年慕尼黑法令（純酒令的前身）頒布，限制啤酒製造商只能使用啤酒花、麥芽和水，表示不使用啤酒花的古魯特啤酒確實一去不再。1553 年，官方發布一道命令，限制啤酒釀造只能在 9 月 29 日至隔年 4 月 23 日間進行，酵母因而持續向低溫發酵的拉格形式轉型。這些寒天中釀製的啤酒當時人稱棕啤酒

（Braunbier），從此慕尼黑也以它們聞名。

啤酒在德國感受到工業革命的影響之前，仍是以較小的「工藝」規模生產，就像世界其他地方一樣。啤酒釀造現代化的重要力量來自德國的小加布瑞·塞德邁爾（Gabriel Sedelmayr Jr.），以及奧匈帝國的安東·德列爾（Anton Dreher），兩人是日耳曼啤酒業的神童。塞德邁爾家族已然身處啤酒釀造業（即啤酒品牌Spaten），而德列爾也在鄰近維也納的施韋夏特（Schwechat）建立同名品牌。他們很快地結為好友，都是二十二歲的兩人在1883年被派往英格蘭，希望他們能從快速工業化的英國啤酒廠中發現什麼。他們也承認自己做了點像是商業間諜的動作，例如製作一根底部有閥門的中空拐杖，並在四下無人時裝滿發酵中啤酒，再帶回旅館分析。想必他們不只在這趟任務玩得很開心，也帶回足以創建啤酒釀造帝國的經驗，今日歐洲仍可見這雄偉帝國的遺跡。

巴伐利亞式拉格花了數百年時間，取代了大部分德國與鄰近國家的頂層發酵啤酒。1871年，巴伐利亞被納入德國便是最後一擊。那時已有許多發展有成的區域性拉格類型，構成許多當前經典拉格類型的基礎。在許多迷人且美味的拉格中，顏色較淺的類型支配了市場。

同一時間的北美，約在南北戰爭的十年前，拉格啤酒隨著德國移民而流行。在那之前，美國一直是烈酒國家。雖然實際消費統計數字非常難以確定，但在1810年，美國政府報告顯示每年每人平均烈酒消費量約為14夸脫（quart）純酒精。當時啤酒的消費量大約只有5夸脫，而酒精含量的比例則大約是70比1。賓州、紐約和麻州等州擁有少數啤酒釀造，但其他地方不是大麥難以種植，就是烈酒便宜到釀造啤酒並不划算。

這些德裔美籍釀酒師的商業理想如同愛國雄心。例如帕布斯特（Pabst）、布希（Busch）以及啤酒品牌Schlitz的威雷恩（Uihlein）兄弟等人，在1870年代便建立了廣大的啤酒經銷網絡，將啤酒

美國啤酒酒標（1890～1940）
這些傑出的版畫捕捉了美國啤酒的活力風格。

帶到南方等當時啤酒仍然稀有的地方。他們利用了幾乎每項新的科技發展，包括蒸汽動力、鐵路、冷藏技術、巴氏滅菌和電報。他們帶著獨有的特質與出色的組織能力，這些早期、大規模的德裔美籍啤酒製造商創建了部分最早的全國性品牌。即使是今天，想要在每個市場保持啤酒新鮮也絕非易事，何況是十九世紀裡以軟木塞手工封瓶的日子，啤酒會裝在木箱乘著火車旅行數千英哩，每數小時都必須停下來補充冰塊，而冰塊則從上個冬天的北方湖泊與河流切下。

美國的德式啤酒早期以深色慕尼黑類型為主。這裡的釀酒師由不同的德國城市獲得靈感，釀造出的酒款名稱像是庫姆巴赫（Culmbachers）、艾爾朗根（Erlangers）、杜賽道夫等。1870 年代，擔任雜誌《美國釀酒師》（American Brewer）編輯的釀造科學家安東·史瓦茨（Anton Schwartz），和啤酒技術學院（Zymotechnic Institute，後來的西伯爾學院）的約翰·艾瓦爾德·西伯爾（John Ewald Siebel）等人，研究並完善了使用減輕酒體原料（如米和玉米）的輔料烹煮方式。同一時間，機器製造玻璃瓶與冷藏等技術，使啤酒製造商可以生產色淺、吱吱作響並適於冰飲的啤酒了。這就是美式含輔料啤酒的誕生過程。一直到禁酒令前，它都占據主宰市場的地位。

美國精釀的經典拉格類型

Deschutes Pilsner（Bend，奧勒岡州）
Victory Prima Pils（Downingtown，賓夕凡尼亞州）
Great Lakes Dortmunder Gold（Cleveland，俄亥俄州）
Two Brothers Dog Days Dortmunder（Warrenville，伊利諾州）
Stoudt's Oktober Fest（Adamstown，賓夕凡尼亞州）
New Glarus Uff Da Bock（New Glarus，威斯康辛州）
Capitol Dark（Middleton，威斯康辛州）
Sprecher Black Bavarian（Glendale，威斯康辛州）
Boston Beer Company Samuel Adams Double Bock

美國拉格的古怪範例……

Capitol Autumnal Fire，琥珀色的雙倍勃克啤酒（Middleton，威斯康辛州）
Dogfish Head Imperial Pilsner（Milton，德拉瓦州）
Rogue Dead Guy，酒花加量的春季勃克啤酒（Newport，奧勒岡州）
Full Sail LTD，烈性金色拉格（Hood River，奧勒岡州）

啤酒技術學院的啤酒
馬克杯（約 1910 年）

這座位於芝加哥的啤酒釀造學校
現在稱為西伯爾學院（Siebel Institude）。
成立於 1872 年，是美國歷史
最悠久的啤酒組織之一。

拉格啤酒的風味

拉格啤酒在較低溫度發酵並熟成，在此環境中酵母代謝的化學反應會慢下來。拉格啤酒中酯類的鮮明水果調性以及各種愛爾發酵產生的化學物質，含量都低得多。事實上，競賽的拉格若是出現任何水果調性都會成為被趕出評判桌的原因。拉格啤酒經過長時間發酵，讓化學物質有許多時間被重新吸收，轉為較不具氣味的化合物，因此風味較為乾淨、不複雜，而更聚焦在麥芽和啤酒花（幾乎只聚焦在此兩者）。拉格的釀酒師讓原料擔起重任，目的就是把各種原料以正確的方式放在一起，然後放手讓原料自行發揮。

愛爾酵母有上百種品系，但拉格酵母僅有密切相關、差異微小的兩群；因此來自酵母的風味和香氣不太會是拉格的主要考量，更不會到愛爾的重視程度。

平衡方面可以落在壓倒性的麥芽風味，到令人神清氣爽的酒花風味之間。具有德系或捷克系性格的啤酒花是多數類型的主要元素。拉格製造商傾向於謹守規則手冊，即使是精釀啤酒製造商也一樣，很少有受到像是英國和比利時啟發的愛爾那般無邊無際地翻玩。我愛製作精良的經典拉格，但我也期盼能看到美國人放鬆點，不要那麼畢恭畢敬。一點創意能讓這個類別在市場更為活躍。

由於多數傳統的歐洲拉格都是全麥釀造，因此可以多加注意麥芽的具體特性。麥芽是帶麵包味？還是有蜂蜜或少許焦糖氣息？擁有如同太妃糖、厚重的焦糖調性？還是烤麵包味或焙烤感？一般而言，不會感受到太多鮮明的烤麵包或焙烤風味，平順是拉格啤酒的座右銘。深色啤酒與淺色相較，苦味傾向較低。不論平衡為何，潔淨、柔順、純粹的酒花香氣與苦味都是主要目標。而拉格酒款的啤酒花被稱為「貴族」啤酒花不是沒有原因的。你可能會從德國的啤酒品牌 Hallertauers 找到高雅、帶藥草感、幾乎有薄荷味的香氣，或是從 Spalter、Tettnangers 和 Saazs 中找到更具辛香調的香氣。這些香氣特性有些是特

屬於某個啤酒類型，所以好好認識手上酒款的啤酒花吧。

從拉格酒款中嘗到的發酵特徵應該不多，任何水果調性都代表發酵溫度太高。一絲硫磺味尚可接受，些許二甲硫醚（DMS，第5章）或許也行，但已經到可辨識奶油氣味就是問題。然而，在你向啤酒製造商抱怨前，請先確定此氣味確實來自啤酒，而不是來自出酒管線。另外，粗糙可以代表許多原因，但水的化學性質嫌疑最大。部分加拿大和第三世界的大麥可能會帶點殼味與酚味的澀感，因此也是那些地區啤酒類型可以接受的風味。

波希米亞皮爾森啤酒
Bohemian Pilsner

源起：皮爾森啤酒的源頭，自此酒款繁衍出數以千計的模仿者。西元1842年，回應當時受歡迎的淺色愛爾，而在捷克城鎮皮爾森誕生。皮爾森啤酒以Pilsner Urquell之名廣為人知，而Urquell意為「原創」。波西米亞皮爾森啤酒類型則是一股新潮流，除去Pilsner Urquell部分複雜的怪味，此時想要找到真正迷人的捷克皮爾森啤酒也越來越難。另外，值得注意的契斯凱布達扎維（České Budějovice）啤酒，長期以來代表著一種稍較輕盈、乾爽、色淺的捷克淺色拉格變體。

當有幸找到真正的波希米亞皮爾森啤酒，可見閃爍著光亮的金色，帶著剛好被新鮮、富香料感的Saaz啤酒花香氣籠罩的複雜焦糖香味。市面上有許多淡而無味的仿製品，所以挑剔點。

所在地：捷克共和國、美國精釀啤酒廠

風味：甜美的麥芽；焦糖氣息；Saaz啤酒花

香氣：乾淨的麥芽加上Saaz啤酒花的香料

平衡：啤酒花特徵從稍微到非常明顯；雖然有時酒花使用量頗為激進，尾韻苦味仍潔淨

季節：全年；但最適合在溫暖天氣享用

搭配：各式各樣較輕的食物；如雞肉、沙拉、鮭魚、德國油煎香腸

建議嘗試酒款：Chechvar（Budvar）、BrouCzech Lager、Radegast Premium Czech Lager、Live Oak Pilz、Lagunitas Pils、Summit Pilsner

比重：1.044～1.056（11～14°P）

酒精濃度：4～5% 體積比

發酵度／酒體：中等

酒色：3～7°SRM，淺至深金色

苦度：30～45 IBU，中等

德式皮爾森啤酒
German Pilsner

源起：德國北部，建立在捷克皮爾森啤酒的成功。較北方的版本更顯苦澀。

所在地：德國、歐洲其他地方

風味：帶藥草感的Hallertau啤酒花；爽冽、平順的麥芽

香氣：乾淨的麥芽加上大量帶藥草感的啤酒花

平衡：均衡、偏乾爽或苦；尾韻乾淨

季節：全年發行；但最適合在溫暖天氣享用

搭配：各式各樣較輕的食物；如沙拉、海鮮、德國油煎香腸

建議嘗試酒款：Jever Pils、Spaten Pils、Harpoon Pilsner、Lagunitas Pilsner、Victory Prima Pils

比重：1.044～1.050（11～12.5°P）

酒精濃度：4～5% 體積比

發酵度／酒體：爽冽而乾爽

酒色：3～4°SRM，稻草色至淺金色

苦度：30～40 IBU，中等

慕尼黑淺色啤酒
Münchener Helles

源起：建立在捷克皮爾森啤酒的成功，此類型來自德國慕尼黑。慕尼黑的啤酒製造商直到 1870 年代才找出以慕尼黑水源釀出傑出淺色啤酒的方式，但即便如此，它仍然帶有太多當地厭惡苦味的影子。

所在地：慕尼黑，美國精釀啤酒廠也有

風味：飽滿、稍帶焦糖調性的麥芽，也具啤酒花氣息

香氣：乾淨的麥芽加上大量帶藥草感的啤酒花

平衡：平均到富麥芽風味；飽滿，尾韻柔順

季節：全年；但最適合在溫暖天氣享用

搭配：各式各樣較輕的食物；如沙拉、海鮮；搭配白香腸是經典

建議嘗試酒款：Spaten Premium Lager、Augustiner Lagerbier Hell、Firestone Walker Lager、Rahr & Sons Blonde Lager

比重：1.044～1.050（11～12.5°P）

酒精濃度：4.5～5% 體積比

發酵度／酒體：爽冽、乾爽

酒色：4～5°SRM，淺金色

苦度：18～25 IBU，低至中等

多特蒙德出口強度啤酒
Dortmunder Export

源起：多特蒙德（Dortmund），德國的出口強度啤酒，是德國境內第一款著名的淺色啤酒。市內的啤酒製造商約在 1845 年開始工業化，到了 1868 年，有位觀察家指出在啤酒方面「多特蒙德之於北德，就像過去巴伐利亞曾可代表全國」。隨著當地啤酒釀造傳統與特殊原料逐漸消失，表示其中必定有些變化產生。1865 年，釀造拉格的「巴伐利亞工序」開始被採用，出產的新款淺色啤酒大受歡迎。令人難過的是，在歷經百年的成功後，如今多特蒙德出口強度啤酒在家鄉已經幾乎滅亡。

所在地：早先在多特蒙德，但現在比較容易在部分美國精釀啤酒廠找到

風味：飽滿、稍帶焦糖調性的麥芽，以及啤酒花氣息

香氣：乾淨的麥芽加上柔順的啤酒花

平衡：完全均衡，飽滿而圓融，且帶有爽冽、具礦物感的尾韻

季節：全年

搭配：各式各樣的食物，例如豬肉；香辣的亞洲、肯瓊、拉美料理

建議嘗試酒款：DAB（Dortmunder Actien-Brauerei）Original、Great Lakes Dortmunder Gold、Two Brothers Dog Days Dortmunder Style Lager

比重：1.048～1.056（12～14°P）

酒精濃度：5～6% 體積比

發酵度／酒體：中等

酒色：3～5°SRM，稻草色至淺金色

苦度：23～29 IBU，低至中等

世界各地的淺色拉格

經典類型之外的淺色拉格相當廣泛，並且在每個國度都擁有稍微不同的特色。以下的名單之外還有很多範例。

中國和印度： 它們傾向質樸，當地的六稜大麥通常增添了一種草味，或有時帶澀感特色。

日本： 整體來說，它們擁有極為乾淨爽冽的完整系列產品。如你所料，米就是最常見的輔料。另外，也有全麥的酒款，而頂級產品首重極力避免粗糙感，此為借自清酒文化的審美觀。

澳洲： 雖然擁有深受英國影響的啤酒釀造文化，但也致力釀出傑出的拉格。該國啤酒屬於國際類型，非常貼近美式含輔料皮爾森啤酒，但常有稍高的啤酒花使用量。來自塔斯馬尼亞（Tasmania）和紐西蘭的啤酒花也有稍微不同的特色，造就了許多紐澳啤酒的獨特香氛。

波蘭： 和捷克啤酒相似，但通常會傾向苦味稍低，且可能稍微多些生穀味。波蘭的啤酒有多種強度，從常見的體積比酒精濃度4.5～5%，到超過9%。我發現酒精濃度落在6.5～7%的酒款最有趣。波蘭種有自己的啤酒花，以及適合當地的品種Lublin。據説此品種和Saaz有親屬關係。

加拿大： 加拿大的主流拉格和美國非常相似，但在酒精濃度稍高，幅度可達0.5%。獨特的加拿大「藍色」六稜麥芽可能會增添一股鮮明、爽冽的生穀味；之所以稱為藍色，因其具有有色的糊粉粒層（aleurone，或稱皮層）。當地生產許多傑出的精釀啤酒，包括多倫多以西的道地皮爾森啤酒、受英國啟發的愛爾，以及受比利時影響的傑出魁北克啤酒。

墨西哥和拉丁美洲： 多數是標準工業化類型，使用許多輔料削減酒體，因此相當能解渴。來自墨西哥的Bohemia和Negra Modelo品牌，以及瓜地馬拉的Moza（勃克類型拉格），都是傑出的酒款。令人興奮的精釀啤酒也正在拉丁美洲成形。

酒窖啤酒

許多德國啤酒廠推出的未過濾版本酒款，都只在酒吧供應。
這些酒款帶著些許乳白的混濁，嘗起來非常新鮮，而且酒體通常比經過濾的相同酒款
再飽滿一點。酒窖啤酒（Kellerbier）相當於德國的真愛爾，
嘗過酒窖啤酒後，便可以體會過濾帶走了多少。

美國禁酒令前的皮爾森啤酒

　　第一次世界大戰之前，美國的主流啤酒與今日相較之下較具特色。比重相似或稍高些，若以古董廣告和照片中的啤酒酒色評估，當時的啤酒酒色也常較深。啤酒花使用量更是今日的好幾倍。雖然確實存在全麥釀造的酒款，但大部分仍是使用輔料的啤酒，酒譜一般約有20%左右的米或玉米粗粉。

建議嘗試酒款：Yuengling Traditional Lager、August Schell Firebrick Amber Lager、Saranac Golden Pilsner.

比重：1.044～1.060（11～13°P）

酒精濃度：3.5～6.0% 體積比

發酵度／酒體：中等

酒色：3～5°SRM，稻草色至淺金色

苦度：25～40 IBU，中等

美式含輔料拉格
American Adjunct Lager

源起：使用輔料玉米和米的啤酒，在美國可以回溯至1540年。此類型發展於十九世紀後期，並隨著二十世紀而逐漸變得更為纖細。此類型酒款是全球最暢銷的拉格。主要使用的兩種輔料是玉米和米，但通常不會同時使用。在主流品牌中，穀物中約有20%是輔料，使用量隨價格下降而增加；廉價品牌中有時也會用糖做為低價的輔料。輔料用量的法定上限是50%，至少在美國是如此。

所在地：美國；現在已經國際化了

風味：非常少的麥芽，帶有許多氣泡。有幾乎感受不到的苦味，至少在主流美國版本是如此；頂級或歐洲版本可能有股溫和的苦味。酒譜中的玉米會留下一點包覆口腔的圓潤，也幾乎都會有點甜味，添加米的酒款則有較爽冽的尾韻，如果使用量太大，會稍稍帶點澀味。

香氣：帶生穀味的麥芽，有時也有啤酒花

平衡：乾爽，帶有乾淨、爽冽的尾韻

季節：全年，但最適合在溫暖天氣享用

比重：1.040～1.046（10～11.5°P）

酒精濃度：3.8～5% 體積比

發酵度／酒體：爽冽、乾爽

酒色：2～4°SRM，稻草色至淺金色

苦度：5～14 IBU，非常低

拉格啤酒廠

這張廣告海報描繪了十九世紀典型的拉格啤酒廠，約1885年

美式淡拉格
American Light Lager

源起：1940 年代出現，設計為適合女性飲用的低卡啤酒，隨後在菲利·普莫里斯（Philip Morris）、Miller 的母公司以及它們的 Lite 品牌手中，淡啤酒開始男性化。淡拉格的銷售量現在已經超過一般拉格。酒廠使用源於真菌的酵素將所有澱粉轉化成可發酵糖，確保不會有殘餘的碳水化合物，並在熱量最小的狀態產出最多酒精。

所在地：大多在美國；現在已經國際化了

風味：非常少的麥芽，帶有許多氣泡

香氣：少許帶生穀味的麥芽（就這樣，沒了）

平衡：極為乾爽，帶有乾淨、爽冽的尾韻

季節：全年，但最適合在溫暖天氣享用

比重：1.024～1.040（6～10°P）

酒精濃度：3.2～4.2% 體積比

發酵度／酒體：極為乾爽

酒色：1.5～4°SRM，稻草色至淺金色

苦度：5～10 IBU，極低

美式麥芽酒
American Malt Liquor

源起：這類設計為廉價、如同麥芽汁的酒款，釀造方式與廉價工業啤酒一樣使用大量輔料，而輔料經常只有糖。麥芽酒的啤酒花使用量非常少，有時會在裝瓶時稍微添加一點糖分。

所在地：美國

風味：一點麥芽，帶有偏甜尾韻；酒精感明顯

香氣：少許帶生穀味的麥芽氣息，或許還有股偏甜的酒精感

平衡：以酒精抗衡氣泡和一點甜味

季節：全年

比重：1.050～1.060（11～15°P）

酒精濃度：5～6% 體積比

發酵度／酒體：極為乾爽

酒色：2～5°SRM，淺稻草色至淺金色

苦度：12～23 IBU，低

美國「傳統」啤酒廠和老派酒款

美國啤酒廠	老派酒款
Genesee（現在的 High Falls）	Genesee
Joseph Huber（現在由 Minhas Craft Brewery 所有）	Rhinelander、Berghoff
Iron City	Iron City
Point Brewing	Point Special
The Lion Brewery	Stegmaier
August Schell	Schell's、Grain Belt
Yuengling	Yuengling

十月慶典啤酒、
梅爾森啤酒和維也納拉格
Oktoberfest, Märzen & Vienna

源起：西元 1840 年左右由安東・德列爾於維也納首次釀造。不久後，慕尼黑出現類似啤酒，由小加布瑞・塞德邁爾釀造，塞德邁爾後來更在 Spaten 旗下掌理啤酒釀造。梅爾森（Märzen）意指「三月」，一般代表晚春至夏季啤酒釀造停止之前，使用上個秋天啤酒花與麥芽釀造的啤酒。因此「三月」啤酒的概念在德國可能已相當古老，其他地區亦然。第一次十月慶典節於 1810 年舉辦，大概至少在五十年後，才出現以之為名的啤酒類型。因此早期前來飲酒作樂的人，一定是喝著慕尼黑有名的深色啤酒。

早先，這幾種關係緊密的啤酒類型之間，差異應該並不明顯；雖然維也納啤酒製造商使用的麥芽與烘焙程度較高的慕尼黑麥芽相比，顏色淺了些。這時的維也納式拉格雖然已在家鄉不再流行了一段時間，但在奧地利一些小型而剛起步的啤酒廠中出現精釀版本。在德國，十月慶典一詞只能用在某些由慕尼黑市啤酒製造商製造的啤酒。十月慶典啤酒是個不斷變化的類型，近年來顏色越變越淺，也越來越乾爽，轉變程度之大，某些啤酒廠還另外釀造老派的梅爾森啤酒，以滿足喜歡飽滿、帶焦糖味酒款的飲者。另外，美國精釀啤酒製造商也有釀造許多傑出酒款。

所在地：德國、奧地利、墨西哥（歸功於曾受奧匈帝國殖民）、美國精釀啤酒廠

風味：焦糖麥芽，帶烤麵包氣息

香氣：麥芽、麥芽、麥芽！主要以慕尼黑或維也納麥芽釀造，沒有啤酒花

平衡：富麥芽風味，僅稍由啤酒花平衡

季節：主要九月至十月，也有全年發行的啤酒釀造商，特別是在美國

搭配：墨西哥料理等香辣食物；雞肉、臘腸、味道較溫和的起司

建議嘗試酒款：Ayinger Oktober Fest Märzen、Paulaner Oktoberfest Märzen、Live Oak Oaktoberfest、Summit Oktoberfest、Widmer Oktoberfest

梅爾森啤酒

比重：1.050～1.060（12.5～15°P）

酒精濃度：5.3～5.9% 體積比

發酵度／酒體：中等

酒色：7～15°SRM，淺金色至深琥珀色

苦度：18～25 IBU，低至中等

維也納拉格

比重：1.050～1.060（12.5～15°P）

酒精濃度：5.3～5.9% 體積比

發酵度／酒體：中等

酒色：7～15°SRM，淺金色至深琥珀色

苦度：18～25 IBU，低至中等

十月慶典啤酒

比重：1.050～1.060（12.5～15°P）

酒精濃度：5.3～5.9% 體積比

發酵度／酒體：中等

酒色：4～12°SRM，淺金色至深琥珀色

苦度：18～25 IBU，低至中等

慕尼黑深色啤酒
Munich Dunkel

源起：源於德國南方古老的「紅」啤酒。深色啤酒是第一個拉格類型，發展時間可能是十六世紀。在啤酒製造商了解如何處理當地水源之前，釀製淺色啤酒被認為絕不可能，但這樣的水質很適合釀造富麥芽風味的棕色啤酒。最初的啤酒是完全使用琥珀色的慕尼黑麥芽釀

造，但較現代的酒譜常混合了皮爾森麥芽與慕尼黑麥芽，並添加一點黑色麥芽以補償失去的酒色。

所在地：慕尼黑、德國、美國精釀啤酒廠
風味：飽滿的焦糖麥芽、烤麵包調性
香氣：飽滿、複雜的麥芽感；沒有啤酒花香氣
平衡：富麥芽風味，稍以啤酒花與一股帶柔和苦味的焙烤感平衡
季節：全年，在較冷的天氣很棒
搭配：豐盛、香辣的食物；烤肉、臘腸、烘烤肉類；麵包布丁
建議嘗試酒款：Ayinger Altbairisch Dunkel、Klosterbrauerei Ettal Dunkel、Lakefront East Side Dark

比重：1.048～1.056（12～13.8°P）
酒精濃度：3～3.9% 體積比
發酵度／酒體：中等
酒色：15～25°SRM，紅棕至深棕色
苦度：16～30 IBU，中等

美式深色／勃克啤酒

移民釀酒師大部分來自巴伐利亞，隨之而來的是飽滿而富麥芽風味的深色啤酒酒譜。而這些酒譜也逐漸跟著添加玉米或粗粉米而讓酒體變輕，整體酒精濃度也下降。皮爾森啤酒開始發展並逐漸取代深色類型，但深色啤酒仍以極輕薄的版本成功撐到 1970 年代，季節性勃克啤酒更是如此。這些酒款大部分都已經消失了，但 Yuengling 和部分地區性傳統啤酒廠仍然持續釀造。其中一款酒體特別輕的琥珀色衍生酒款 Shiner Bock，就曾是德州 Spoetzl 啤酒廠的熱賣商品。

建議嘗試酒款：Dixie Blackened Voodoo Lager、Shiner Bock、Yuengling Porter

德式黑啤酒
German Schwarzbier

源起：德國某些地方的釀造年代久遠，尤其是在：奧格斯堡（Augsburg）、克斯特里茨（Kostritz）和庫姆巴赫（Kulmbach），它們擁有德國最黑的啤酒。Schwarz 意指「黑」，但某些地區也常用此字詞指稱深色啤酒。此啤酒類型似乎和十九世紀英國波特啤酒的爆紅有關，因為釀酒師與作家拉帝斯勞斯‧馮‧華格納（Ladislaus von Wagner）稱它為「英國克斯特里茨啤酒」（Englischer Köstritzer, 1877）。當時啤酒採用「分組」（satz）糖化的奇特糖化法，過程包括將麥醪長期浸泡在低溫水中，然後在稀麥醪中煮沸啤酒花，這個步驟稱為「暖」啤酒花。

所在地：庫姆巴赫、克斯特里茨；日本也有（黑啤酒）；美國精釀啤酒廠偶爾也有
風味：苦甜兼具，帶有乾淨、柔和的焙烤感
香氣：飽滿而帶焙烤氣息的麥芽感；很少或沒有啤酒花香氣
平衡：富焙烤感和麥芽風味，稍由啤酒花平衡
季節：全年，在較冷的天氣很棒
搭配：豐盛、香辣的食物；如烤肉、臘腸、烘烤肉類；麵包布丁
建議嘗試酒款：Köstritzer Schwarzbier、Kulmbacher Mönchshoff Schwarzbier、Sapporo Black Lager、Samuel Adams Black Lager、Sprecher Black Bavarian Lager

比重：1.044～1.052（11～13°P）
酒精濃度：3～3.9% 體積比
發酵度／酒體：中等
酒色：25～30°SRM，紅棕至深棕色
苦度：22～30 IBU，中等

勃克啤酒酒標（二十世紀早期）
各地的拉格啤酒製造商都熱衷於釀造
勃克啤酒。

歷史類型
德國波特啤酒

罕為人知的啤酒類型，曾在十九世紀中
後期盛極一時，也是英國波特啤酒空前
成功影響之下誕生。根據當時的作家，
其中有兩種分支：甜而富麥芽風味、爽
冽而大量使用啤酒花。兩者原始比重都
在 1.071～1.075（17～19 柏拉圖度）。
拉格和頂層發酵版本都有。

春季勃克啤酒／淺色勃克啤酒
Maibock/Heller Bock

源起：德國南部的艾恩貝克自稱是勃克
啤酒的源點。早在 1613 年出版的《約
翰尼斯・提奧多魯斯香草錄》（*The
Herbal Book of Johannes Theodorus*）便

曾描述此啤酒類型：「酒體薄、風味纖
細乾淨、帶苦味，在舌上產生怡人的
酸度等許多優點」。而威廉十世公爵
（Duke Ludwig X）也曾邀請一位布倫維
克（Brunswick，鄰近艾恩貝克）的釀酒
大師，到巴伐利亞協助建立釀造較烈啤
酒的種種細節。到了十八世紀後期，德
國南部似乎已隨處可見這種啤酒類型。
半個世紀後它遍及全歐，特別是法國。

所在地：德國南部、法國、美國、泰國	
風味：飽滿、綿密的麥芽，尾韻苦味柔和	
香氣：許多麥芽香氣，加上啤酒花氣息	
平衡：飽滿、富麥芽風味的酒體，均衡的啤酒花	
季節：傳統在晚春（五月），但現已全年	
搭配：豐厚或香辣的食物，如泰式料理；起司蛋糕；蘋果卷	
建議嘗試酒款：Einbecker Mai-UrBock	
比重：1.066～1.074（16.5～18.5°P）	
酒精濃度：6.5～8% 體積比	
發酵度／酒體：非常飽滿、豐厚	
酒色：5～11°SRM，金至琥珀色	
苦度：12～30 IBU，低	

深色勃克啤酒
Dark (Dunkel) Bock

源起：比起琥珀色的春季勃克，深色（dark或dunkel）勃克啤酒似乎就是第二種勃克版本。老舊畫像中勃克啤酒的酒色很少比中等琥珀色更深。它們在美國家庭及精釀啤酒製造商的心中似乎比歷史地位更為重要。

所在地：德國南部、美國精釀啤酒廠

風味：飽滿、綿密的麥芽，尾韻柔和、苦甜兼具，並帶可可氣息

香氣：許多麥芽加上柔和的焙烤氣息

平衡：富麥芽風味，稍由啤酒花平衡

季節：傳統在晚春（五月），但現已全年

搭配：豐厚或香辣的食物；臭起司，例如道地的明斯特或塔雷吉歐（Taleggio）

建議嘗試酒款：Einbecker Ur-Bock Dunkel、Weltenburger Kloster Asam-Bock、Anchor Bock Beer、New Glarus Uff-Da Bock、Stegmaier Brewhouse Bock Beer

比重：1.066～1.074（16.5～18.5°P）

酒精濃度：6.5～7.5% 體積比

發酵度／酒體：非常飽滿、豐厚

酒色：15～30°SRM，琥珀至深棕色

苦度：12～30 IBU，低

雙倍勃克啤酒
Doppelbock

源起：由慕尼黑的寶萊納修道院啤酒廠（Paulaner）於1629年以「Salvator」之名創立，市面上也一直以此名通稱，直到二十世紀初，轉為世俗企業的寶萊納決定保有自家名稱。而字尾「-ator」則沿用至今，各地多數啤酒廠常以「-ator」當作雙倍勃克啤酒酒款的結尾。雖然如今它仍是一款宏大的啤酒，但它一度還要厚重許多。為了回應口味的變化，最終比重在過去一百五十年中持續下降，讓啤酒更為乾爽、不甜而更具酒精感。

所在地：德國南部、美國精釀啤酒廠

風味：厚實的焦糖麥芽，尾韻柔和帶焙烤感

香氣：許多複雜的麥芽；沒有明顯的啤酒花

平衡：麥芽，稍具啤酒花與一股柔和的焙烤感

季節：全年；在較冷的天氣很棒

搭配：豐厚、具焙烤感的食物（如鴨子！）；巧克力蛋糕也是完美搭配

建議嘗試酒款：Ayinger Celebrator、Ettaler Klosterbrauerei Curator、Weihenstephan Korbinian、Leinenkugel's Big Butt Doppelbock、Tommyknocker Butthead Doppelbock

比重：1.074～1.080（18～19.5°P）

酒精濃度：6.5～8% 體積比

發酵度／酒體：非常飽滿、豐厚

酒色：12～30°SRM，深琥珀至深棕色

苦度：12～30 IBU，低

煙燻啤酒
Rauchbier

在直火加熱的乾燥爐改良之前，所有麥芽不是帶著煙燻味，就是藉由風乾。雖然有證據顯示挪威等地擁有原始的間接乾燥爐，但1700年之前許多歐洲啤酒

都帶有某種程度的煙燻特性，這樣的煙燻氣息來自烘乾麥芽的木材。同樣地，也有證據顯示當製麥者找出如何以無煙方式烘乾麥芽後，多數地區都不再生產煙燻啤酒，除了巴伐利亞北部的法蘭克尼亞（Franconia）。而以班貝格為中心的地區則是老式煙燻啤酒或煙燻啤酒（rauchbier）的領地。

將此類啤酒列在拉格領域，是因為它們多數都是窖藏（除了小麥啤酒），因此歷史與風味展現也與其他巴伐利亞啤酒傳統共享，唯一的差別就是煙燻特色。乾燥爐使用的木材通常是山毛櫸。這類啤酒會混合煙燻與未煙燻的麥芽，並以各種比例嘗試達到想要的煙燻效果。許多啤酒類型都有釀出煙燻風格，包括勃克啤酒和淺色啤酒，但最常見的煙燻類型是梅爾森啤酒，它飽滿的麥芽感經得住煙燻，並展現獨特的平衡。

描述：見梅爾森啤酒、淺色啤酒、勃克啤酒和小麥啤酒，然後再加上一層乾爽、帶火腿味的煙燻。嗯～液體培根！

建議嘗試酒款：Aecht Schlenkerla的所有產品；Brauerei Spezial Rauchbier、Midnight Sun Rauchbock，以及當地自釀酒館偶爾推出的季節性產品。

歷史類型
岩燒啤酒

　　中世紀的釀酒師沒有金屬製的釀造容器，必須使用木製容器，因此加熱麥醪和麥汁時會遇到無法直火加熱的問題。解決方式就是將加熱的岩石直接投入液體，岩石將熱能傳遞給麥汁的效果

也很不錯。這種古老啤酒類型的最後一絲氣息就在十九世紀後期的卡林西亞（Carinthia），奧地利多山的南部地區。那兒有使用燕麥和小麥麥芽釀造的低比重岩燒啤酒。

德國班貝格地區的 Allgauer 啤酒廠曾釀造一款稱為 Rauchenfelser 的啤酒，但現已轉由 Privatbrauerei Franz Joseph Sailer 釀產此酒款。他們將一種稱為雜砂岩（graywacke）的堅硬砂岩，放在金屬籠中加熱到發白，然後丟進麥汁。麥汁很快地便被煮沸，而石頭也結出厚厚一層焦糖化的麥汁殼，此殼會在發酵過程溶解，並為啤酒帶來一點煙燻、太妃糖的風味。

為了保存此古老釀法，查克·斯凱佩克（Chuck Skypeck）在位於美國曼斐斯（Memphis）、納許維爾（Nashville）和小岩城的柏斯科斯（Boscos）自釀酒館釀造一款 Flaming Stone 金黃愛爾。

Chapter
11

歐陸愛爾 小麥啤酒與 混合發酵啤酒

即使在偉大的拉格祖國，仍舊找得到愛爾。
當然，數百年前所有啤酒都是愛爾，
或頂層發酵啤酒，但大部分都在十九世紀後期
巴伐利亞和波西米亞拉格巨浪
席捲歐洲之前，就被人
遺忘或滅絕了。

愛爾使用的酵母都需要在麥汁頂層才會進行發酵任務。更重要的是，它們喜歡的溫度也比拉格更暖和，通常是18～23°C，雖然適合溫度還是會隨類型而有所差異。在這樣的溫度下，酵母會產生更多具有果香的分子，稱為酯類，以及其他為啤酒增添辛香、水果調複雜風味的化學物。在多數情況下，酵母品系是決定啤酒性格的關鍵。科隆與杜賽道夫兩地的萊茵河谷地的酵母非常中性，帶有精緻的水果調性，再加上發酵溫度維持在愛爾溫度的底限，並進行如同拉格低溫熟成的方式，酵母的影響便較細微。混合發酵啤酒也有相同情形，可用愛爾酵母在較低溫發酵，或以拉格酵母在較高溫發酵。另一方面，巴伐利亞小麥啤酒用的則是特色強烈的酵母，啤酒宛如塞進一整籃的水果：香蕉、泡泡糖與一些丁香般的香料氣息。啤酒其實並未添加這些水果或香料，這就是酵母發揮的神奇香氣魔法。

白啤酒是個廣義的代稱，其中包括不同色調與強度的巴伐利亞酵母小麥啤酒，以及酸而帶刺激感的柏林白啤酒。相較於大麥麥芽釀製的啤酒，小麥啤酒的口感較輕盈，帶有具柑桔調的爽冽感和解渴的尾韻，但沒有使用玉米或米等輔料啤酒的乏味感。白啤酒的淺色和高含氣量亦強化了它的清爽特性。

這些啤酒都是社交型啤酒，能大量飲用。老啤酒（Alt）和科隆啤酒都十分美味，有時在美國找得到，但想要享受它們的極致風味，還是規畫一趟萊茵河畔的旅行吧。那裡的啤酒就放在酒吧或自釀酒館吧台高處的小酒桶，倒進杯壁薄如紙的長身杯後，送到面前的桌上，直到你在杯頂放上杯墊便表示已經足夠，無須再次滿上。

Alt 的字意為「老」，即舊時的啤酒類型。杜賽道夫老啤酒之外還有許多老啤酒酒款。例如 Pinkus Müller 釀產一種淺色版本；另外，位在漢諾威的 Lindener Gilde 還釀有一種琥珀色變形版本（據說受到一度流行的漢諾威酸啤酒啟發），該啤酒廠由漢諾威酸啤酒的發明人寇德・布洛罕（Cord Broyhan）在1546 年成立。多特蒙德一度也以老啤酒城著稱，一世紀前就以它的烈性亞當啤酒（Adambier）聞名於世。由於啤酒廠的兼併與市場開始皮爾森化，如今越來越難找到多特蒙德老啤酒了。

小麥啤酒的名字

Weis、Weiss、Weisse：都是德文的「白」。長久都用於描述色淺且混濁的啤酒，其中含有小麥，而可見於歐洲北方各處。

Weizen：德文的「小麥」，指的是白啤酒的巴伐利亞或南德形式。

Hefe：意指「酵母」，且用來指稱含酵母的白啤酒，是目前最流行的形式。

Kristal：指清澈透明的小麥啤酒。

科隆啤酒
Kölsch

Kölsch 為法定標示。只有在科隆市內，且遵守相關規定的啤酒製造商才可以使用這個名字，但此名稱的保護似乎沒有擴展到美國，到了美國，科隆啤酒成了色淺、富柔和啤酒花風味，但不是拉格的啤酒通稱。科隆啤酒爽冽，但不銳利；平衡，但不過苦。香氣中有股怡人的微妙果感，口感偏乾而有時帶點來自添加少量小麥（並非所有啤酒製造商都有添加）的綿密感。新鮮、誘人，而且從不讓人生膩，它是世上最傑出的社交型啤酒之一。部分美國精釀啤酒廠也將它列入產品線，通常以夏季款推出。

源起：科隆、德國；現在的形式大概始於 1800 年代後期

所在地：科隆、德國、美國精釀啤酒廠

風味：乾淨、新鮮的麥芽；啤酒花位居幕後

香氣：乾淨的麥芽加上一點貴族啤酒花、水果香氣

平衡：均衡；柔和偏苦的尾韻

季節：全年，但適合在溫暖天氣享用

搭配：各式各樣較輕的食物，如雞肉、沙拉、鮭魚、德國油煎香腸

建議嘗試酒款：Reissdorf Kölsch、Gaffels Kölsch、Goose Island Summertime、Saint Arnold Fancy Lawnmower Beer

比重：1.042～1.048（10.5～12°P）

酒精濃度：4.8～5.3% 體積比

發酵度／酒體：輕到中等

酒色：4～5°SRM，淺至中等金色

苦度：18～25 IBU，低至中等

杜賽道夫老啤酒
Düsseldorfer Altbier

棕色頂層發酵啤酒在德國下薩克森地區的萊茵河沿岸，建立了行之已久的傳統。現在的杜賽道夫老啤酒似乎來自一種曾在十九世紀深受喜愛的古老類型：收穫啤酒。

經典的老啤酒是日常強度的銅色全麥愛爾，可能極為乾爽或富柔和麥芽風味，但都有股尖銳的酒花苦味，酒花香氣反而較少。就像科隆啤酒，酒吧裡的老啤酒也從酒桶倒入高而薄的杯子。

無論是進口或美國精釀的杜賽道夫老啤酒都很罕見，但製作精良的酒款是很有說服力的社交型啤酒。每年的秋季和冬至，啤酒廠會製造稍微烈些且稱為秘密（sticke）的版本，並悄悄地發行，回饋給愛好者。進口美國的杜賽道夫老啤酒除了其中的一種版本外，還有當地並不存在的「雙倍秘密」。另外，位於鄰近德荷邊界伊蘇姆（Issum）的 Diebel 釀酒廠，致力於釀產老啤酒，販售一款可靠的杜賽道夫老啤酒，此酒款在美國許多地區都可取得。

源起：杜賽道夫、德國

所在地：科隆、德國、美國精釀啤酒廠

風味：富麥芽風味但爽冽；強烈的貴族啤酒花

香氣：乾淨的太妃糖麥芽，加上新鮮帶藥草調性的啤酒花

平衡：偏乾爽及苦；尾韻乾淨

季節：全年

搭配：各式各樣調味強度中等的食物，如烤豬肉、煙燻臘腸或鮭魚

建議嘗試酒款：Zum Uerige Sticke Alt、August Schell Schmaltz's Alt、Southampton Publick House Secret Ale

比重：1.044～1.048（11～12°P）

酒精濃度：4.3～5% 體積比

發酵度／酒體：爽冽、乾爽

酒色：11～19°SRM，琥珀至棕色

苦度：25～48 IBU，中等至高

美國乳霜愛爾
American Cream Ale

源起：十九世紀；拉格和陳年啤酒的混調

所在地：美國東部與中西部、美國精釀啤酒廠

風味：柔順、綿密的麥芽；尾韻苦味柔和

香氣：乾淨、帶生穀感的麥芽，啤酒花氣息

平衡：一點甜味；乾淨爽冽的尾韻

季節：全年，但適合在溫暖天氣享用

搭配：較輕的食物與點心；精釀版本經得住更豐郁的食物

建議嘗試酒款：Hudepohl-Schoenling Little Kings Cream Ale、New Glarus Spotted Cow、Rogue Honey Cream Ale

比重：1.044～1.052（11～13°P）

酒精濃度：4.2～5.6% 體積比

發酵度／酒體：乾爽至中等

酒色：2～4°SRM，淺稻草色至淺金色

苦度：10～22 IBU，低至中等

蒸汽啤酒
Steam Beer

蒸汽啤酒是約在拓荒者大量移民至加州、華盛頓州和其他西部地區時釀造的啤酒類型。據說此名稱來自當在酒桶插上出酒頭時噴出的「蒸汽」，這種現象與它的高含氣量有關。蒸汽啤酒的獨特特徵在於這是在早期無法取得冰或沒有冷藏技術的情況下，釀造拉格類型啤酒的一種嘗試。與真正的拉格相較之下，高溫發酵讓蒸汽啤酒較具果感、酯味的風味。

美國目前唯一廣為人知的蒸汽啤酒是品牌 Anchor Steam，由舊金山 Anchor Brewing 公司釀造並將此名稱註冊專有商標。啤酒評審認證機構（BJCP）和啤酒世界盃都將此類型稱為「加州大眾啤酒」（California Common），但此名稱對非加州當地的啤酒製造商是個問題。

源起：美國西部，尤其是加州

所在地：舊金山的 Anchor Steam 是最後一間倖存的蒸汽啤酒酒廠，但其他精釀啤酒廠不時會生產自己的版本

風味：富麥芽風味但爽冽，得益於味道乾爽的 Northern Brewer 啤酒花

香氣：爽冽的麥芽帶有焦糖氣息，由新鮮具藥草感的啤酒花平衡

平衡：偏乾爽且苦；尾韻乾淨

季節：全年

搭配：各式各樣調味強度中等的食物，如烤豬肉、煙燻臘腸或鮭魚。搭配裹椰子粉與麵包粉的炸蝦極佳。

建議嘗試酒款：Anchor Steam Beer、Flat Earth Element 115、Southampton West Coast Steem Beer

比重：1.048～1.056（12～14°P）

酒精濃度：4.3～5.5% 體積比

發酵度／酒體：爽冽、乾爽

酒色：10～14°SRM，琥珀色

苦度：30～45 IBU，中等至高

勃克啤酒酒標（二十世紀早期）

各地的拉格啤酒製造商都熱衷於釀造勃克啤酒。

氣泡愛爾

首先，為各位介紹的是蘇格蘭的氣泡愛爾。《美國啤酒釀造、製麥和經銷》（*American Handy Book of the Brewing, Malting and Auxiliary Trades*, 1902）記載一款1901年的版本，擁有18.03巴林度（Balling，即原始比重1.075），體積比酒精濃度為8.6%。當時另一款由McEwan's生產的版本則有結實的21.6巴林度（原始比重1.090）和重量比酒精濃度7.8%（體積比為9.6%），這樣的高比重也讓它成為一款非常甜的啤酒。這兩種版本都有含量中等的乳酸，分別是0.15和0.38（相較之下，當時的自然酸釀啤酒和愛爾蘭司陶特啤酒都在1%左右），這也表示它們都經過桶陳與野味酵母活動。啤酒花用量則比較難以捉摸，不過我們可以從一款源自中世紀，比重相似的「X」蘇格蘭愛爾找到線索，此酒款的啤酒花用量為每5加崙添加2.8～4盎司，而苦度則落在40～60 IBU。

在美國，氣泡愛爾的定位在乳霜（即飲）愛爾和陳年啤酒之間。比重低於進口酒款，約在14柏拉圖度（原始比重1.057），大概和乳霜愛爾一樣。差異在於其以4°C長期熟成，典型陳放時間是三個月。

建議嘗試酒款： Cooper's Sparkling Ale、Bell's Sparkling Ale、Rogue Oregon Golden Ale

白啤酒／酵母小麥啤酒
Weissbier/Hefeweizen

在一個美妙的夏日午後，悠閒地坐在充滿綠意而古老的啤酒花園中，準備消磨今天的餘下時光。只見酒花藤蔓在棚架向上攀爬，尋找更多陽光；而低聲談話與偶爾傳來的重型玻璃杯觸擊聲不時打破寧靜。這完美的時刻就缺了一杯完美的飲品，望向酒單，你的嘴唇自動自發地道出了：「白啤酒」。

而白啤酒的儀式隨即開始。一個子彈型的半公升啤酒瓶，和一個非常高的花瓶型杯子一起上桌。杯子開口朝下置入啤酒瓶頂端，此時，將兩者一同倒置。啤酒開始由瓶中流出的同時一面將瓶子慢慢抽出，抽出的速度與啤酒液面上升的步調一致。就在瓶子完全倒空前，還須橫放在桌上來回滾動數次，以確保瓶底

加不加檸檬？

這沒有標準答案。經常裝飾在白啤酒「花瓶」杯緣的檸檬片，時而流行，時而落伍。目前美國地區的酒吧可能會放上一片，如果你覺得它很煞風景，可以在點單時要求不加。另一方面，檸檬片不只有外觀效果，也會增加啤酒的奔放特色。如果你是一位男性啤酒狂熱者，還希望獲得狂熱同好的尊敬，我會建議你最好別加它。

的酵母和剩下的泡沫完全混合。最後再將蛋白霜般的泡沫，以螺旋狀滴原本已相當可觀的酒帽上。也許可以再為這高雅的作品加上一片新鮮檸檬。禮成，等待享用。

純酒令的唯一漏洞就是讓小麥得以出現在啤酒中。十六世紀，小麥啤酒在巴伐利亞已是信譽卓著的地區特產。在巴伐利亞王室持續將近三百年的盛衰循環裡，始終握有釀製小麥啤酒的專有權，而小麥啤酒在十七世紀後期到達流行高峰。但到了 1872 年，狂熱幾乎消逝殆盡，此時的基爾格·史奈德（Georg Schneider）為了自行釀造這個皇家啤酒類型而進行釀造權協商，而位於慕尼黑的史奈德啤酒廠在相當長的一段時間持續釀造小麥啤酒（譯注，史奈德的慕尼黑酒廠毀於 1944 年的盟軍轟炸，事後並未重建）。小麥啤酒現在在巴伐利亞甚受歡迎，占所有啤酒銷量的四分之一。

小麥啤酒在新鮮時表現最佳，因為身為日常啤酒且酒質並不會隨酒齡增長。因此應該以冰涼的溫度侍酒，大約是 7°C 正好。而小麥啤酒真的應使用特有的花瓶型杯供應（此杯型有能容納啤酒和多泡酒帽的容量）。巴伐利亞銷售第一的小麥啤酒製造商 Erdinger，建議杯子要完全乾淨並先潤濕，以確保酒帽稍可控制。而切檸檬的刀也應未沾有油汙，以避免任何油脂妨礙了驚人的酒帽。

小麥啤酒由 50～60% 的小麥麥芽，及餘下皆為大麥麥芽釀製，酒色自淺至深金色，並帶明顯的酵母混濁。啤酒花使用量不多，沒有明顯的啤酒花香氣。餘味應乾淨平順，不帶太多經久不消的苦味。小麥帶來堅實、綿密的質感和一股明亮、幾乎帶柑桔感的活力。含氣量非常高，又由於小麥的高蛋白質含量，酒帽應為稠密且蛋白霜般。

小麥啤酒為頂層發酵，並使用一種特殊的愛爾酵母，能夠產生某種稱為 4－乙烯基癒創木酚（4-vinyl guaiacol）的東西，也讓此類型擁有典型的丁香香氣（第 3 章）。發酵產生的特色則因強度與釀酒廠的不同而有差異，包括香蕉、泡泡糖，以及各種水果調性。對某些人來說，這些意想不到的發酵特色需要花點時間習慣，但一旦習慣了就會覺得它們真是討人喜歡。

源起：德國慕尼黑；原由王室家族獨占，在十八世紀大為風行

所在地：巴伐利亞全境、美國精釀啤酒廠

風味：輕盈的生穀味，奶昔般的質地，啤酒花不多，含氣量高

香氣：果香（泡泡糖、香蕉），香料辛香（丁香）

平衡：乾爽的麥芽／生穀感，稍帶豐厚感，質地綿密

季節：全年，傳統在夏季享用

搭配：各式各樣較輕的食物，如沙拉、海鮮；搭配白香腸是經典

建議嘗試酒款：Schneider Weisse Weizenhell、Erdinger Weissbier、Hacker-Pschorr Hefe Weiss Natürtrub、Sprecher Hefe Weiss

比重：1.047～1.056（11.8～14°P）

酒精濃度：4.9～5.5% 體積比

發酵度／酒體：厚實但乾爽

酒色：3～9°SRM，稻草色至淺琥珀色

苦度：10～55 IBU，低

注意事項：水晶酒款（Kristal，即經過濾的版本）數值相同

巴伐利亞深色小麥啤酒
Bavarian Dunkel Weizen

就像是巴伐利亞酵母小麥啤酒，但此類型添加了結晶或其他深色麥芽。大多呈現琥珀色，而非真正的棕色，且強調焦糖感多於烤麵包氣息。有時可能比標準的酵母小麥啤酒甜一點。

建議嘗試酒款：Schneider Weisse Original、Franziskaner Hefe-Weisse Dunkel、Ayinger Ur-Weisse、Magic Hat St.Goötz

比重：1.048～1.056（11.8～14°P）

酒精濃度：4.8～5.4% 體積比

發酵度／酒體：厚實但乾爽

酒色：9～13°SRM，淺至中等琥珀色

苦度：10～55 IBU，低

小麥勃克啤酒與小麥雙倍勃克啤酒
Weizenbock & Weizen Doppelbock

這是款完美的冬季小麥啤酒，比深色小麥啤酒更宏大、更烈且酒色更深。眾多水果風味依舊，再添加高度焦糖化的麥芽香氣，或許也有烤麵包氣息。雖然酒精濃度不低，仍然非常易飲。品牌Schneider也釀有一款以凍結濃縮除去水分讓酒精濃度上升到12%的冰析勃克版本。寒冷的冬天才能與此款啤酒相稱。

源起：德國巴伐利亞；為奢侈啤酒酒款，濃度烈、酒色深

所在地：巴伐利亞、美國精釀啤酒廠

風味：綿密、帶焦糖調性的麥芽；苦味氣息

香氣：飽滿的焦糖麥芽加上酵母的果香或辛香

平衡：富麥芽風味而甜美，但含氣量高

季節：全年，但最適合較冷的天氣

搭配：豐盛的食物，如烤豬肉、牛肉、煙燻火腿；口味重的甜點；陳年起司

建議嘗試酒款：Erdinger Pikantus、Schneider Aventinus

比重：1.066～1.08（16～19.5°P）

酒精濃度：6.9～9.3% 體積比

發酵度／酒體：中等

酒色：15～20°SRM，琥珀色

苦度：18～29 IBU，低至中等

柏林白啤酒
Berliner Weisse

柏林白啤酒為經典酒款，但在家鄉之外的地區相當罕見。在許多面向上，它也正合時代所需。柏林白啤酒的酒精濃度低，可在夏日當清涼飲料大量飲下，再加上有尖銳、解渴而微酸的尾韻。其中的沉澱酵母則是「白啤酒」之名的由來。在德國，柏林白啤酒在上桌時會添加一點覆盆子糖漿或香車葉草精。德國柏林只剩下兩個大品牌，Kindl和Schultheiss，但這兩個品牌今日都在同一擁有者旗下，釀酒廠更是同一間。第三間釀有柏林白啤酒的獨立啤酒廠是Berliner Bürgerbräu。另外，當地許多自釀酒館也釀有柏林白啤酒。

在美國南北戰爭前的移民潮中，德國釀酒師帶著尖銳奔放的柏林式小麥啤酒來到美國。曾成為美國許多拉格啤酒廠產品線重要的小麥啤酒之一，但在禁酒令的蹂躪下絕跡。美國多數地方已將小麥啤酒遺忘近半個世紀。

源起：柏林，發展於中世紀後期，是白啤酒家族的成員之一

所在地：柏林，偶見於美國精釀啤酒廠

風味：輕盈的生穀味，帶有鮮明的優格般酸度，含氣量高

香氣：明亮、強烈的優格味，一點果香

平衡：極輕而乾爽，帶有尖銳、爽冽的尾韻

季節：傳統的夏季啤酒

搭配：最輕的沙拉和海鮮，或許可搭配風味溫和的起司

建議嘗試酒款：Bayrischer Bahnhof Berliner Style Weisse、Professor Fritz Briem's 1809 Style Berliner Weisse

比重：1.028～1.032（7～8°P）

酒精濃度：2.5～3.5% 體積比

發酵度／酒體：尖銳且乾爽

酒色：2～4°SRM，淺稻草色至淺金色

苦度：3～9 IBU，極低

歷史類型

漢諾威酸釀老啤酒

　　漢諾威酸釀老啤酒（Broyhan Alt）來自德國漢諾威（Hanover），曾是非常有名的啤酒，據說是由釀酒師寇德·布洛罕（Cord Broyhan）在 1526 年發明。原來是一款小麥啤酒，但到了十九世紀後期轉變為一款純粹用大麥麥芽釀製的啤酒。漢諾威酸釀老啤酒比重中等，據說帶有葡萄酒香氣和酸中帶鹹的味道。

歷史類型

格雷茲煙燻小麥啤酒

　　格雷茲煙燻小麥啤酒（Grätzer/Grodzisk，以橡木煙燻小麥麥芽釀製的低比重愛爾）一度相當流行，但現已幾乎滅絕。今日以一種稱為格羅濟斯克（Grodzisk）的波蘭啤酒的形式存活。格雷茲煙燻小麥啤酒在歐洲北部曾一度走紅，尤其是普魯士。它是白啤酒的極端酒款之一，其中也包括柏林白啤酒和比利時小麥白啤酒。比重為 1.028～1.032，

再加上擁有體積比 2～2.8% 的低酒精濃度，這款帶著煙燻感、高含氣量的啤酒可能是日常解渴飲品。由於使用部分烘焙程度稍高，且接近「芳香」或「梅納汀」類型的麥芽，酒色可能是琥珀色。希望這迷人的酒款會在將來復甦。

歷史類型

萊比錫小麥酸啤酒

　　德國北部耶拿（Jena）、萊比錫（Leipzig）和以之命名的城鎮戈斯拉爾（Goslar）等地，萊比錫小麥酸啤酒（Gose）非常受歡迎。由 40% 的大麥麥芽和 60% 的小麥麥芽釀造，是一款酒色非常淺、頂層發酵的白啤酒。並且以芫荽子與鹽調味，為這非常輕盈的酒款增加酒體和口感。在某些酒吧中還可以要求喜歡的鹹度。三十年的空白後，萊比錫小麥酸啤酒現在在德國由三家啤酒製造商釀造，其中一款來自 Bayrischer Bahnhof 的酒款已引進美國。

歷史類型

利希登罕煙燻小麥酸啤酒

　　德國北部的利希登罕煙燻小麥酸啤酒（Lichtenhainer）是頂層發酵煙燻啤酒，擁有相對較低的比重，1886 年的原始比重是 1.045（11 柏拉圖度），到 1898 年則是 1.031（7 柏拉圖度）。以純大麥麥芽釀成並帶有煙燻味，但之後的小麥使用量可達三分之一。就像許多白啤酒，啤酒花使用量低，且帶有不少酸味。

Chapter
12

比利時啤酒

啊～比利時！啤酒好奇寶寶的冒險天堂、
葡萄酒愛好者與啤酒邂逅之處、
美食家餐搭的靈感來源，
比利時啤酒就像一座活生生的啤酒歷史
博物館。在不同人的眼中，
比利時啤酒擁有許多樣貌。
即使比利時的啤酒釀造根源與其他歐洲國家
相似，但比利時啤酒仍非常與眾不同。
今日的比利時啤酒景致，
是古代民俗與現代創意的
迷人混合。

比利時的領主們 1477～1830

1477	哈布斯堡家族	1789	法國與奧地利互相競爭
1526	法國	1790	比利時合眾國
1559	義大利	1795	法國
1570	西班牙	1815	荷蘭
1598	義大利	1830	獨立！
1633	西班牙	1915	德國
1713	奧地利	1919	獨立
1745	法國	1940	德國
1748	奧地利	1945	獨立

比利時是個不曾建立起龐大帝國的小國家，但它從很久以前便十分繁榮。在中世紀後期和文藝復興時代，法蘭德斯（為現代比利時的重要區塊）是歐洲北部的經濟強權之一。幾世紀以來，小小的比利時曾被所有鄰近強權統治過，但從未被吸收。

比利時由好幾個較小地區組成，每個區塊都有自己的語言、文化，當然還有特產啤酒。

比利時啤酒五千年

故事從我們（和凱撒）在英格蘭遇見的鐵器時代高盧人開始。當時的比利其部族（Belgae，據稱是好戰的凱爾特人和日耳曼人混合體）據說十分喜愛啤酒。早在西元前 2800 年，便有以飲品為中心且分布廣泛的鐘形杯文化（Beaker Culture），因此比利時擁有非常久遠的飲酒傳統。到了西元八或九世紀時，修道院散見於歐洲北部鄉間。當時由於羅馬帝國瓦解，極權勢力頓時真空，權力移轉到地方領主和在修道院中的教會勢力。釀造啤酒是修道院的必要功能，由於許多教規具體要求僧侶必須工作養活自己，釀造啤酒的任務便不假外人。修道院的順利運作也仰賴大量的啤酒，俗話說得好：「愛爾能療飢、解渴，並添暖意。」

一份約為西元 830 年的著名中世紀文獻，記錄了在瑞士興建聖加倫修道院的計畫。雖然最終並未動工，但是此計畫立下了此類組織的典範，並設定這類設施的理想規模。計畫包括三間獨立的釀酒間，每間都用於釀造不同等級的啤酒。貴賓可以獲得一款以大麥和小麥釀製的高級啤酒，而神父和貧窮的朝聖者則以低品質的燕麥啤酒將就。據估計這種啤酒廠複合體一天可以生產 350～400 公升的啤酒，也就是一年 770～880 桶。

啤酒釀造細節的最早書面紀錄之一，來自女修道院院長賓根的希德嘉（Hildegard of Bingen），她在 1067 年寫下啤酒主要由燕麥製成。她樂見自己的修女們飲用啤酒，據她說這是因為它

帶給她們「紅潤的臉頰」。而一份十三世紀的文獻則提到了啤酒釀造原料為大麥、斯卑爾脫小麥（spelt），以及學者相信可能是裸麥的siliginum。其他文獻顯示列日（Liège）和那慕爾（Namur）的啤酒製造商以斯卑爾脫小麥納稅，它仍是今日比利時等地的傳統釀造穀物。

在上述時代中，比利時的啤酒沒有使用啤酒花。苦味來自古魯特混合物，由秘方藥草、香料，以及混淆視聽的碾碎穀物混合而成。銷售古魯特的權利，即古魯特特許權，掌握在當時的宗教勢力或政治大人物手中。十二世紀時，5磅古魯特才能釀製一桶啤酒（2 kg/hl）。看看仍屹立於布魯日的古魯特屋的富麗堂皇，便可知這一定是當時的大買賣。

賦予啤酒生命的傳奇性人物之一便是比利時人：甘布萊納斯國王（King Gambrinus）。而真實世界中的他很可能就是約翰一世（Jan Primus），約翰一世約生於1250年，以布拉班特（Brabant）公爵的身分統治部分比利時，其中包括現在的布魯塞爾。以當時標準看來，他是位多才多藝的能人，不僅是位勇士、大情聖，也講究生活享受，而政治方面的手腕也與野心旗鼓相當。甘布萊納斯國王也可能是布根地人（Burgundian）無畏約翰（John the Fearless, 1371-1419），身為查理曼酒莊（Charlemagne）的酒政（cupbearer）並因此獲得了甘布萊納斯（Gambrinus）之名。或者可能也只是拉丁片語的筆誤：cambarus意為「酒窖管理人」；或是ganae birrinus指「客棧酒

德國明信片上的甘布萊納斯國王，約 1900 年

客」。1519年，日耳曼編年史家約翰尼斯・圖邁爾（Johannes Turmair）賜予甘布萊納斯啤酒國王王位，此後甘布萊納斯在歐洲北部各地象徵著所有令人愉快且與啤酒相關的事物，並帶著愉快地圓臉現身。今日，我們可以在他的生日4月11日，舉起大啤酒杯慶祝一番。

啤酒花無疑是在十四世紀初期，首度透過自漢堡和阿姆斯特丹進口的啤酒來到法蘭德斯。1364年，列日主教向當地啤酒製造商發布使用啤酒花的許可，不久之後更開始對使用啤酒花的啤酒徵稅，這是引進啤酒花一貫的模式。

幾世紀下來，我們收集了不少比利時啤酒的紀錄。藥草專家約翰尼斯・提奧多魯斯（1588）表示：「法蘭德斯的啤酒是好啤酒。最棒酒款像是在根特（Ghent）和布魯日（Bruges）釀製的雙倍啤酒，它們勝過了所有尼德蘭（Netherland）的啤酒」。據估計，這些雙倍啤酒原始比重可能約是 1.077（19柏拉圖度），酒精濃度可能為 6～7%。

他也建議可以用小麥、斯卑爾脫小麥、裸麥或燕麥組成二或三種的組合，或在必要時單獨使用。阿隆佐·瓦斯奎茲（Alonzo Vasquez），1617年左右駐紮在西屬尼德蘭的西班牙船長，記述了：「以小麥為基底釀造的啤酒，有清如麻布的酒色，倒進酒罐時會冒泡」。這些撩人的描述總是太簡短，但確實提供了當時活躍的比利時啤酒景致。

到了十七世紀，啤酒釀造已經大幅擴展到修道院之外。出現許多公開發行產品的啤酒製造商，而城鎮的中產階級也建立了類似於巴伐利亞東部的「記號」制度（Zoigl），人們可以使用公共釀酒間釀造自用啤酒。到了1718年，光是布魯日就有621間類似的啤酒廠。

大約就在這個年代，開始出現我們現在認得出來的啤酒。1698年，法蘭德斯長官記述：「法蘭德斯人在啤酒使用一種名為冬季大麥的大麥。在水中發芽後，添加八分之一磨碎且未經發芽的小燕麥，並一起煮上二十四小時。隨後將液體裝進二分之一的豬頭桶，並添加定量的酵母發酵。十五天後，啤酒就適飲了」。值得注意的是，「煮沸麥膠」可能是因未釀過啤酒而留下的錯誤印象。

數世紀中，修道院看著自身的政治影響力持續萎縮，但在天主教色彩很強的比利時，仍占有比在多數歐洲國家更有影響力的權力中心。即便如此，修道院還是在1797年法國大革命的騷動中紛紛關閉，在拿破崙戰爭也仍舊門窗深鎖。大部分在1830和1840年之間重新開放，而傳統修道院啤酒有了近四十年的空白。我們不知道在當中少了什麼，但可以確定，今日喝到的嚴規熙篤會修道院啤酒（Trappist monasteries）與十八世紀的關係顯然比較遠。

西元1822年，比利時的荷蘭官員創立了啤酒製造商依糖化槽容量納稅的稅制。如G·M·強森在1916年所說：「君王威廉一世（William I），在啤酒界絕無法激起崇敬與緬懷，因為他簽署了最可笑且令人頓足的稅法之一，這項法規讓財政干預史蒙羞，讓財政執行顯得愚蠢……在總共六十多年之間（1822～1885年），比利時啤酒界的菁英似乎都只能聚焦於如何把一夸脫塞進一品脫壺中」。這奇怪的制度導致比利時啤酒擁有許多奇特之處，最重要的是如今仍有使用的混濁糖化程序，以調整

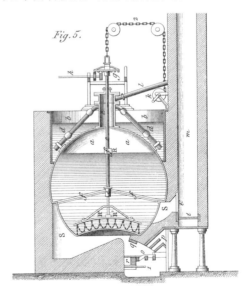

鎖鏈鍋，比利時（約1851年）
煮沸槽配有在底部拖曳的金屬鏈，防止細屑黏鍋而燒焦。

的形式用於比利時小麥白啤酒和自然酸釀啤酒。當法律改為英式貨物稅法制度後，消費者則抱怨酒體變輕，不如以往出色。因此重持這部分的傳統程序。

比利時人在領主變動十三次之後，於1830年獨立。比利時啤酒文化的獨特一定還有其他理由，但我想很有可能是當外國君主來來去去，人們會試著抓緊真正屬於比利時的事物。啤酒始終保持血統純正，除了課稅，外國統治者通常讓啤酒自由發展，因為充足的啤酒能幫助平息人民心中不滿的餘燼。

G‧拉坎布里（G.Lacambre）在《啤酒製造全書》（*Traité Complet de la Fabrication des Bières*, 1851）中，對比利時的啤酒釀造情況有相當完整的描述。他說：「沒有一個國家，能像比利時與荷蘭釀造這麼多不同本質與滋味多樣的特色啤酒」。根據拉坎布里，關鍵在於多種穀物：「雖然有些啤酒只使用大麥麥芽，在大部分地區會以大麥、燕麥、小麥和斯卑爾脫小麥一同釀造」。他指

拉坎布里筆下的比利時啤酒

安特衛普大麥啤酒： 常與一點小麥或燕麥同釀，最出色的品項仍全由大麥麥芽釀造，酒精濃度約5～6%體積比，熟成時間至少六個月。酒色為琥珀至棕；有時會加入白堊加深麥汁顏色。啤酒花使用量少，著重在賦香。長期熟成的批次常與較新鮮的啤酒調和，或以焦糖糖漿增甜。

法蘭德斯大麥啤酒（Bière d'Orge des Flandres）： 又稱威澤琥珀啤酒（uytzet）。在根特（Ghent）釀造，主要由琥珀色的大麥麥芽與少量小麥或燕麥釀造。兩種版本分別是酒精濃度3.2%體積比的一般版，以及4.5%體積比的雙倍版。兩者的啤酒花使用量一致。

法蘭德斯棕啤酒（Bière Brune des Flandres）： 酒精濃度4～5%，啤酒花使用量低的棕色啤酒，由大麥麥芽，有時加上一點小麥與燕麥釀製。酒色完全來自長達十五至二十小時的煮沸。

馬斯垂克、馬塞克、布瓦勒杜克啤酒（Bières de Maestricht、Masek、Bois-le-Duc）： 這是啤酒花用量非常少的棕色啤酒家族，在比利時的荷語區釀造，且流行於荷蘭內地。以硬質或杜蘭小麥、斯卑爾脫小麥麥芽和低蛋白小麥釀造。

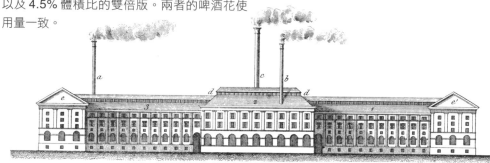

根特大啤酒廠（1851）
拉坎布里自己打造的啤酒廠堪稱技術的奇蹟，即使以今日的標準觀之都讓人嘖嘖稱奇。

出即使公認以大麥為基底的啤酒，如安特衛普（Antwerp）的大麥啤酒（bière d'orge），「也含有一點燕麥，有時是小麥」。他提到這些類型有許多相當古老的歷史證實。許多關於比利時啤酒的故事確實非常古老，特別是廣義上屬於白啤酒家族的眾多含輔料啤酒。但即使在拉坎布里那本異常完備的書中，也沒有隻字片語提及修道院啤酒。

五十年後，英國觀察家 G・M・強森在1895年，以感慨良多的語調記述了比利時的啤酒釀造。啤酒廠規模小，設備不完備，啤酒大多酒精濃度低、偏酸，並在很短的時間內銷售給當地人，1908年瓦隆尼亞（Wallonia）的半數啤酒原始比重都在1.020（5柏拉圖度）以下，這樣的比重大概只能產出2%的酒精濃度。進口稅低也是問題，進口的英格蘭、蘇格蘭愛爾和德國拉格，都便宜到比利時啤酒製造商無法以有競爭力的價格抗衡，因此進口啤酒統治了頂級啤酒區塊。

瓦隆尼亞大麥啤酒（Bière d'Orge Wallones）：位於韋爾維耶（Verviers）、那慕爾（Namur）、沙勒羅瓦（Charleroy）。這是不守規矩的一群，酒色與味道多樣，酒精濃度都在4～5%體積比，且在飲用前陳放四至六個月。來自列日和蒙斯的版本使用硬小麥（高蛋白小麥）、斯卑爾脫小麥、燕麥，有時甚至是蕎麥或蠶豆。瓦隆尼亞是比利時的法語區。

彼得曼小麥棕愛爾：比利時小麥白啤酒的「深琥珀色」變異版本，有著1.057～1.074的原始比重（14～18柏拉圖度）。通常會加入白堊來加深麥汁顏色。因啤酒的發酵度低而被描述為「黏稠」。

迪斯特啤酒（Bières de Diest）：擁有兩種版本，其中一種稱為金啤酒（gulde bier）或卡巴萊啤酒（bière de cabaret），以44%麥芽、40%未發芽小麥和16%燕麥釀製，被描述為「油滑而微甜」。另一種以迪斯特小麥棕愛爾之名為人所知，是一種色深、甜美的啤酒，由55%麥芽、30%未發芽小麥和15%燕麥釀製，常釀成兩種強度，分別是原始比重1.047～1.049（12～12.5柏拉圖度）的單倍和1.061～1.081（15～19.5柏拉圖度）的雙倍。

迪斯特小麥棕愛爾以具滋養效果聞名，對哺乳中的母親有益。

馬林斯棕啤酒（Bière Brune de Malines）：因十至十二小時的煮沸而有「非常深」的酒色，通常添加白堊。會取用熟成十八個月的啤酒，以四分之一至三分之一的比例與新鮮啤酒混調，帶來某種老啤酒的風味，非常貼近法蘭德斯酸啤酒。

胡哈爾登啤酒（Bière de Hoegaerde）：拉坎布里描述為一種「不太重要但在夏天非常怡人且帶有某種酸度和清新的氣泡特性」的淺色小麥啤酒。以63%麥芽、21%未發芽小麥和16%燕麥釀製。

利爾啤酒（Bières de Lierre）：又稱卡威斯啤酒（Cavesse）。由67%麥芽、13%小麥和20%燕麥釀造，常釀成兩種強度。拉坎布里描述其為「黃啤酒」（Bière jaune），和來自胡哈爾登與魯汶的啤酒有許多相似之處。

列日啤酒（Bières de Liège）：其他地方稱為列日季節特釀啤酒，這個類型是由大麥、斯卑爾脫小麥，加上燕麥和小麥釀造。釀有兩種強度：鮮啤酒（bière jeune）和季節啤酒，為適於冬季釀酒的時令酒款。

啤酒製造商自然苦惱。著名的釀酒師亨利・范萊爾（Henri Van Laer）透過比利時啤酒製造商同業公會（Belgian Brewers Guild），在 1902 和 1903 年舉辦了「改善比利時啤酒競賽」。目標是創造原始比重在 1.044～1.057（11～14 柏拉圖度）、著眼於外銷的優質啤酒。由於競賽會直接公開釀造細節，參加者不多。到了第二年，保密占了上風，參加者也如潮水般湧入。許多酒款存續至今，如 Palm Spéciale、Ginder Ale 和 Op Ale。雖然有這樣令人鼓舞的發展，但全面改善還需要一些時間。

第一次世界大戰又讓困境更加惡化。德國人徵收了所有銅製釀酒設備，物資和原料也有非常嚴格的配給制度。原始比重下滑至 1.010～1.015（3～4 柏拉圖度），此比重不比清淡的大麥茶高多少。啤酒製造商十分需要酵母的營養品：氮，有時甚至連芽根（通常用於動物飼料）都加進麥醪。

即使戰爭結束，仍需要好幾年逐漸改善。但 1919 年，比利時政府禁止酒館和餐館販售琴酒。較烈的啤酒自此開闢了新市場，以習慣於炙熱的荷蘭琴酒（jenever，以杜松子調味的烈酒）酒客為目標。漸漸地，比利時啤酒製造商有了立足之地，啤酒品質也漸進步。許多舊有類型雖然消失，但眾多存活下來。當時也產生一種新的混種啤酒，融合了比利時和英國傳統。例如首釀於 1923 年（當時是深色啤酒）的 Duvel 就使用來自蘇格蘭啤酒廠 McEwan 的酵母品系。

雖然釀酒廠斯高蒙特（Scourmont，

品牌為 Chimay）自 1862 年開始釀造啤酒並向大眾販售。但此時，我們所知的修道院啤酒才剛現身。1931 年，Orval 啤酒廠開始運作，而且在 1934 年註冊魚咬著戒指的圖樣。1933 年，Westmalle 註冊 Trappistenbier（嚴規熙篤會啤酒）之名且在一年後釀造第一款淺色三倍啤酒，此款啤酒成為類型代表作並廣為仿效。

十九世紀後半部分啤酒廠的投資活動也有巴伐利亞人的影子。深色的慕尼黑式啤酒在比利時廣為人知，但從來沒有在那兒真正流行起來，因為人們認為比利時啤酒廠不可能釀製此類型，當時的比利時啤酒廠並非設計執行厚麥汁（Dictmaisch）的煮出式糖化法。1895 年，G・M・強森的紀錄中，當時 2,700 家比利時啤酒廠中，只有 25 家專做底層發酵。然而，人們仍然能在深色慕尼黑啤酒與勃克啤酒間嘗到相似，而雙倍啤酒也擁有飽滿、甘美的風味。第一款在比利時釀製的皮爾森啤酒是 1928 年的 Alken Cristal。就像其他地方，現在的比利時市場也被皮爾森啤酒統治了。

第二次世界大戰則是比利時的另一場災難，但長期來說，這場災難對啤酒的破壞性較小，或許是由於啤酒業這此之前的狀況相當不錯。雖然還是或多或少出現問題，但在戰後，那些被拋下的東西也逐漸歸位了。皮爾森啤酒持續成長，代價是彼得曼小麥棕愛爾

比利時啤酒酒標（對頁圖）
二十世紀中葉的比利時啤酒類型就如同一、兩代之前的狀態一樣令人沮喪。

（peetermann）和白啤酒等當地日常啤酒的消失。比利時啤酒製造商最後為他們奢侈的啤酒找到了市場，今日的出口量已占產量的一半，而且還在成長。

比利時啤酒的獨特

雖然有特定的類型（在此將一一詳細說明），比利時的啤酒釀造傾向藝術創造，被視為藝術家的釀酒師也不認為有遵循既有類型的責任。超過半數的比利時啤酒都不符合任何類型，能被歸於某類型的酒款也傾向隨意詮釋。想要掌握這些東西著實不易，但誰不愛這種冒險呢？比利時啤酒有各式各樣的強度、酒色、質地和釀造方式；上百種不同的酵母和微生物；它在木桶中發酵；會混調啤酒；除了麥芽，還使用糖、蜂蜜和焦糖糖漿；也會使用未發芽穀物，如燕麥、小麥、斯卑爾脫小麥，以及偶爾的蕎麥；層出不窮的水果香；各種你能想像的香料，如天堂籽、洋甘菊、孜然、八角與「藥用地衣」。這份列表既長且深又廣，而且令人無比興奮。

除了商業皮爾森啤酒，這些迷人的大雜燴都源於極有特色的酵母。多數的比利時啤酒並不使用真正野生的微生物；野生微生物大抵只在自然酸釀啤酒家族和法蘭德斯的老棕啤酒（oud bruin）出現。但比利時的酵母非常分歧，一旦用進了啤酒，就一定會在成品展現它的獨特印記。釀酒師釀製某些類型時更以相對較高的溫度發酵，以助長酵母的特色，加強果香與香料辛香。其

實你可以用任何種類的麥汁，以比利時酵母發酵，就會得到一款頗具比利時風味的啤酒。另外也有些類型，例如季節特釀啤酒，極度仰賴特定酵母品系，少了那些酵母，就真的會變成其他酒款。

整體來說，比利時啤酒對麥芽的重視更勝於啤酒花。比利時的啤酒花品種一直有優良的香氣，但賦苦能力非常低。啤酒花的香氣如此霸道，很可能會掩蓋其他更纖細的香氣，而相較於炸彈般的啤酒花香氣，比利時人比較喜歡更富層次而微妙的風格。有些麥芽般的風味其實來自熬煮成深色的焦糖糖漿與其他種類的糖；糖的用量一旦過頭，很可能壞事，它主要用於削減較烈比利時啤酒的酒體，增加易飲性。

比利時從來未經歷過純酒令，所以在啤酒花之外，使用其他藥草和香料的

老傳統仍然栩栩如生。不是所有比利時啤酒都使用香料，而且即使添加了香料，也未必明顯。一般而言，如果飲者可以指出釀酒師用了哪一種單一香料，釀酒師就等於搞砸了。苦橙皮（或者小而未成熟的形式，庫拉索橙皮 [curaçao]）和芫荽子是強大的雙人組合，是比利時小麥白啤酒的必備品，也溜進許多其他啤酒中。天堂籽（小荳蔻的非洲親戚）明亮而具胡椒味的衝勁常在季節特釀啤酒和其他烈性淺色啤酒中碰到。較飽滿、色深的啤酒也常用甘草和八角之類的香料。

比利時有大量的烈性啤酒，其中許多以軟木塞封口，一種讓外觀更出色的技巧，在美國和許多地方被視為高檔啤酒。比利時啤酒含氣量變化很大，但許多較烈的啤酒都有巨大且慕絲般的酒帽，可達正常啤酒的兩倍大。瓶內熟成的啤酒也很盛行，裝瓶時加入酵母與少量糖，在瓶中重啟的發酵會為啤酒充氣，並在瓶底留下少量酵母。因此侍酒時務必小心倒酒或換瓶，避免弄混酒液。酵母不會影響健康，但可能使啤酒看起來混濁，有時也會為帶來泥味。

比利時是唯一主打眾多帶酸味啤酒的國家。古老自然酸釀啤酒的風味真的是以酸為中心，有時還酸得嚇人。法蘭德斯酸味紅與棕愛爾名副其實；比利時小麥白啤酒和季節特釀啤酒中一閃而逝的鮮明酸味，也為解渴的啤酒類型增添了活力。

最後，關於比利時啤酒文化，你應該知道它不單只和啤酒有關。在比利時高度發展的美食傳統文化中，啤酒也是重要元素之一。某些比利時餐廳會將焦點放在啤酒料理，在適當脈絡中享受比利時啤酒的絕妙。只要做點研究，你就能在幾乎任何地方客製化自己的體驗。啤酒的多樣、微妙，和從不過分的強度，讓它成為食物最快樂的夥伴之一。

比利時淺色愛爾
Belgian Pale Ale

源起：De Koninck 釀酒廠表示它的酒款由約翰尼斯・菲弗利特（Johannes Vervliet）在 1833 年創造；而安特衛普一直是眾人皆知的大麥基底（相對於小麥）啤酒中心。現代版本，特別是 Palm Spéciale，是在二十世紀初期為了奪回部分由進口英國愛爾占據的市場而創造。這些酒款和英國愛爾有許多相似之處，包括爽冽的口感、明確的啤酒花感，以及帶堅果味、稍顯爽冽的麥芽性格。

所在地：比利時安特衛普、美國精釀啤酒廠	
風味：輕盈的焦糖麥芽，稍具啤酒花風味	
香氣：乾淨的麥芽加上酵母辛香調；酵母性格與多數其他比利時類型相較之下相當纖細	
平衡：均衡；爽冽而富麥芽風味的尾韻	
季節：全年	
搭配：各式各樣的食物，如起司、淡菜、雞肉、香辣的菜餚	

建議嘗試酒款：De Koninck、Palm Spéciale、Straffe Hendrik Blonde、New Belgium Fat Tire Amber Ale、Two Brothers Prairie Path Ale

比重：1.040～1.055（10～13.6°P）

酒精濃度：3.9～5.6% 體積比

發酵度／酒體：中等

酒色：4～14°SRM，金至深琥珀色

苦度：20～30 IBU，中等

比利時烈性金色愛爾
Belgian Strong Golden Ale

源起：Moortgat 的 Duvel 是這類型的原形，但 Duvel 在 1971 年之前是款深色啤酒。最早的烈性比利時金色愛爾是 1934 年的 Westmalle 三倍啤酒，由此也可知三倍啤酒和烈性金色類型的差別其實非常細小。後者應該是較簡單、乾淨的版本，但兩者有某種程度的重疊，就像許多比利時的事物一樣，都有某種程度的模稜兩可。特定酵母的複雜果味、啤酒花的辛香，以及約 20% 的純玉蜀黍糖帶來的爽冽尾韻，以上都是此類型的重要特色。

所在地： 比利時、美國精釀啤酒廠

風味： 極爽冽的麥芽，乾淨而富啤酒花風味的尾韻

香氣： 酵母辛香、麥芽、酒花

平衡： 極乾爽，但苦度中等；含氣量高

季節： 全年

搭配： 各式各樣的食物；鮭魚、雞肉、泰國料理之類的香辣料理

建議嘗試酒款： Duvel、Delirium Tremens、Brooklyn Brewery Local 1、North Coast Pranqster Belgian Style Golden Ale、Victory Golden Monkey

比重： 1.065～1.080（16～19.2°P）

酒精濃度： 7～9% 體積比

發酵度／酒體： 極乾爽

酒色： 3.5～5.5°SRM，稻草色至金色

苦度： 25～45 IBU，中等至高

比利時烈性深色愛爾
Belgian Strong Dark Ale

源起：其實此為統括類別，而不是具有特定歷史的類型。就像是拉坎布里書中提到的，歷史上有許多烈性且酒色較深的啤酒，但這些較老的啤酒並沒有明顯的後裔，只有 Gouden Carolus 這款帶甘草味的深琥珀色啤酒，自稱是老梅赫倫（Mechelen）類型的後裔（第 192 頁），雖然味道與釀造過程和舊描述並不太一致。現代版本包括了好幾款嚴規熙篤會啤酒（Rochefort 和 Westvleteren）與許多更奇異的啤酒。使用糖以削減酒體的方式相當常見。

所在地： 比利時、美國精釀啤酒廠

風味： 豐滿、帶焦糖味的麥芽，稍由啤酒花平衡味

香氣： 複雜的麥芽感加上酵母果香或辛香

平衡： 富麥芽風味至均衡；長而飽滿的尾韻

季節： 全年，但有大量節日版本

搭配： 非常豐盛的食物；重味起司；搭巧克力極佳

建議嘗試酒款： Chimay Grande Reserve/Capsule Bleu、Het Anker Gouden Carolus、Van Steenbrugge Gulden Draak、Dogfish Head Raison d' Extra、Goose Island Pere Jacques

比重： 1.064～1.096（16～23°P）

酒精濃度： 7～11% 體積比

發酵度／酒體： 非常飽滿

酒色： 7～20°SRM，琥珀至棕色

苦度： 20～50 IBU，中等

釀酒槽（1930 年代）
法國北部或比利時的釀酒槽反映了當時該區許多小型啤酒廠的鄉野性質。

修道院與嚴規熙篤會愛爾

它們也是另一個有點不守規矩的類型。首先，我們需要掌握的是兩者的差異。Trappiste（嚴規熙篤會）是法定標示（具有商標的法律強制性），只有符合特定要求的啤酒製造商才獲准使用此名號。在這裡它們必須在修道院土地上的啤酒廠中釀造，且受修士直接監督。Bière Trappiste 或 Trappistenbier 之名的專有權，由品牌 Chimay 在 1962 年帶頭發起法律行動，並由此團體贏得專有權。修道院啤酒（Abbey）類型與嚴規熙篤會類型相似，但不受法律規範，由身為俗人的商業啤酒廠釀造，可能經現存的修

經典嚴規熙篤會啤酒廠和愛爾

Achel
（Brouwerij der Sint-Benedictusabdij de Achelse Kluis，**聖本篤修道院暨亞和隱修院啤酒廠**）

創立於 1648 年，重建於 1844 年。在十九世紀後期曾進行啤酒釀造，但啤酒廠在第一次世界大戰被德國人拆除，直到 1998 年才重建，並獲認可為嚴規熙篤會啤酒廠。啤酒包括了一款 8° 棕啤酒（bruin），原始比重 1.080（19°P），這是一款相當烈的雙倍啤酒；另一款為 8° 金啤酒（blond），原始比重 1.080（19°P），是偏輕的三倍類型啤酒。Achel 也製造只在啤酒廠咖啡廳提供的 5° 棕啤酒與 5° 金啤酒，以及一款 9° Extra。

Chimay
（Abbaye de Notre Dame de Scourmont，**斯高蒙特聖母修道院**）

自 1863 年起釀造啤酒，啤酒廠在 1948 年由著名的比利時釀造科學家讓・德克勒克（Jean DeClerck）重建，他也和現在使用的酒譜關係密切。Chimay 生產好幾款啤酒，包括 Capsule Rouge，原始比重 1.063（15.5°P），為 7% 的經典雙倍啤酒；Capsule Blanche（Cinq Cents），原始比重 1.071（17.3°P），酒精濃度 8%，是啤酒花風味輕快的三倍啤酒；Capsule Bleu（Grande Reserve），原始比重 1.081（19.1°P），酒精濃度 9%，宏大、耐人尋味的烈性深色愛爾。Chimay 也生產 4.8% 的 Dorée，僅供當地。

Orval
創立於 1132 年，但在法國大革命後荒廢了一段時間，於 1926 年才重建。Orval 生產一種公開銷售的酒款，酒色偏橘、大致屬於季節特釀啤酒類型的金色愛爾，原始比重在 1.054～1.055（13.3～13.5°P），爽冽、富酒花風味且非常乾爽，在裝瓶時加入野味酵母，讓它在幾個月後開始發展出飽滿而具農場味的香氣。酒精濃度 5.2～5.7%。

道院授權命名、以荒廢修道院命名，或不以任何有關修道院的字眼命名。

嚴規熙篤會愛爾傾向反映當地的啤酒傳統。目前有 7 家嚴規熙篤會啤酒廠（譯註：2015 年嚴規熙篤會啤酒廠已達 11 家）位於比利時及荷蘭。嚴規熙篤會啤酒具有高度明顯特性，雖然其中兩款，Westmalle Tripel 和 Chimay Rouge（雙倍啤酒）維持所屬類型的原形。所有此類型的都是一流的啤酒。很少有啤酒愛好者沒在自己的十大啤酒酒款列入幾款嚴規熙篤會啤酒。單倍啤酒十分罕見，常只為修士釀造。修道院啤酒數量更多，並且傾向於固守一款棕色雙倍啤酒和一款金色三倍啤酒的常規，偶爾也會有金啤酒或烈性深色愛爾加入。

La Trappe/Koningshoeven
（Onze Lieve Vrouw van Koningshoeven，柯尼修芬聖母修道院）

這間位於荷蘭南方的啤酒廠歷史有點複雜，它有時是座修道院內的啤酒廠，有時則授權其他釀酒廠釀造。現今產品相當近期才開始（包括 1987 年的雙倍啤酒與三倍啤酒；1992 年的金啤酒），經典的深色雙倍啤酒是 7%，淺色三倍啤酒是 8%，還有一款 10% 的四倍啤酒（quadruple）。酒廠也生產 6.5% 的金啤酒、7% 的季節性勃克啤酒，和一款比利時小麥白啤酒。啤酒廠曾在 1999 和 2005 五年間自嚴規熙篤會啤酒廠除名，但現在和國際嚴規熙篤會間的爭議已經解決。

Rochefort
（Abbaye Saint-Remy in Rochefort，羅什弗爾的聖雷米修道院）

創立於 1230 年，於 1794 年關閉，修士們於 1889 年重回此處。啤酒廠在幾年後的 1899 年建立。他們生產三款標示為 6、8 和 10 的酒款，但此非依照比利時命名方式。6 實際上是原始比重 1.072（17.5°P），8 是原始比重 1.078（19°P），而 10 則是原始比重 1.096（23.4°P）。它們都有飽滿而具巧克力苦甜感的特色。酒精濃度分別是 7.5%、9.2% 和 11.3%。

Westmalle
（Abdij Onze-Lieve-Vrouw van het Heilig Hart van Jezus，聖母聖心修道院）

創立於 1794 年，於 1856 年開始向當地人士銷售，並於 1921 年起透過商業管道銷售。釀酒間在 1930 年代現代化，大約和發表激進的新型淺色三倍啤酒同時。一共生產三種啤酒：一種由修士享用的 Extra；另一種是原始比重 1.080（20°P）、酒精濃度為 9.5%，為著名的三倍啤酒；第三種是飽滿的雙倍啤酒，酒譜來自古代，但在 1926 年做過修改。原始比重 1.063（15.7°P），酒精濃度為 7%。

Westvleteren
（The Abbey of Saint Sixtus of Westvleteren，西弗萊特倫的聖思道修道院）

建於 1831 年，1871 年開始運作。始終沒有真正擴展經營，偏好小規模。啤酒廠只做零售，參觀須預約，而且規定嚴格。事實上，最近已採取法律行動，以終止這款罕見啤酒的灰市交易。啤酒廠生產一款原始比重 1.051（12.6°P）、41 IBU、富酒花風味的金啤酒；和兩款深色、帶葡萄乾風味的啤酒，名為 8 或藍蓋（Blue Cap），原始比重為 1.072（17.5°P），酒精濃度約 8%；名為 12 或黃蓋（Yellow Cap），原始比重為 1.090（21.5°P），酒精濃度為 11%。《釀得像個修士》（Brew Like a Monk）的作者史坦‧海拉尼穆斯記述了可觀的批次差異。

比利時修道院雙倍啤酒
Belgian Abbey Dubbel

源起： 由古代修道院開始釀造。現代的修道院類型是在過去一百年所創。

所在地： 比利時、美國精釀啤酒廠

風味： 柔順、綿密的麥芽，可觀的辛香感

香氣： 乾淨的麥芽、柔和的啤酒花、酵母果香或辛香性格；中等色度麥芽對此類型十分重要，可能透出柔和的可可氣息，或深色水果乾的性格，如葡萄乾或李子

平衡： 富麥芽風味，但因使用糖（有時是深色）削減酒體，口感仍然相當乾爽

季節： 全年

搭配： 各式各樣的豐盛食物；可以完美搭配烤肋排、修道院起司、提拉米蘇、巧克力蛋糕、風味強度中等的甜點

建議嘗試酒款： Affligem Dubbel、Chimay Première/Capsule Rouge、Ommegang Abbey Ale、Allagash Dubbel Reserve

比重： 1.062～1.080（15～19.2°P）

酒精濃度： 6～7.8% 體積比

發酵度／酒體： 中度乾爽

酒色： 10～20°SRM，琥珀至棕色

苦度： 15～25 IBU，低至中等

比利時修道院三倍啤酒
Belgian Abbey Tripel

源起： Westmalle修道院，在1930年代對皮爾森啤酒與淺色愛爾風潮的回應

所在地： 比利時、美國精釀啤酒廠

風味： 複雜、乾淨的麥芽感，帶有許多深邃辛香；含氣量高

香氣： 果香或辛香、乾淨的麥芽、一點啤酒花

平衡： 帶蜂蜜感但乾爽；有乾淨、爽冽的尾韻

季節： 全年

搭配： 烤豬肉、龍蝦之類的豐厚海鮮，烤布蕾

建議嘗試酒款： Bosteels Tripel Karmeliet、Westmalle Tripel、Stoudt's Tripel、Unibroue La Fin du Monde

比重： 1.075～1.090（18～22°P）

酒精濃度： 7.5～9.5% 體積比

發酵度／酒體： 飽滿，但乾爽

酒色： 3.5～6°SRM，淺至深金色

苦度： 25～38 IBU，中等

季節特釀啤酒
Saison

源起： 在十九世紀，季節特釀啤酒是棕色啤酒，所以在轉變成今日的模樣還須經過些許轉折。現代版本可能該歸功於頂層發酵、最早風行於法國北部大區的金啤酒；北部大區距離講法語的瓦隆尼亞（Wallonia）和現在釀造季節特釀啤酒的埃諾省（Hainault）不遠。拉坎布里也給了季節特釀啤酒之名完美的理由：季節。他說各地的輕啤酒都是全年釀造，因為人們消化輕啤酒的速度相當快，連在夏季炎熱中變質的時間都沒有。而季節特釀啤酒則是在「釀酒季」，即十一月至隔年三月間釀造，酒質較烈而乾淨，此類型能度過整個夏天。

最近的故事則是季節特釀啤酒來自法蘭德斯，在農舍啤酒廠釀造，為供應農工夏季勞動所需。這是好故事，也含有些真實元素，但並不完全精確。歷史上，這個名號來自於幾乎到達德國的遙遠東邊，在列日一種古怪的啤酒；而這些啤酒（根據拉坎布里於1851年所言）又和遠在西方、現以季節特釀啤酒聞名的蒙斯（Mons）地區啤酒一致，所以這看來開始有點道理。列日的啤酒釀製以麥芽、小麥、燕麥、斯卑爾脫小麥，甚至有時包括蕎麥和蠶豆。

在某個時間點（我猜是十九世紀中，

和許多其他類型一樣），現代的季節特釀啤酒誕生了。今天，它不一定含有小麥，雖然至少有一個版本（Saison d'Epeautre）含有斯卑爾脫小麥。許多季節特釀啤酒製造商提供多種強度；有些較烈的酒款會使用糖以增加易飲性。

此類型的決定要素之一就是酵母。據信和紅酒酵母有關係的季節特釀啤酒品系，能忍受非常高的發酵溫度——32°C。這種酵母會產生許多帶胡椒味的酚類，但不會產生太多酯類氣味，酯類會讓啤酒帶有溶劑感，並散發去光水氣味。它是種生長緩慢、脾氣古怪又很難相處的酵母，所以許多釀酒師會先以正統酵母啟動季節特釀啤酒，再換成較常見的酵母收尾。香料並非此類型的必須要素，但有時會用天堂籽、黑胡椒等香料輔助酵母性格。

所在地：比利時埃諾省和瓦隆尼亞（法語區）

風味：綿密的淺色麥芽，乾淨的啤酒花；稍酸；可能也會使用香料或野生酵母；非常爽冽而有乾爽口感，但也同樣柔順易飲

香氣：複雜，帶胡椒味的香料，麥芽和啤酒花的氣息，有時帶一縷柑桔味

平衡：極乾爽，有乾淨、富酒花風味的尾韻

季節：為夏季和收穫季釀造，但全年皆宜

搭配：豐盛的沙拉、雞肉、龍蝦等豐厚海鮮，非常適合粉衣外皮起司，較具土味的版本配熟成山羊起司十分出色

建議嘗試酒款：Brasserie Dupont Saison Dupont、Brasserie des Géants Saison Voisin、Jolly Pumpkin Bam Bière、Southampton Publick House Saison

比重：1.055～1.080（13.6～19°P）

酒精濃度：4.5～8.1%體積比

發酵度／酒體：極乾爽

酒色：6～12°SRM，金至淺琥珀色

苦度：20～45 IBU，中等至高

比利時小麥白啤酒
Witbier/White Ale

源起：在十一世紀前後的中世紀歐洲北部出現，一度分布廣泛。白啤酒是最早使用啤酒花的啤酒，諷刺的是，今日它們被視為少數在啤酒花之外，還必須使用其他調味料的啤酒類型之一。有許多變異版本，從俄羅斯的克瓦斯（kvass）到英格蘭德文郡在 1870 年前後亡佚的白愛爾。柏林白啤酒是這個啤酒家族的倖存者。

Wit 或德文的 Weisse 意指「白」，描述啤酒的淺酒色和混濁外觀。白啤酒有含量不一的小麥，且通常也會加入其他穀物。

到了十九世紀後期，此啤酒類型以比利時的魯汶（Leuven）為中心，附近的城鎮胡哈爾登（Hoegaarde）次之。1995 年，胡哈爾登最後一間傳統比利時小麥白啤酒酒廠關門大吉。十年後，年輕時曾在胡哈爾登最後一間啤酒廠Tomsin工作過的皮耶‧塞利斯（Pierre Celis），決定復興比利時小麥白啤酒。他在一間牧草倉庫創

Tomsin釀酒廠中非常年輕的皮耶‧塞利斯（右二，約1943 年）

他的家鄉，比利時胡哈爾登最後一間比利時小麥白啤酒酒廠關閉後，塞利斯開設一家啤酒廠並生產老胡哈爾登啤酒，進而拯救了此類型。現在由 InBev 以 Hoegaarden Witbier 之名銷售。照片中可見他正拿著 stuikmand，此為釀酒師用來分離麥汁和麥粕，以柳條編成的籃子。

混濁糖化與黏液

小麥啤酒在比利時的歷史可上溯許多世紀，而要符合此類型幾乎總是需要特別的釀造程序，以萃取多量可發酵物質。另外，在 1822 至 1885 年間施行的古怪貨物稅規定，以及一條依糖化槽容量課稅的稅則，則徹底改變了多種啤酒的釀造方式。比利時啤酒製造商也生產比重非常低的「單倍」或「一般」啤酒，而對這些類型來說，以最後會留下許多不可發酵物質的釀法很有利，輕啤酒的味道會因此更豐厚、飽滿。而且在自然酸釀啤酒釀造中，這些不可發酵的糊精有當做乳酸片球菌食物的價值，並且得以添加此類型十分重要的怡人酸味。

於是，他們想出的策略就是把糖化槽塞得水洩不通，這也表示熱水用量很低。若用一般的假底（false bottom）會浪費太多空間，所以他們使用 stuikmand（釀酒師的籃子，細長的柳條籃子，如第 201 頁照片所示）進行過濾，首先將籃子塞浸麥醪，讓液體慢慢滲入，接著以大杓子把其中的液體舀出。混濁糖化最重要的特色就是這混濁、富酵素，且以 slijm（荷語意指黏液）為名的麥汁。這麥汁會立刻置入配有一組旋轉鏈條的鍋中。鏈條在底部來回拖曳，確保澱粉不會黏鍋或燒焦。隨著 slijm 煮沸，酵素也被破壞。原本的麥醪會再加入熱水，繼續進行糖化；一段時間後，麥醪會汲出多餘的液體並煮沸。這時，會在煮沸後的 slijm 添加穀物，並再度煮沸麥汁，進行糖化。事實上，這過程比此處討論的還要複雜許多，經過如此錯綜複雜的程序之後，酵素將澱粉轉為發酵糖的能力嚴重受損，因此麥汁留有許多糊精。

立了 Brouwerij Celis（1978 年改名為 de Kluis），並且發行一款 Hoegaarden 啤酒。最後，啤酒大獲成功，如今比利時等地區的許多啤酒廠都有釀造比利時小麥白啤酒。即使是工業巨人 Molson-Coors 推出的類精釀版本 Blue Moon 也擁有一定程度的歡迎。

這是一種很難釀得好的類型。傳統的酒譜包括 50% 的風乾麥芽、45% 未發芽軟小麥，而 5% 的燕麥須短暫煮沸使澱粉糊化，許多小型啤酒廠無法執行這些程序。雖然可以使用簡單浸出式或上行階段糖化取代，但如此一來未必能自穀物萃取出奶昔般的質地。苦橙皮和芫荽子也是此類型的關鍵角色，但香料必須仔細挑選，以避免菜味或不舒服的苦味；洋甘菊或辛辣的香料天堂籽有時當作「秘方」。比利時小麥白啤酒是個強健的概念，足以承受許多創意新玩法，所以偶爾會有較烈、酒色較深之類的變異版本，這些都很有機會是相當美味的酒款。

所在地：比利時、美國精釀啤酒廠、日本

風味：乾爽的綿密感；尾韻柔順帶酸

香氣：酵母辛香加上微妙的柑桔與芫荽子氣息，可能還有其他香料氣息

平衡：奶昔般的質地，但乾爽，有點酸

季節：全年，但最適合溫暖的天氣享用

搭配：較輕的食物，如淡菜、鮭魚、雞肉

建議嘗試酒款：Hoegaarden Original White Ale、Brasserie du Bocq Blanche de Namur、Bell's Winter White Ale、Michigan Brewing Company Celis White、Unibroue Blanche de Chambly

比重：1.042～1.055（10.4～13.0° P）

酒精濃度：4.2～5.5% 體積比

發酵度／酒體：乾爽至中等

酒色：2～4° SRM，淺稻草色至金色，混濁

苦度：15～22 IBU，低至中等

自然酸釀啤酒
Lambic

源起：自然酸釀啤酒是在布魯塞爾附近釀造的古代啤酒。啤酒能有多怪，它就有多怪。自然酸釀啤酒有高比例（40～60％）的未發芽小麥，並採用混濁糖化程序（第202頁）。極稀而富蛋白質的麥汁也需要數小時的煮沸（多數啤酒為一小時）。啤酒花也要先陳放二至三年，直到苦味與香氣殘留量很少，因為自然酸釀啤酒只需要啤酒花的抗菌特性。

自然酸釀啤酒被視為「自然發酵」。古典方式是將冷卻中的麥汁，暴露在夜間的空氣中，其中飄著一群群在啤酒發酵和酸化過程扮演不同角色的微生物。過去此地區有許多果園，即眾多微生物棲息的自然生態。今天，果園已經消失，而且逐漸有種老方法不像以往那麼可靠的感覺。其中有一大部分的問題出在古典釀造過程太複雜了；即使有許多一絲不苟的研究，自然酸釀啤酒的科學和實踐還有很大一塊仍然難解。例如，當Lindemans釀酒廠幾年前擴廠時，他們鋸下了整塊牆並將它拴在新建築中，他們不希望冒著必要微生物

自然酸釀啤酒壺
這個石製壺展現了自然酸釀啤酒的精緻土壤氣息。

值得嘗試的自然酸釀啤酒

純自然酸釀啤酒（Straight Lambic）：在布魯塞爾之外，很難有機會喝到未經混調的酸啤酒。這樣的酸啤酒可能有圓潤或尖銳的酸味，完全取決於調酒師。通常以很少或不含氣的方式供應，傳統的侍酒方式是給飲用者一碗方糖及一根「搗棒」，可依個人口味加糖，並用搗棒搗碎。

建議嘗試酒款：Cantillon Iris、Oud Beersel Lambic。

調和酸釀啤酒（Gueuze）：瓶裝的新舊自然酸釀啤酒混調產品創於1850至1875年間，此時已有可用機器大量生產的玻璃瓶，向玻璃瓶課稅的規定也廢止了。Gueuze可能和英語的噴泉（geysey）有關。調和酸釀啤酒為瓶中熟成。

建議嘗試酒款：Cantillon Gueuze、Lindemans Cuvée René。

黑糖酸釀啤酒（Faro）：自然酸釀啤酒的稀釋版本，以焦糖糖漿加甜，而且有時還會添加香料調味，黑糖酸釀啤酒是十九世紀時最受歡迎的版本，但現在罕見。

建議嘗試酒款：Lindemans Faro Lambic、Boon Faro Pertotale。

水果酸釀啤酒（Fruit Lambic）：雖然自家釀製的水果酸釀啤酒感覺已經存在好幾世紀，但其實商業發行的水果酸釀啤酒在1930年代才誕生。經典酒款包括櫻桃（kriek）、覆盆子（framboise）、水蜜桃、黑醋栗等。

建議嘗試酒款：Cantillon Rosé de Gambrinus、Drien Fonteinen Schaerbeeckse Kriek、Lindemans Kriek、Framboise。

比利時的怪東西們

很多比利時啤酒從來就不打算遵循任何類型。如果你習慣了德國清晰明瞭的類型劃分，一開始接觸比利時啤酒時可能會有些困惑。不過，放開心胸，讓比利時啤酒帶你好好享受這趟旅程吧。

Kwak：來自比亨豪特（Buggenhout）的Bosteels，據説由釀酒師兼酒館老闆鮑威爾‧夸克（Pauwel Kwak）於1791年所創。它呈飽滿的琥珀色，並有綿密、帶焦糖感的質地，以及據説擁有甘草的獨特香料風味。平衡良好；酒精濃度為8%，以底部呈球狀的「馬蹬杯」供應，為承繼的文化致意。

De Dolle Brouwers：字面之意為瘋狂釀酒師，這是一間位於安特衛普郊區的埃森（Esen）的小啤酒廠。由母子倆經營，生產多種產品，包括一款柔和的金色復活節啤酒、一款富啤酒花風味的琥珀啤酒（8%）、一款烈性酸啤酒（9%），以及一款司陶特啤酒。

Celis Grottenbier：拯救比利時小麥白啤酒的皮耶‧塞利斯的系列產品之一。飽滿綿密，酒精濃度為 6.5% 的 Bruin 發行於 1999 年；酒精濃度為 7.7% 的 Blond 在 2005 年登場。grotten 指的是陳放啤酒的洞穴。

Wostyntje：來自 Brasserie de Regenboorg 是一款帶芥末味（真的！）且有英式啤酒花風味的金色愛爾，非常爽冽、清新。

Poperings Hommelbier：來自座落在比利時酒花之鄉的 van Eecke，這款酒精濃度為7.5% 的金色啤酒充滿了明亮、新鮮的酒花氣息，並以比利時式的纖細讓口感柔和。

Bush/Scaldis：來自Dubuisson，這款極烈的金色愛爾（12%）有少許太妃糖般的麥芽感，由明亮如Goldings啤酒花的風味平衡，且以長期低溫熟成平順。雖有強度卻高度易飲。

Chouffe：這間位在阿登（Ardennes）的公司製造一系列充滿特色的啤酒，包括一款蘇格蘭愛爾和一款只能在美國買得到的美式印度淺色愛爾。酒款中的所有色彩都是來自酒用焦糖糖漿，而不是特殊麥芽。

Urthel：另一家出產一系列富特色產品的公司，是一間個人色彩強烈的啤酒廠。Urthel 是他們自創的小精靈角色，而各式酒款都是依照這些想像中的小精靈的生活而設計。由一對夫妻經營，希德嘉和巴斯‧范歐斯塔登（Hildegard and Bas van Ostaden），她釀啤酒，他做行銷。

消失的風險。

幸運的是，許多菌種還是開心地生活在自然酸釀啤酒發酵的木桶中。關於自然酸釀啤酒製造商從不清理木桶的蜘蛛網是真的。人人都小心翼翼地試著不去驚擾出色自然酸釀啤酒的精巧平衡。沒有任何啤酒像它這般高度仰賴魔法。

自然酸釀啤酒的自然發酵過程：首先，由克勒克酵母（Kloeckera）和大腸桿菌（Escherichia coli）等腸內菌開始，它們會代謝麥汁中的少量葡萄糖，並逐漸死去；接下來是酵母，它將麥芽糖轉換成酒精與二氧化碳，擔下發酵的重任。此時過程會放慢許多，而野味酵母及乳酸半球菌的土味與果香會變得明顯，並產生大量酸味。而長期陳放於橡木桶對活動緩慢的菌類來說也是必要，這也會讓粗糙的酸味變得圓融。當然，各桶之間會有許多差異，所以想要產品風味一致，就必須經過調和。即便如此，當部分木桶中的酒仍然太酸，過去會用這些酒液清理啤酒廠的銅製鍋爐。

所在地：布魯塞爾；美國精釀啤酒廠也做過道地程度不一的嘗試。Lambic是法定名詞，限由特定地區、遵循認可的酒譜和程序的啤酒製造商使用

風味：口感銳利，帶酸味，複雜度驚人

香氣：優格、野味酵母、醋、果香

平衡：非常銳利而酸，甜味氣息

季節：全年

搭配：較輕的食物；善於切開油脂；水果味豐富酒款與甜點是完美搭配

建議嘗試酒款：第203頁

調和酸釀啤酒：

比重：1.044～1.056（11～14°P）

酒精濃度：5～6%體積比

發酵度／酒體：中等

酒色：6～13°SRM，金至琥珀色

苦度：11～23 IBU，低

酸味棕愛爾／老棕啤酒
Sour Brown/Oud Bruin

源起：今日比利時有兩個酸味棕愛爾的重點地區。其一，位在西法蘭德斯的魯瑟拉勒（Roeselare），即是Rodenbach的家鄉，另一處是東法蘭德斯的奧爾納爾德（Oudenaarde）。兩種類型都有許多相似之處，但並不完全相同。棕色啤酒、木桶陳放及混調新舊酒在1800年之前相當常見，其中有非常少數的酒款存活到了今天。有趣的是，在拉坎布里1851年對比利時啤酒的廣泛調查中，只有一種符合描述的啤酒在稍遠的東方，位在布魯塞爾及安特衛普之間的梅赫倫（Mechelen）／馬林斯（Malines）釀造。在更東邊的馬斯垂克（Maastrict），有另一種乳酸含量高的酸味棕啤酒類型，所以這些酸味紅或棕愛爾的分布範圍可能曾經更廣。

西法蘭德斯紅愛爾則以Rodenbach為範本。這些偏紅的棕啤酒以常規釀造，接著在大型木桶陳放近兩年，陳放過程中染上許多來自乳酸桿菌、醋酸菌和野生酵母的酸味。這並非自然發酵，而是將橡木當做基質助長微生物的生長。橡木也會釋出一點土壤氣息以及香草等調性，使銳利的酸味變得平順。

奧爾納爾德棕愛爾（Oudenaarde Brown）的獨特酸味，有賴於混入乳酸桿菌的酵母。以Liefmanns Goudenband為代表的奧爾納爾德啤酒，有股複雜的土壤味，有時也帶點混濁。至少Liefmanns並未在木桶陳放，而它們的Goundenband仍有混調新舊啤酒。

紅愛爾擁有多樣的混調方式。它們可能會含有許多帶酸味的「老」啤酒，通常是較頂級的產品；或者帶點酸甜風味。Jack-OP和Zotteghem等「半酸」啤酒一度很受歡迎，部分酒款市面仍然可見。

酸愛爾也是水果啤酒的好基底，酸度的襯托讓水果更美味。兩種類型都有櫻桃和覆盆子版本，也很值得去找。

所在地：法蘭德斯、美國有時也會嘗試

風味：圓融至銳利的酸味和焦糖麥芽或煮過的糖

香氣：深沉的果香或酯香；帶酸味調性（在紅愛爾是醋或醬菜調性），麥芽氣息

平衡：酸甜兼具；幾乎沒有啤酒花

季節：全年

搭配：重味起司，豐厚的肉類，油炸菜餚；試著搭配輕盈的水果塔

建議嘗試酒款：Liefmans Goudenband、Rodenbach Grand Cru、Verhaeghe Duchesse de Bourgogne、Jolly Pumpkin La Roja、New Belgium La Folie、New Glarus Wisconsin Belgian Red（有櫻桃）

比重：1.044〜1.057（11〜14°P）
酒精濃度：4.8〜5.2% 體積比
發酵度／酒體：酸加甜
酒色：12〜18°SRM，琥珀至棕色
苦度：15〜25 IBU，低至中等

注意事項：雖然不是人見人愛，但部分美國精釀啤酒廠也開發了自然發酵啤酒，偶爾會限量發行。可以尋找 Cambridge Brewing Company、Jolly Pumpkin、Lost Coast/Pizza Port、New Belgium、Russian River。

法式窖藏啤酒
French Bières de Garde

源起：法國對啤酒總是持觀望態度。當然，那裡也有熱情的啤酒愛好者，但葡萄酒文化太過強大，使得啤酒要獲得注意有困難。歷史上有兩地區是法國啤酒文化的泉源。就位於拉格強權德國一旁且與德國文化密切的的阿爾薩斯—洛林（Alsace-Lorraine），當地許多金啤酒、勃克啤酒和梅爾森啤酒隨著工業化一同出現。而在北接比利時西部的北部大區中，啤酒製造商釀產具鄉野氣息而採頂層發酵的棕啤酒和白啤酒（blanche），與比鄰的法蘭德斯及埃諾省類似。順帶一提，巴黎人各種類型都喝很多。這兩種地區性特色在現今的法式窖藏啤酒會合。法式窖藏啤酒一詞就像拉格，意指「儲存的啤酒」，此名詞原來並不與任何特定類型相關，用於法國基礎啤酒的「雙倍」或較烈版本的術語。
然後麻煩來了，1871 年，德國兼併了阿爾薩斯—洛林，做為普法戰爭勝利的戰利品，意味著相當大的法國啤酒產量自此不在法國的控制之下。因此迫使政府嘗試提高當時還不算高度工業化的北部大區啤酒廠產量。這也表示任何有點類似勃克啤酒、金啤酒和三月啤酒（梅爾森啤酒）的東西，如今都有了現成的市場，即使酒標有頂層發酵（Fermentation Haute）字樣也是如此。
即便如此，北部大區的啤酒製造商還相當樸質；當時的記者，例如《釀造學會期刊》（Journal of the Institute of Brewing, 1905）的 R・E・伊凡，就認為他們有些失序。和其他地方一樣，這裡也有兩次可怕的戰爭，以及雖然短暫但充滿活力的時期。啤酒廠在戰間復原了一些，並開始釀造出口等級的奢華啤酒。
第二次世界大戰的損害復原之後，奢華瓶裝啤酒成了筆大生意，而法國北部，現在由更具企圖心世代掌理的啤酒廠，開始包裝發行烈性啤酒。早期大多是棕啤酒，但如今成了棕色或琥珀色啤酒以及金啤酒的混合。

所在地：法國北部、美國精釀啤酒廠
風味：焦糖麥芽，烤麵包氣息
香氣：複雜的麥芽及酵母的土壤性格
平衡：明顯富麥芽風味，稍由啤酒花平衡
季節：全年，在寒冷的天氣很棒
搭配：豐盛，飽滿的食物；牛排、烤豬肉、燉牛肉；簡單的甜點

建議嘗試酒款：La Choulette Amber、Brasserie La Choulette Bière Sans Culottes、Lost Abbey/Port Brewing Avant Garde、Russian River Perdition、Two Brothers Domaine DuPage

比重：1.060〜1.080（15〜19°P）
酒精濃度：6〜8% 體積比
發酵度／酒體：中等至飽滿
酒色：6〜12°SRM，淺至中等琥珀色
苦度：25〜30 IBU，低至中等

Chapter
13

美國
及其他地區的
精釀啤酒

精釀啤酒將我們的味覺自平淡、
工業化的產品拯救出來，它搶救了世上
傑出啤酒的道地風味，並讓藝術家們重新挽起袖口，
釀造這眾人愛戴的飲品。就像是 1960 年代
許多以態度轉變促成的社會運動，
精釀啤酒有著大膽，甚至天真的目標。
雖然這場運動是否成功得交由歷史裁決，
但今日的啤酒的確變得相當有趣。
啤酒的景致更是前所未有地飽滿、
深邃，而且美味極了。

什麼是精釀啤酒？

這是困難的問題。精釀啤酒一詞是缺少精確定義的微妙術語之一。任何在美國愛喝像樣啤酒的人都對此術語有足夠的概念，但當你越用力嘗試定義它，分界線就似乎變得越模糊。精釀啤酒的特殊之處來自於啤酒本身，還是釀酒師？一定要全麥嗎？小麥啤酒可以算嗎？和所有權有關嗎？大型上市公司能釀造合乎要求的精釀啤酒嗎？一款稱為「精釀啤酒」的啤酒真的會名副其實嗎？

這些疑問今日依然存在。IRI 和 Nielson 兩家公司收集超市條碼機資料，便有兩種精釀啤酒類別：獨立精釀和附屬精釀。前者依循啤酒製造商協會的定義，排除大公司或國際企業有關的啤酒廠；後者則囊括所有，包括 Coors 的 Blue Moon 之類的類精釀啤酒。

2007 年，美國啤酒製造商協會發布了精釀啤酒製造商的定義：產量小於兩百萬桶，即聯邦政府對小型啤酒製造商的免稅上限；獨立，即非精釀啤酒製造商公司持股小於 25%；傳統，意指有全麥釀造的旗艦商品。（譯註：2014 年，美國釀酒師協會修訂的定義中，「小型」的定義上調至六百萬桶；「獨立」則修正為非精釀啤酒製造商持有或控制股份小於 25%；「傳統」則修正啤酒中的主要酒精來源與風味，來自傳統或創新的釀造原料及其產生的發酵物。）

身為啤酒製造商協會理事會的成員，也參與了以上討論。過程十分漫長曲折，最終也並未達成共識。對我來説，精釀啤酒是門藝術，因此啤酒的構想和酒譜來自釀酒師，而非行銷部門。藝術創作需要熱情，以及用相當個人的視角產生獨特、難忘而有意義的東西。

以決心釀酒

西元 1975 年，美國仍是好啤酒貧瘠的地方。不論大小，自第二次世界大戰以來的數十年，美國啤酒廠都一直進行價格爭鬥，也讓超市販售著沒有品牌的啤酒，而真正的特色啤酒酒款，可以用一隻手數完。

精釀啤酒的出現由許多因素集結。首先是軍事人員和大學生背包客的歐洲經驗。他們在英國發現啤酒擁有親密且個人化的感受；在德國有種正直和秩序感；而在比利時則是古代根基與構想的無限泉源。這些都是極為出色的出發點。

嬰兒潮世代的盲目樂觀主義，讓我們自認能創造任何想像得到的未來。所以，雖然當時有近五十年內沒有任何一家啤酒廠成立，但那又怎樣？創辦一間能有多難？

一開始的簡樸

Sierra Nevada 釀酒廠和早年的釀酒師兼所有人肯恩・葛羅斯曼（Ken Grossman），約 1981 年。

生於廢墟

當時，位於美國科羅拉多州的波德（Boulder），查理・帕帕齊安（Charlie Papazian）當時領導一群快樂的自釀者，這群人最後成立了美國自釀者協會，他們的集結如同散播了有趣且具顛覆性的訊息，一種我們可以自力更生的訊息。自釀啤酒在 1979 年合法化，為業餘釀酒師和自釀者引發了一股真正的風潮，他們也開始懷有更大的夢想。時至今日，自釀啤酒仍為商業精釀啤酒提供能量、構想和人才。

這些早期啤酒廠中有許多以酪農業拋棄的廢建築物改建。當時，企圖將英國啤酒製造商的散裝啤酒運送到美國酒館的計畫推動失敗（一部分得感謝真愛爾促進會），造成容量為七桶的「小心眼」（Grundy）出酒槽過剩，而這些出酒槽正式為酒館供酒設計，也正適合自釀酒館。釀酒師先鋒們便從小規模開始

磨練技藝，並和市場建立關係。今日大多數知名的大型精釀啤酒廠都是如此起家。

第一間自釀酒館，Yakima Brewing and Malting，在 1982 年由退休啤酒花顧問博特・格蘭特（Bert Grant）開辦。雖然餐廳的生意不好做，自釀酒館還是成功地存活下來。多年來他們的精釀啤酒能見度都很高，能向數百萬人介紹精釀啤酒的迷人之處。截至 2007 年 11 月，美國共有 967 家營運中的自釀酒館（根據釀酒師協會資料顯示，2014 年年底美國自釀酒館數目已達 1412 家）。

而真正對精釀啤酒產生關鍵意義的，是一群從地下室起家、家人願意投資開業的男女，他們擔任了美國的啤酒概念舵手。一個多世紀以來，業界大型規模的成員決定了啤酒的未來，讓它變得色淺、低溫、吱吱作響、酒體輕、罐裝、便宜、乾爽、冰涼或清澈。大型上市公司仍然握有龐大的權力，而且絕沒

有消失的傾向，但他們開始跟隨領先的小傢伙，並且大量做出類似精釀的酒款，人們不難看出創意的源頭。還有什麼產業可以產生如此戲劇性的翻轉？

美式啤酒類型觀

美國的啤酒起初相當簡單：純美國淺色麥芽、一大團結晶麥芽、一堆帶柑桔味的啤酒花，再加上以愛爾酵母發酵，一款實在的手工啤酒。對習慣黃色吱吱作響玩意的飲用者來說，這些啤酒就像是打在臉上的一巴掌。一旦衝擊轉為平靜，便開始與飲者建立關係，剩下的就是歷史了。舊世界的傳統是啟發，而美國創建了屬於自己的成果。美系啤酒花耀眼的樹脂與葡萄柚風味，定義了美式精釀啤酒。

拉格始終是精釀啤酒故事的一部分，尤其在離海岸較遠的地方。但拉格存有待解決的問題：窖藏的儲酒時間相當長，因此拉格啤酒廠需要的儲酒槽數量，大概是產能相等的愛爾啤酒廠的兩倍，這高昂的代價限制了精釀拉格啤酒廠的數目。相對於對待愛爾的隨心所欲，美式精釀拉格仍忠於原型。或許其中有個看不見的純酒令約束著變形的力量，不論原因為何，目前還不會在本章看到拉格類型的嶄新獨創。但誰知道未來會如何變化呢？

比利時式啤酒在 1990 年代初期開始受到矚目。科羅拉多州科林斯堡（Fort Collins）的 New Belgiums 釀酒廠，和德州奧斯丁（Austin）的 Celis 釀酒廠，是首先只專注於比利時啤酒的先驅。這波新世代包括 Lost Abbey 釀酒廠的湯米·阿瑟（Tomme Arthur）和 Russian River 的維尼·裘爾索（Vinnie Cilurzo）等釀酒師，他們引領著變遷，而眾人也在相似的道路上追趕。Cambridge 釀酒公司最近參加橡木與桶陳啤酒節（Festival of Wood and Barrel-Aged Beer）的作品被描述為「在納帕谷地的法國橡木葡萄酒桶中，與夏多內、樹密雍（Semillon）葡萄及杏桃一起陳放十二個月，並採蘋果乳酸發酵」。德拉瓦州（Delaware）的 Dogfish Head 安裝了兩座以祕魯聖木（Palo Santo）製成，容量一萬加崙的儲酒槽，這是自禁酒令以來美國當地建立的最大木製啤酒槽，而它只為熟成一款酒精濃度 12% 的特殊棕愛爾。有趣的點子俯拾皆是。

誘人的未來

未來有什麼等著我們呢？精釀啤酒製造商在 2006 年啤酒銷售量約占 3.5%，銷售金額約占 5%（2014 年約占銷售量 11%，銷售金額約占 19.3%）。銷售量占比有望貼近奧勒岡推展的情況，最後到達 10% 左右。葡萄酒市場也可能是個不錯的對照，雖然擁有大型企業，但沒有任何一家公司擁有稱得上支配市場的市占。隨著消費者遠離大眾市場品牌，他們開始尋求多樣、廣泛且經常變化的產品，這些都不是大型啤酒廠的強項，目前也仍無法透過多款且少量的酒款獲益。

世界各地的精釀啤酒

義大利：六間北部的自釀酒館已經聯合起來組成啤酒聯盟（Union Birra）。包括以比利時為主題的 Le Baladin，偶爾可在美國看到他們的產品。

丹麥：美式風格，這裡擁有許多充滿創意、非常富啤酒花風味的啤酒。丹麥啤酒學會有超過一萬七千名成員！

巴西：剛起步。還有一間以科羅拉多州命名的啤酒廠，目前正釀造一系列有趣的啤酒，包括一款木薯皮爾森啤酒和一款添加當地原蔗糖（rapadura sugar）的印度淺色愛爾。

阿根廷：強健且正成長中。Antares 正生產許多大膽的產品，包括一款美味的大麥酒。

日本：小巧但正在茁壯。Hitachino Nest 的產品有出口至美國；包括一款可靠的比利時小麥白啤酒和使用一種紅米、增添清酒風味和粉紅色調的皮爾森啤酒。

英國：許多小規模、工藝型的啤酒廠正在成立。甚至有釀酒廠生產一款使用 Cascade 啤酒花的啤酒！夏季愛爾、小麥啤酒、十八世紀的波特啤酒，以及用薑與人參調味的啤酒都在近來現身。

　　當成功的精釀啤酒廠創辦人到達退休年齡並尋求出售時，酒廠兼併便出現，將股份出售給大型企業的情形也不會停止。大型啤酒製造商可以提供許多好處，如技術與行銷支援、原物料的取得，特別是貨車——經銷一直是精釀啤酒界非常具有挑戰的問題。精釀啤酒正成為全球現象。小規模的精釀啤酒廠正在歐洲等地出現；義大利有少數熱情的啤酒廠，大多為對比利時啤酒的熱愛驅動；Cascade 啤酒花的香氣偶爾會在英國啤酒出現；澳洲和丹麥也正茁壯，非常接近美國精釀啤酒界的狀態；日本最近放寬了啤酒廠的最小規模限制（1994年，日本將酒稅法的啤酒廠年產量下限，自兩百萬公升修訂為六萬公升），讓小型啤酒廠可能成形；拉丁美洲正在大步前進；而非洲也有相關行業。

　　精釀啤酒會因應當地的文化、市場及口味而變化，但根基一致：本著對傑出啤酒風味的熱愛，釀出新鮮、充滿特色，囊括各種強度、色彩和感受的啤酒。優質啤酒是珍視生活的體驗，它讓每個時刻都是冒險，每種味道都值得品味。精釀啤酒已經蔚為風潮，但我們仍需接觸更多人，讓他們轉而擁抱眾多選擇、豐富風味，而且貨真價實的世界。

精釀啤酒的大膽風味

　　關於精釀啤酒革命，我們可以很有把握地說：它將啤酒花從跑龍套的小角色提升為領銜主角。美國啤酒製造商就是深愛啤酒花，不管是香料辛香、花香、松針味、樹脂味、柑桔味或藥草味，而且他們總是找尋著展現啤酒花所有苦味和香氣的新方式。

　　我過去曾認為這只是個現象，一種對於一世紀以來忽視啤酒苦度的過度補償。但二十年來，啤酒製造商仍不斷往

啤酒塞進越來越多啤酒花。我錯了，苦味驚人的啤酒已站穩腳跟。

這股帶有樹脂味的狂熱已經堆積到約 100 IBU。好在，我們的味覺還有很多東西可以體驗。啤酒製造商不再只崇拜單純的苦味力量，他們正運用更精妙的手法，尋找更微妙的方式展現這種我們最喜愛的啤酒藥草。

美式淺色愛爾
American Pale Ale

此類型堪稱最能定義美國精釀啤酒。它們以純麥為根基，通常帶有結晶麥芽的焦糖、葡萄乾風味，由 Cascade 啤酒花新鮮辛辣的風味和其他帶松針、樹脂調性的美系啤酒花平衡。幾乎每家啤酒廠都會生產某種形式的淺色愛爾。

源起：約在 1980 年，因美國啤酒製造商試著滿足對啤酒花的渴望而誕生

所在地：美國精釀啤酒廠

風味：新鮮啤酒花加上帶堅果味的麥芽感，葡萄乾和／或焦糖氣息，尾韻爽冽

香氣：麥芽味，果香，美系啤酒花（Cascade 或相關種類）較為突出

平衡：中等酒體；爽冽，尾韻苦

季節：全年

搭配：各式各樣的食物；配漢堡是經典

建議嘗試酒款：Anchor Liberty Ale、Boulder Brewing Hazed & Infused、Deschutes Mirror Pond Pale Ale、North Coast Ruedrich's Red Seal Ale、Sierra Nevada Pale Ale、Three Floyds Alpha King Pale Ale

比重：1.044～1.060（11～14.7°P）

酒精濃度：4.5～5.5% 體積比

發酵度／酒體：中等

酒色：6～14°SRM，深金至深琥珀色

苦度：28～40 IBU，中等至高

美式印度淺色愛爾
American IPA

印度淺色愛爾只是一種酒色更淺、更烈、更具酒花風味的淺色愛爾。美國版本充分展現了美系啤酒花。

源起：約在 1985 年，因美國啤酒製造商尋求其他也能襯托啤酒花的酒款而誕生

所在地：美國精釀啤酒廠

風味：新鮮啤酒花加上乾淨、帶麵包味的麥芽感，或許帶點焦糖氣息，具乾淨、爽冽的苦味尾韻

香氣：美系啤酒花（Cascade 或相關種類）較為突出，還有一些麥芽、水果香氣

平衡：中等酒體；爽冽，尾韻苦

季節：全年

搭配：各式各樣的食物；配漢堡是經典

建議嘗試酒款：Anderson Valley Hop Ottin' IPA、Bear Republic IPA、Bell's Two-Hearted Ale、Harpoon IPA、Victory Hop Devil

比重：1.050～1.060（11.4～14.7°P）

酒精濃度：5.5～6.3% 體積比

發酵度／酒體：爽冽、乾爽

酒色：5～12°SRM，金至淺琥珀色

苦度：35～70 IBU，中等至高

雙倍／帝國印度淺色愛爾
Double/Imperial IPA

帝國一詞通常用於十九世紀在英國釀造並輸送到帝俄宮廷的啤酒。十九世紀晚期的美國也用「帝國」當作頂級啤酒的標示，通常是強度相當高的淺色「陳年」愛爾。二十世紀之際的英國偶爾也會使用此詞。近來，精釀啤酒製造商已經欣然接受此詞，並且用在任何帶有啤酒兩字的東西上：司陶特啤酒、波特啤酒、棕愛爾、淺色愛爾、金啤酒、皮爾森啤酒等等。

消費者一直喜愛大瓶裝的烈性、季節性帝國或雙倍啤酒，而啤酒製造商也樂於從命，讓這些啤酒觸手可及。

源起：約在 1995 年。更多麥芽！更多啤酒花！

所在地：美國精釀啤酒廠等地

風味：啤酒花較為突出，但能與幕後複雜而綿密的麥芽感平衡；宏大的啤酒應有豐富的複雜度

香氣：啤酒花大爆炸加上一些重要的麥芽感

平衡：中等酒體；苦而綿長的尾韻

季節：全年，但避開夏日的炎熱比較好

搭配：非常豐厚的食物，如陳年古岡佐拉起司或紅蘿蔔蛋糕

建議嘗試酒款：Dogfish Head 90 Minute IPA、Great Divide Hercules Double IPA、Lagunitas Brown Sugga'、Rogue I2PA、Stone Ruination IPA、Three Floyds Dreadnaught IPA

比重：1.075～1.100（18.2～24°P）

酒精濃度：7.9～10.5% 體積比

發酵度／酒體：爽冽、乾爽

酒色：6～14°SRM，金至琥珀色

苦度：65～100 IBU，非常高

英國和美國酒標（1980～1940）

「帝國」被用在許多類型，通常指的是一款豪華且可能較烈的產品。

其他帝國化的啤酒

皮爾森啤酒

- Dogfish Head
- O'Dell's
- Rogue Morimoto Imperial Pilsner
- Samuel Adams Hallertau Imperial Pilsner

金色愛爾

- Ska Brewing True Blonde Dubbel

紅愛爾

- AleSmith Imperial Red Ale
- Lagunitas Imperial Red Ale
- Rogue Imperial Red Ale
- Southern Tier Big Red

棕愛爾

- Dogfish Head Palo Santo
- Lagunitas Brown Sugga'
- Tommyknocker Imperial Nut Brown Ale

波特啤酒

- Flying Dog Gonzo Imperial Porter
- Full Sail Top Sail (bourbon barrel aged) Imperial Porter
- Ska Brewing Nefarious Ten Pin Imperial Porter

琥珀與紅愛爾
Amber & Red Ale

幾年前,幾乎每個人都在釀造紅愛爾,並用一些毛茸茸的森林怪物命名,希望在精釀啤酒界快速賺一筆。而它們大多都在風潮退去後躲回森林,老實說,這可能是件好事,因為許多酒款都有點無聊。不過,此類型比起那時的一陣狂熱更有潛力。

琥珀愛爾基本上是款健壯的社交型啤酒,所以易飲性很重要。關鍵是以堅定但不過量的方式使用啤酒花;建立一個深厚但不黏膩的麥芽基底。重點應擺在苦味,而非香氣,雖然有些香氣是好事。但你不會希望它聞起來像是現切的葡萄柚,麥芽香氣應該占上風。

源起: 最早的精釀啤酒類型之一。是有些不同但不太具挑戰性的類型。約在1990年的美國出現,當時啤酒製造商尋找不嚇人又不和特定傳統相關的描述。

所在地: 美國精釀啤酒廠

風味: 許多焦糖麥芽,纖細的啤酒花尾韻

香氣: 乾淨的焦糖麥芽加上啤酒花花香氣息

平衡: 富麥芽風味到稍具啤酒花風味

季節: 全年

搭配: 各式各樣的食物;雞肉、海鮮、漢堡、香辣料理

建議嘗試酒款: Bear Republic Red Rocket、Full Sail Amber、New Belgium Fat Tire、Tröegs Nugget Nectar

比重: 1.048～1.058(12～14.5°P)

酒精濃度: 4.5～6% 體積比

發酵度/酒體: 中等

酒色: 11～18°SRM,淺至深琥珀色

苦度: 30～40 IBU,中等

美式大麥酒
American Barley Wine

就如同其他英國啤酒的美式精釀版本,此類型也是以使用啤酒花(尤其是展現出所有美系品種松針、柑桔特質的酒款)的熱情區分。英國的美式大麥酒在美國人眼中酒精濃度低得嚇人,但美國當地版本在酒精方面很具攻擊性。

所在地: 美國精釀啤酒廠

風味: 富飽滿麥芽風味,有時帶點葡萄乾味;可能有強烈苦味

香氣: 富飽滿麥芽調性,以及程度不等的啤酒花;陳年版本常有皮革、雪莉酒般的氣息

平衡: 平均到極富啤酒花風味

季節: 在冬季的陰天裡非常棒

搭配: 豐厚的食物;特別是陳年起司和風味強度高的甜點

建議嘗試酒款: Bridgeport Brewing Old Knucklehead、Hair of the Dog Fred、Middle Ages Brewing Company Druid Fluid、Rogue Old Crustacean、Sierra Nevada Bigfoot Barleywine Style Ale

比重: 1.080～1.120(19.3～28.6°P)

酒精濃度: 7～12% 體積比

發酵度/酒體: 中等至飽滿

酒色: 11～18°SRM,淺至深琥珀色

苦度: 50～100 IBU,高

美式棕愛爾
American Brown Ale

經典的英國類型只有些許的苦味,剛好抵消麥芽感。但美國版本有明顯更均勻的平衡,而且有時酒花風味十足。另外,美式棕愛爾的酒精濃度也很可能比英國的親戚明顯高些,酒色也更棕一點,一般會有堅實的烤麵包味和一些甜味。

所在地：美國精釀啤酒廠

風味：許多焦糖麥芽，纖細的啤酒花尾韻

香氣：乾淨的焦糖麥芽加上啤酒花花香氣息

平衡：富麥芽風味到稍具啤酒花風味

季節：全年

搭配：各式各樣的食物；雞肉、海鮮、漢堡、香辣料理

建議嘗試酒款：Dogfish Head Indian Brown Ale、Brooklyn Brown Ale、Flossmoor Station Pullman Brown Ale、Surly Bender

比重：1.045～1.060（11.2～28.6°P）

酒精濃度：4～6% 體積比

發酵度／酒體：中等至飽滿

酒色：18～35°SRM，深琥珀色至栗棕色

苦度：20～45 IBU，中等

波特與司陶特啤酒
Porter & Stout

波特啤酒是世上第一款以工業規模釀造及出口的啤酒。是的，美國佬喜愛波特啤酒。美國總統喬治・華盛頓也是廣為人知的波特啤酒愛好者，在革命後，他經常向羅伯特・海爾（Robert Hare）鄰近費城的啤酒廠購買瓶裝波特啤酒。賓州東部是美國的啤酒釀造首都，而它的名聲一直維持到德國移民將拉格啤酒帶來美國，並將重心西移為止。早年，費城波特以品質聞名。事實上，此區始終沒有完全喪失對波特啤酒的愛好。賓州波茨維爾（Pottaville）的Yuengling仍有釀造。

欲複習波特與司陶特啤酒的特殊之處，請見第9章。美國版本相當貼近英國版本，雖然它們常使用美系啤酒花，而且顏色可能會稍微超出類型規範。

美式小麥愛爾
American Wheat Ale

最早流行於美國太平洋西北地區。此類型拋棄了原本德國類型奇異發酵的特質；啤酒廠通常使用自有的標準愛爾酵母。大部分含有30～50% 的小麥。尋求真正不同的風味又還沒準備好接受酒色更深、更苦啤酒的年輕消費者中，美式小麥艾爾很受歡迎。

源起：美國自釀酒館和精釀啤酒廠；通常被視為「入門」啤酒

所在地：美國精釀啤酒廠；英國版本也正在出現

風味：極為乾淨、爽冽；比德式小麥啤酒更具酒花風味

香氣：柔和果香，沒有德式小麥啤酒的丁香和／或香蕉氣息；有時有點酒花香氣

平衡：爽冽，帶點源於小麥的綿密質地；有時帶點酸味氣息

季節：全年，但在夏季最佳

搭配：沙拉、雞肉或壽司、淡味起司之類較輕的食物

建議嘗試酒款：Boulevard Unfiltered Wheat、Goose Island 312 Urban Wheat、Leinenkugel's Honey Weiss、Three Floyds Gumballhead Wheat Ale、Widmer Hefeweizen

比重：1.035～1.055（9～14°P）

酒精濃度：3.0～5.5% 體積比

發酵度／酒體：輕至中等

酒色：3～6°SRM，稻草色至金色

苦度：13～35 IBU，低至中等

水果小麥啤酒
Fruit Wheat Beer

啤酒狂熱客把此類型稱為「女孩酒」。你知道，這些啤酒就是粉紅色的可愛小玩意，平淡的小麥啤酒基底加上一、兩滴覆盆子香精。在炎熱的夏季自有其迷人之處，也因此成為美國最常見的水果啤酒類型。

部分啤酒廠正計畫用更具風味的啤酒帶來優質的果味。威斯康辛 New Glarus 釀酒廠已經在一款稱為 Wisconsin Belgian Red 的大型水果炸彈酒款使用大量門郡櫻桃，他們也生產覆盆子酒款。這兩款啤酒持續在全美啤酒節獲獎並非巧合。另外，Kalamazoo 釀酒廠釀有一款表現出色的櫻桃司陶特啤酒，而德拉瓦州的 Dogfish Head 也提供使用醋栗、杏桃和藍莓生產的啤酒。

源起：美國自釀酒館，主要訴求對象常被認為是女性顧客

所在地：美國精釀啤酒廠

風味：纖細的果味：覆盆子、杏桃、櫻桃、藍莓；尾韻乾淨爽冽

香氣：柔和果香，沒有太多其他調性

平衡：爽冽到微甜

季節：全年

搭配：沙拉和較輕的食物或甜點

建議嘗試酒款：Harpoon UFO Raspberry Wheat、Leinenkugel's Berry Weiss、Pyramid Apricot Weizen、Saranac Pomegranate Wheat

比重：1.044～1.052（11～13°P）

酒精濃度：3.8～5% 體積比

發酵度／酒體：中等

酒色：金至粉紅至深紫色

苦度：15～25 IBU，低

南瓜愛爾
Pumpkin Ale

源起：美國精釀啤酒廠。以收穫為主題的秋季季節款，南瓜啤酒可以十分有趣，並能連結出啤酒的農業根源。西雅圖的 Elysian 自釀酒館有舉辦南瓜啤酒節，以桶裝方式供應數十種南瓜啤酒類型，包括一款南瓜大麥酒，以及一款在巨型南瓜熟成並直接在巨大蔬菜接酒頭的啤酒。

所在地：美國精釀啤酒廠

風味：纖細的南瓜味有時會被傳統南瓜派香料蓋過；風味隱約點比較好；一些焦糖麥芽添加了趣味性

香氣：美妙的香料感，或許還有一點麥芽

平衡：通常有點甜

季節：秋季

搭配：感恩節烤火雞和薑餅

建議嘗試酒款：Buffalo Bill's Pumpkin Ale、New Holland Ichabod Ale、Weyerbacher Brewing Imperial Pumpkin Ale。還有西雅圖 Elysian 釀酒公司十月的大南瓜啤酒節（Great Pumpkin Beer Festival）

比重：1.047～1.056（12～14°P）

酒精濃度：4.9～5.5% 體積比

發酵度／酒體：中等

酒色：6～12°SRM，金色至琥珀色

苦度：10～15 IBU，低

大南瓜啤酒！

西雅圖 Elysian 釀酒廠的傢伙認為南瓜會是自家南瓜啤酒的完美酒桶。

成名在望

無論身在何處，多樣性仍是愛好冒險的精釀啤酒廠課題。以下是部分近日啤酒製造商正在追逐的潮流與構想。

歷史類型再現與幻想

過去永遠都是啤酒的現在。不論是只回溯幾十年，或是來到啤酒最初的源頭，歷史對充滿創意的釀酒師而言，是垂手可得的靈感來源。但古代啤酒的關鍵細節常常亡佚，大部分的再現也因此都只是有根據的猜測。有時也會做些科學分析，例如 Anchor 的限量啤酒，由該公司的弗利茨‧美泰克和蘇美學家所羅門‧卡茲（Solomon Katz）合作創造，以蘇美啤酒女神寧卡西命名。

另外，還有一系列的古代蘇格蘭啤酒，其中有稱為 Fraoch（蘇格蘭蓋爾語的石楠）的皮克特人石楠啤酒，以及松針和巨藻啤酒；帶芫荽子味、工業化前的 Jacobite Ale，來自一樣位於蘇格蘭的 Traquair House；來自 Alaskan 釀酒公司的雪松嫩芽啤酒；美國印第安那州新奧爾巴尼的自釀酒館再現肯塔基大眾啤酒；來自 Le Baladin，一款稱為 Nora 的義大利版古埃及啤酒，以卡姆小麥（kamut，一種古代小麥）製成。

我們曾在第1章討論過，受邁達斯國王啟發的啤酒之外，復刻啤酒也總是相當有趣，讓我們得以一嘗古老傳統，這是光閱讀書籍無法得到的，而且有時也非常美味。

單一酒花愛爾

構想是創造一個相對單純的酒譜（例如美式淺色愛爾），只添加一種啤酒花，讓啤酒顯露真實性格。這是學習不同啤酒花獨特性格的方式。而且撇開我們可以從中學到的面向不談，這種類型啤酒

近期的美系啤酒花品種

Amarillo：私人開發的啤酒花品種。已經出現好幾年，性質雖然大致類似 Cascade，但有自己獨特的花朵、柑桔特徵。用於美式淺色愛爾和印度淺色愛爾十分怡人，α 酸含量在 8～11%。

Glacier：2000 年登場。屬於廣義的 Fuggle 家族，但我比較喜歡稱之為 Super Styrian。α 酸含量為 5.5%，在能展現一些酒花特徵的比利時式愛爾（如季節特釀啤酒）中表現出色。

Santiam：1997 年登場。擁有 Tettnang 和 Hallertau 的血緣和性格。α 酸含量低，為 5～7%。能為德國啤酒增添乾淨的貴族酒花特徵。

Simcoe：一款真正大受歡迎的啤酒花，於 2000 年登場。α 酸含量為 12～14%，讓它成為雙倍印度淺色愛爾製造商的寵兒。有種獨特的松樹香氣。

Sterling：1998 年登場。擁有許多 Saaz 般的辛香特徵。α 酸含量為 6～9%，在比利時愛爾中表現出色。

將啤酒與土地及季節聯繫在一起，也確實讓飲者為之興奮。而這股興奮同樣在英國精釀啤酒製造商間擴散。

酒花濕投愛爾
Wet-Hopped Ale

另一種逐漸流行的技術就是「酒花濕投」（wet-hopping）。這是指使用新鮮、剛自藤上摘下而未經乾燥的啤酒花。許多加州啤酒廠因此開始在自有土地種植並採收毬果體。離酒花之鄉比較遠的啤酒製造商就透過常所費不貲的隔夜快遞運送啤酒花。這種酒款有鮮嫩的香氣和某種剛摘下的鮮活感。加州啤酒製造商每年十一月會在聖地牙哥舉辦濕酒花啤酒節。

所在地：美國精釀啤酒廠

風味：依基底啤酒而異，但總有許多新鮮苦味的香料感，或許還有一點麥芽

香氣：須視具體酒譜，特別是酒花品種；辛香、花香、松針感、樹脂感、藥草感、葡萄柚等酒花香氣

平衡：明顯偏苦，應由一些美妙的麥芽平衡

季節：啤酒花收穫季節

搭配：牛排、小羊肉、藍紋起司等豐厚的食物

建議嘗試酒款：Drake's Brewing Harvest Ale、Harpoon Glacier Harvest Wet Hop Beer、Sierra Nevada Harvest Ale、Two Brothers Heavy Handed IPA

新比利時式美國愛爾
New Belgian-American Ales

好些美國啤酒製造商受比利時啤酒啟發，以它們啤酒文化的理念和技術，創造帶有比利時魔力的獨特美國愛爾。部分這類酒款對傳統畢恭畢敬，並試圖重現嚴規熙篤會啤酒等經典，部分則採用更自由的方式。其中有許多部分可以調整，例如添加野味酵母等野生微生物；桶陳；混調；使用糖、水果與香料等；有些甚至和比利時啤酒廠搭檔，將來自大西洋兩岸的啤酒調和出一款佳釀。這些比利時式美國愛爾的風味就和比利時一樣獨特多樣。

建議嘗試酒款：Allagash Curieux等；Goose Island Matilda；Russian River Salvation、Perdition等；Lost Abbey Cuvée de Tommy等；New Belgian Brewing的季節款特色啤酒

桶陳啤酒
Barrel-Aged Beers

木桶的發明還須歸功於青銅器時代的凱爾特人、維京人等「野蠻」部族。到了羅馬時期，木桶的使用橫跨歐洲北部廣大地域。在前工業化世界中，木桶的表現可圈可點，但清潔和修護的困難導致木桶約在 1950 年被逐步淘汰。不鏽鋼相當適合國際拉格乾淨無暇的特質，但如果你喜愛真正手工啤酒深邃的特殊氣味，木材能提供不同方面的風味。

木材含有化學物質，且會隨時間溶於啤酒，並為啤酒增添木頭、橡木味等氣息。溫度的變化則會使液體自木材滲入或汲出，加速了這個過程。在幾個月內，其中的木質素會轉變成香草醛，此成分就是威士忌等桶陳烈酒中常可找到香草調性的源頭。

木桶的木材多孔，其中的液體因此會接觸到空氣，並可能進一步產生氧化風味，無論是好或壞。多孔性也表示其中

有許多讓微生物藏身的角落及縫隙，釀酒師可利用此特性，或在必要時減輕影響。自然酸釀啤酒和其他酸啤酒製造商則有賴木桶作為野生酵母及細菌的避風港。

波本威士忌業會在製作波本威士忌使用昂貴的內壁焦化橡木桶，木桶只會使用一次，清空後便能以相對便宜的價格購買。這些木桶在熟成啤酒仍有出色的表現。我聽過的第一款波本桶熟成啤酒來自一群芝加哥郊區的釀酒師，他們將五批 10 加崙的烈性帝國司陶特啤酒裝入新鮮的波本桶中；六個月後再啤酒裝瓶。在那之後不久，Goose Island Beer公司開始進行實驗，他們是最早發展此類型的商業啤酒廠之一。

桶陳並不是皮爾森啤酒的最佳處理方式，烈性深色啤酒才是常規。帝國司陶特啤酒是經典，而大麥酒也可能自此獲益。在一款超烈的小麥勃克啤酒、金色大麥酒，或是三倍勃克啤酒嘗到一點威士忌桶味可能也行得通。

所在地： 美國精釀啤酒廠

風味： 不論基底啤酒為何，都會加上飽滿、圓潤、稍帶焦糖調的風味，或許還有一點木頭味

香氣： 適於基底啤酒的麥芽及酒花，加上飽滿的香草、烤椰子，或許還有雪莉或波特酒般的氧化香氣

平衡： 一般有點偏甜

季節： 冷天最佳

搭配： 豐厚的甜點和史帝爾頓起司

建議嘗試酒款： Allagash Interlude、Firestone Walker Rufus、Goose Island Bourbon County Stout、Great Divide Oak Aged Yeti Imperial Stout、New Holland Dragon's Milk Ale

超弩級啤酒
Hyper-Beers

超弩級啤酒（Hyper-Beers）風潮始於 1994 年前後的美國東岸，最有名的擁護者是 Boston Beer 公司的吉姆・庫克（Jim Koch）；但 Dogfish Head 的山姆・卡拉喬尼（Sam Calagione）也在流行初期便參與。這些酒款擁有超高比重、酒精濃度多達 25%，Samuel Adams Utopias 等酒款市售價格高達 200 美元一瓶，公司代表說此價格只是剛好不賠本而已！啤酒酵母通常會在酒精濃度超過 10% 後，就提不起勁發酵。所以需要能適應高酒精濃度的特殊酵母，在初期發酵後與糖一同小心投入，一次一點逐漸增加酒精濃度。這些酒款也常使用木桶陳放，風味則與烈酒和利口酒有許多共同點，而 Utopias 也確實曾在盲飲中擊敗許多波特酒或蘋果白蘭地（Calvados）類的對手。

所在地： 美國精釀啤酒廠

風味： 口味厚重、甜美、綿密，具有水果乾、香料與酒精感；在酒色較深的酒款中會有焙烤麥芽性格；啤酒花風味不一定厚重

香氣： 無邊無際的麥芽感，帶有木桶的香草和椰子特徵；許多酯類果香，酒精感

平衡： 通常有點甜

季節： 適於爐邊沉思

搭配： 史帝爾頓起司、核桃；本身就是甜點

建議嘗試酒款： Dogfish Head 120 Minute IPA、Worldwide Stout、Hair of the Dog Dave、Samuel Adams Utopias

比重： 1.12以上（29°P以上）

酒精濃度： 14～26% 體積比

發酵度／酒體： 中等至飽滿

酒色： 18～55°SRM，深琥珀色至完全不透明的黑色

苦度： 50～100 IBU，中等至非常高

Chapter
14

飲酒之外

讀完本書並不會讓你變成啤酒專家。
啤酒存在於感官之中，多少篇文章都不能
取代直接與各式各樣的啤酒面對面，
直接品飲、評析、思量與體驗！
你當然可以獨自品嘗，但說實在的，
能與人們一起舉杯最有趣。正因為每個人的
觀點都不同，我們帶著彼此漫長的經歷上桌，
互相交換想法便會讓我們對啤酒有更豐富、
更完整的認識，也會創造更強健的愛好團體。
對我來說，這兩者密不可分。

啤酒社團之樂

我過去曾一度信奉格勞喬・馬克斯（Groucho Marx）的老諺語：「絕不參加任何希望我加入的社團」。但那是我發現啤酒和自釀啤酒社團之前的事了，他們真是世上最熱情的團體之一。

也許你老早就知道啤酒社團的優點：一群樂於舉杯共飲夥伴間的自然情誼；交換關於啤酒、啤酒釀造和日常生活的訊息；有計畫的活動；有機會完成一個人無法達成的計畫。還沒上鉤的你們，快去試試現有的社團，有需要的話，自己成立一個。

1970 年代晚期，查理・帕帕齊安（Charlie Papazian）從他執教的自釀啤酒課程成立社團。查理心中對此社團擁有更光明、無畏的未來啟許，他將社團改為美國自釀者協會，最後誕生了釀酒師協會（Association of Brewers），現在的啤酒製造商協會。這組織代表了美國的商業精釀啤酒製造商及自釀者。

好啤酒在美國賴於生氣勃勃、充滿活力的文化支持。就是因為各個獨立的個體為共同的目標努力，帶來了令人興奮的啤酒文化，而這些人與人之間的聯繫仍會在未來持續並延伸。

啤酒社團的規模多元，如地方性、全國性，甚至是虛擬世界。參加任何規模的社團都是值得的。目前美國大部分的地方團體聚焦於自釀啤酒，但這些傢伙也同樣渴望各種道地啤酒，對於釀造過程相當熟悉，也通常對商業精釀啤酒非常了解並充滿熱忱。大多數精釀啤酒製造商也知道自釀者是最熱心敢言的支持者。我們還有許多可以一起達成的目標，並讓啤酒世界更美好。

許多自釀啤酒團體會在自釀活動之外舉辦商業活動。例如在威斯康辛州的麥迪遜和奧勒岡州波特蘭廣獲推崇的啤酒節，就是自釀者舉辦的大型派對。社團的規模與經驗不同，可以舉辦的活動類型很多，從啤酒餐搭工作坊、啤酒類型課程、品飲晚宴，大至啤酒節，小至多日狂歡，例如華盛頓特區知名的自釀社團 BURP（Brewers United For Real Potables）每隔幾年就會舉辦的比利時之魂（Spirit of Belgium）。自釀社團是和啤酒評審認證機構連結的關鍵，而建立品飲技巧與詞彙的最好方式就是擔任啤酒評審的經驗。美國現有啤酒社團的名單可以在 www.beertown.org 找到。

我所屬的芝加哥啤酒學會專精於舉辦商業啤酒活動。當運作順利時，能吸引許多新人加入社團，並推廣傑出啤酒，不僅可以提供商業釀酒師們與消費者碰頭的場合，也能為比較難獲利的活動募款。我們也有加入伊利諾州精釀啤酒製造商公會的付費會員，偶爾聯合舉辦活動。過去幾年芝加哥啤酒學會舉辦了多項啤酒搭餐活動，包括招牌的自釀酒館大戰，地方啤酒廠會在此活動中角逐最佳食物、最佳啤酒及最佳搭配。如果你正在考慮為在地啤酒社團舉辦競賽，重要提示：重賞之下，必有勇夫！以下是部分美國較大型啤酒愛好者和酒業團體：

啤酒製造商協會（The Brewers Association）：2005年，隨著釀酒師協會和美國啤酒製造商協會合併，成立了此精釀啤酒商會、出版公司及自釀者

團體，現在代表美國精釀啤酒的小型獨立生產者。它的活動多數以推廣和保護精釀啤酒廠為目的，但啤酒製造商協會也舉辦全美啤酒節，此為每年於丹佛舉辦的巨型啤酒博覽會，通常在9月底開幕，2007年吸引來自473家啤酒廠的2,793款啤酒，以及超過四萬六千人的參觀人數。身為職業團體，可入會的成員為啤酒廠與啤酒從業人員等。

美國自釀者協會（The American Homebrewers Associ ation）：屬於啤酒製造商協會的一部分，也是美國全國性自釀社團。採會員制，發行有關啤酒及釀造的雙月刊《釀造學》（Zymurgy）；辦理全國自釀啤酒大賽，世上最大的啤酒釀造競賽；舉行一年一度全國自釀者

研討會，來自四面八方的自釀者齊聚一堂，分享他們的知識、熱忱，當然還有啤酒。美國自釀者協會也經營一個啤酒釀造論壇，TechTalk，釀酒師們在這個如研究學院般的環境中，彼此協助處理啤酒、釀造和酒鄉旅行等問題。協會網址：www.beertown.org/homebrewing。

支持在地啤酒廠協會（Support Your Local Brewery）：啤酒製造商協會統籌的計畫，希望創造一股儲備力量，在好啤酒面臨威脅時向政府發聲。隨著美

國議會近來對最高法院關於經銷判決的抗拒，許多州的政治運作過程可能會嚴重影響購買好啤酒的權益。而啤酒愛好者也已經在在許多州協助廢止或修訂不合理的州法，例如北卡羅萊納州對啤酒酒精濃度的限制；他們也協助阻止了在威斯康辛州、加州等地對小型啤酒製造商造成負面衝擊的立法。在這些案例中，啤酒愛好者確實成功做出影響。無須會員費，並向所有人開放。協會網址：http://supportyourlocalbrewery.org。

啤酒評審認證機構（Beer Judge Certification Program）：成立於 1985 年，此機構負責自釀啤酒競賽的程序與評審認證。此為非營利協會，全由志願

者經營。雖然主要致力於自釀啤酒，機構網站仍有許多實用素材，包括認證考試的研讀指南、周詳的類型指南與評分表。想要成為會員，須成為儲備評審，即支付參加考試的費用，通過便能成為終身會員，會員的評審等級和經歷由機構會免費追蹤。另外，機構網站可連結至JudgeNet的討論群組。機構網址：www.bjcp.org。

啤酒侍酒認證機構（Cicerone Certification Program）：由啤酒業界人士雷·丹尼爾斯（Ray

Daniels）所成立，類似葡萄酒侍酒師。啤酒世界的此類需求已經出現一段時間，啤酒侍酒認證機構擔任啤酒酒侍、顧問與其他啤酒業界職務測驗與認證的權威機構。參加者將參與測驗並展現業界經驗，認證包括三個等級。機構網站：www.cicerone.org。

啤酒論壇（www.beeradvocate.com 和www.ratebeer.com）：這類論壇已經發展出規模可觀的社群，BeerAdvocate 更衍生出一本雜誌。兩論壇都提供了交換最愛

自釀啤酒器材大觀

自釀啤酒是個入門花費不算太高的嗜好,回報則是傑出的啤酒和許多啤酒知識。

（和最討厭）啤酒優缺點意見的空間,Ratebeer稍微更集中在最愛啤酒的方向。

酒館通（www.pubcrawler.com）：評比酒吧和餐廳素質的論壇。若是正在旅行,甚至可以此網站尋找當地不知道的好地方,這是尋找啤酒好去處的傑出來源。

好食物運動（Craft-Foods Movement）：廣義地說,啤酒也是好食物運動的一環。在慢食協會（Slow Food,www.slowfood.org）等組織中,你會遇見追求高品質、在地生產食物的人。好食物的生產者和銷售員一直在尋找有意願的消費者,以及將產品讓他們看見的方式,而他們發現好啤酒是個有力誘因。你也知道,在環繞傑出、新鮮、道地、出色的食物中享用啤酒,會為我們最愛的飲品增添另一個美味的面向。

自己釀啤酒

如果你滿腹創意天賦,又特別喜愛烹飪,可能會十分享受自己釀些啤酒。以基本酒款而言,自己釀啤酒既不複雜也不昂貴,而且常常有令人大大滿足的成果。自釀啤酒是真正接觸啤酒背後過程的唯一方式,我認為這能給你不釀酒永遠無法感受到的體悟。

自己釀出傑出啤酒所需的一切工具與材料，近日都已垂手可得。無數色彩及風味的麥芽等著你填入酒譜；具辛香、藥草味、柑桔味、樹脂味等的啤酒花也可能多達數十個品種；酵母一度是自釀啤酒中最弱的一環，但現在也有數十種標有保鮮日期的純種品系，等待為你效力。許多棘手的技術問題都已經可以在彈指之間解決，各式資訊不停在充斥啤酒的電子世界中流通，而相關社團更是一大票。

入門的花費也其實並不高昂。在美國當地自釀商店中，一組釀酒套件大約需要五十至一百美元，視個人想要多奢侈。當然，若是真正開始投入這項嗜好，累積的花費可能會很可觀，但這通常是個漸進過程，一次一個不鏽鋼小玩意慢慢累積。對出入門的你來說，基本套件就很夠用了。

不過，為什麼要如此麻煩地自己釀酒呢？每瓶傑出的啤酒完全繫於釀製過程與種種決定。經歷這些能校正自己對啤酒中各式風味、香氣和質地等因素的感受。

而且一旦開始釀造啤酒，你就是自釀者社群中的一員，這是一個出乎意料熱情、具學術性又神祕的社群。

當你開始慢慢培養出啤酒肚（這不只是形容詞）之後，你會獲得許多解答，也會產生更多疑問。閱讀、品飲、聆聽與成長。你就會得到許多親手釀出的美味啤酒，以及難以言喻的成就感。

啤酒收藏品

啤酒擁有一系列相關文物，以包裝、行銷、品牌、杯具、酒廠建築等形式出現。這個領域對許多人而言，和品嘗啤酒帶來的感官享受一樣迷人。

啤酒收藏品擁有強大魅力，而它也是了解某個地區當時啤酒定位、產品種類及角色的有用工具。啤酒收藏品可以透過文字、影像與廣告等方式，增加我們對啤酒的認知。雖然我不是會把車庫塞滿的認真收藏家，但我從注意網路拍

貼有酒標的啤酒瓶（約 1910 年）
老啤酒空瓶到處都是，但還貼有酒標的實在難找。

賣等交易管道流通的啤酒收藏品獲得許多。那兒有許多可以自由取用的圖檔，還會不時透露一些書上找不到的啤酒類型趣聞。

每一種與啤酒有關的東西都有人收集，從瓶蓋到送貨卡車。其中最簡單的方式，就是留下你喝完的啤酒杯墊或瓶子，它也是個回憶啤酒旅程的好方法。這些便宜的小玩意經過適當裝裱或展示，就可以成為家庭小酒館中引人注意、令人目不轉睛的裝飾品。在極端的高級收藏等級中，收藏者會成為酒廠或地區歷史的專家，他可能會為了完備某個領域的收藏品項，而花費上千美元。這些認真收藏者通常相當樂於分享他們的資訊，也可能會辦展覽、導遊一場廢棄酒廠或暢飲酒館的旅遊，或是針對最愛主題撰寫文章或出版書籍。大多數釀產啤酒的地區都會有本描述當地啤酒釀造歷史的書，如果你對當地啤酒歷史有興趣，這些書籍都十分值得一讀。

杯具的收集格外有趣，因為還可以實際使用你的收藏品。啤酒杯具的價格可從幾分錢的現代或古董杯具，到上千元的稀有、喬治王朝時期與螺旋杯腳雕刻杯等。我個人偏好十九世紀的手工吹製玻璃杯，它不需要花費太多就能取得，我也因此可以經常展開狩獵。用某個時代的杯具喝啤酒十分有趣，而在觀賞杯具的過程中也會讓你逐漸好奇此杯背後可能隱藏的故事。

書中有啤酒

古老的啤酒與釀造書籍對學習啤酒

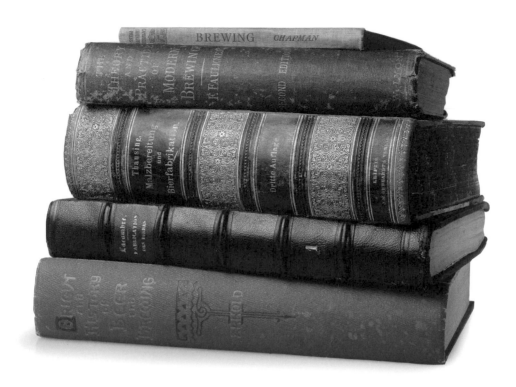

的人價值不凡。某個時代的釀造文獻可以幫助破解啤酒的歷史發展途徑。這些文獻包括流傳知識的集結、歷史評論、嚴謹的考古與史學研究，以及各式各樣啤酒廠出版的書籍（通常是為紀念某些里程碑而發行）。雖然它們通常很罕見，但頗具意義的書籍總能在二手書店找到，價格也常常很合理。alibris.com 和 abebooks.com 等線上書店是最可靠的選擇，它們擁有來自全球的圖書清單。

幸運的是，許多最罕見、有價值的啤酒書籍都有翻印版，有時甚至提供免費下載。你能在 raudins.com 找到一系列重要書籍的翻印本。十八世紀的《酒蟲手冊》（A Vade Mecum for Malt Worms）在十九世紀晚期翻印；1889年令人沉迷的《愛爾與啤酒尋味》（Curiosities of Ale and Beer）數量不少，容易找到，

因為它在1965年印製了一個平價版本。Beerbook.com和beerinprint.com是另外兩個尋找珍貴啤酒書籍的好去處。

另外還有啤酒廠出版的食譜，最典型的是1940與1950年代的書籍，展現他們的酒款與燉鍋料理（casseroles）等同時代菜餚的搭配。我已經收藏了早年啤酒無名氏飲者的大量有趣照片，這些照片多數也散見於本書。

啤酒調酒

我們現在習慣以「純飲」的方式品嘗啤酒，早期的飲法與現今相去甚遠。柏林白啤酒的綠色或紅色甜味糖漿；老派司陶特啤酒與香檳調酒的黑色天鵝絨（Black Velvet）；或只是爺爺灑進啤酒的鹽，都是早期的習慣。那時中央暖

氣系統尚未出現，人們憑藉著愛爾、烈酒和調味料製成的暖身飲料驅寒。液體和麵包之間的界線也不是那麼清楚，人們傾向在啤酒中加入許多土司、燕麥、蛋、鮮奶油、水果等食物。啤酒與早餐之間的親密關係就在此時結下。

有些酒譜從文藝復興時期便寫下。例如，厚實的「愛爾湯」（ale-bree）或「愛爾燙」（ale-berry），以愛爾添加香料、糖和麵包片熬煮而成，通常還會再加點燕麥。此飲品還有條小調：「愛爾湯煮得好，泥漿（燕麥）、番紅、好愛爾不可少」。後來更以「酒湯」（caudle）為人熟知，在美洲殖民地曾經十分流行。

沃爾特‧雷利爵士（Sir Walter Raleigh）的「加烈奶酒」（sack posset）私人酒譜也十分具代表性，此飲品其實很像蛋酒：「將 1 夸脫鮮奶油與適量砂糖、荳蔻及肉荳蔻一同煮滾，再加入 1/2 品脫沙克酒（甜雪莉酒）與同量愛爾一同煮滾」。他建議將煮好的酒置於爐邊的加蓋白鑞碗中數小時，讓材料與酒融合。其中的「適量」，我個人會選擇加入 1/2～1 杯的砂糖，以及 1/8 茶匙的肉荳蔻和荳蔻。

十七世紀的英國曾有一股「奶油愛爾」（buttered ale）的風潮，將未添加啤酒花的愛爾（當時幾乎絕跡）、糖及肉桂混合後加熱，再加上一塊奶油。山繆‧皮普斯（Samuel Pepys）在他著名的日記中，認為此為一種晨間提神飲料。

一世紀之後，層出不窮的「啤酒調酒」蔚為流行。雖然細節如今已經喪失，不過像是「一醉不起」（Humpty Dumpty）、「地爬」（clamber-down）、「躺平」（hugmatee）、「放倒我」（knock-me-down）和「療癒褐」（cuddle-me buff）等誘人的酒名，還是提供了飲料性質（或至少是效果）一些線索。這些酒名和今日名字更撩人的雞尾酒相去不遠。以下收錄部分酒款：

拉酒（Flip）： 又稱為「一碼法蘭絨」（yard of flannel）。指在兩容器間來回傾倒，使綿密液體起泡，形成綿長且柔順的飲品。拉酒在英國、美洲殖民地等地由來已久，且因數個不同特色廣獲喜愛，其中最重要的就是在酒中插入燒紅的火鉗了。

燉鍋中倒入 1 夸脫烈性愛爾、幾盎司優質陳年蘭姆酒、4 湯匙二砂或紅糖、一小片肉桂、幾顆丁香與一片檸檬皮。接著，加熱到即將沸騰，並維持在尚未煮滾的狀態，待糖融化後關火，移除肉桂等固體後，打 4 顆蛋，並慢慢將熱愛爾混合物一批批地加入蛋中，同時持續攪拌。最後，將蛋酒混合物加入原本熱愛爾的鍋中，用力攪打到起泡為止。

接下來則是製作拉酒最戲劇性的步驟（也有人說是最必要的步驟）。即是在溫熱的飲品以插入熱得發亮的火鉗進一步加熱，酒液會因此劇烈沸騰，並創造一種深受拉酒愛好者珍視的煙燻、焦糖化風味。當然，這也是一個該在戶外進行並做好安

全措施的步驟。放入火鉗的活動很適合當作假日特別節目。上桌時可以用一點現磨肉荳蔻裝飾,也可以再加上發泡奶油。

拉酒侍酒適合的專門杯具:廣口錐型杯,通常以模造或雕刻花紋裝飾,尺寸由小巧如一品脫容量,到可裝六夸脫或更多的巨獸不等。派對中可能會需要四處來回傳遞這些拉酒,因此你必定需要經過某種程度的協調性與力氣測驗,有時候也許是清醒測驗。我有一個年代約是 1800 年、以棕櫚樹符號裝飾的杯具,裝滿時重量超過十磅。

鶴酒(Crambambull,啤酒蛋酒):這款調酒只是從拉酒又往蛋酒走了一小步。鶴酒便是以愛爾製作的蛋酒。在某年的節日派對上,我們的主辦人匆匆作了一批自製無酒精蛋酒,眾人可以不加料直接享用,或者依喜好添加波本威士忌或蘭姆酒。由於主辦人也囤積了大量美味啤酒,我就抓住這個重現歷史的機會,為蛋酒加上愛爾。一時之間驚嚇的呼聲四起,但在眾人小心翼

翼的啜飲後,一杯杯調酒都開始變得非常啤酒味了。雖然把啤酒加到蛋酒的構想,對我們來說可能很奇怪,但早期飲品中的烈性愛爾都是不可或缺的要素。

喬治・華盛頓大方地留給我們一份蛋酒配方,顯然比他著名的輕啤酒酒譜開胃多了:「1 品脫白蘭地、1/2 品脫裸麥威士忌、1/2 品脫牙買加蘭姆酒、1/4 品脫雪莉酒、數顆蛋、12 湯匙的糖、3/2 夸脫牛奶與 1 夸脫鮮奶油」。蛋黃與蛋白須分開,並將糖混入蛋黃中,然後加入牛奶與鮮奶油,再打發蛋白。他建議:「讓它們待在涼爽處幾天,不時地試試味道」。嗯,我賭他真的有這麼做。

典型的現代蛋酒配方中,須先將 4 顆蛋的蛋黃與蛋白分開,接著將蛋黃與 0.5 杯糖攪打至柔順,然後混入 1.5 杯牛奶及 1 杯鮮奶油。以少許肉荳蔻或荳蔻調味,有時也加幾滴香草精。然後打發蛋白,並拌入混合物中。許多配方都要求鮮奶油須先打發再混入,如此一來的確能增進口感。提醒一下,預調產品請別列入考慮。新鮮現做,不然不如不做。

上述配方是啤酒蛋酒實驗的理想基底。合理的方式是在 12 盎司杯中裝上 1/3 的豐厚愛爾,添加 1/2 盎司的波本、裸麥威士忌或深色蘭姆酒,並加上準備好的蛋酒混合物,頂端須為打發的泡沫保留一些空間。這款調酒真能讓人瞬間置身於節日氣氛中。

該挑選哪種啤酒最好?在我曾經參加過的品飲小試驗中,Anchor Christmas Ale 可謂是最為成功,我認為類似的深色、祝宴酒類型的節日愛爾都會很合

適。大麥酒、帝國司陶特啤酒、雙倍勃克啤酒及蘇格蘭愛爾的表現也都得十分出色，我們還發現這些甜味混合物即使和性烈、富酒花風味的淺色愛爾混合，也會變成相當美味的飲料，雖然苦味不會真的正中所有人的胃口。

你曾想過聖誕老人可能會對牛奶與餅乾感到厭煩嗎？我猜他真正愛的是啤酒蛋酒！這一定會讓襪子裝到滿出來。

注意：這些配方需要的是生蛋。雖然這是傳統作法，而且每天都有人製作並且沒有造成傷害，但部分健康專家還是建議避免。如果你有疑慮，請選擇經特殊處理、可供生食的雞蛋。

主教（Bishop）：在燉鍋中加熱 4 杯愛爾及 1 湯匙二砂。將 2 個柳橙各插上 4 顆丁香，以120°C 的溫度烤到非常軟嫩，約 25 分鐘。接著將每個柳橙切成 4 份，移除種子，並加入啤酒混合物。將燉鍋從爐上移開並靜置 30 分鐘。重新加熱到溫暖的飲用溫度，但不要煮滾。以石製馬克杯熱飲，並加上一片柳橙。

奶油啤酒（Buttered Beer）：1 夸脫烈性、棕色或蘇格蘭愛爾，加上幾小塊無鹽奶油、1/4 杯二砂，以及和薑粉與甘草粉各一撮（可以試試印度香料雜貨店）。加熱到沸點之下，並慢慢攪拌使糖溶解，然後上桌。

酸蘋果愛爾（Crab Ale）：道地的配方中，須將一個野生蘋果（可以用野生酸蘋果）烤熱到嘶嘶作響，然後加入一碗已添加 1 湯匙糖的愛爾中。放入一片土司，並以磨碎的肉桂及肉荳蔻裝飾。

酸蘋果羔羊絨（Crabapple Lambswool，祝宴酒）：將 1 夸脫愛爾、1 品脫雪莉酒與現磨肉荳蔻加熱到快要煮滾。加入 1 湯匙二砂及 1/2 茶匙薑粉。倒進加熱過的潘趣（punch）碗中，並投入 6 個剛烤好並去核的野生酸蘋果，或是任何小而帶酸味的蘋果。

愛爾潘趣（Ale Punch）：在潘趣碗中加入 2 盎司二砂及 1 個檸檬分的皮，檸檬擠汁，並將糖加入濾除果肉及種子的檸檬汁中。靜置 30 分鐘，然後濾掉檸檬皮。加入 2 夸脫的淺色或琥珀愛爾、1/2 品脫雪莉酒與冰塊。攪拌並以檸檬片裝飾。

黑色天鵝絨（Black Velvet）：在大型酒吧杯混合等量的冰香檳及司陶特啤酒。以笛型杯出酒。

棕色貝蒂（Brown Betty）：以英國牛津著名的麵包製造商命名。將 1 杯干邑白蘭地、3 顆丁香、1 夸脫棕色或琥珀啤酒，以及 1/2 杯二砂混合；輕輕攪拌使糖融化。在出酒前放涼 2 小時。

髮油（Capillare）：將 1 夸脫淺色啤酒、6 盎司甜白酒、2 盎司白蘭地、1/2顆檸檬汁和皮、一點現磨肉荳蔻，和幾片琉璃苣（borage）或薄荷混合。在混合物中加入 1 品脫的熱糖漿（1 杯糖溶於 1 品脫滾水中），以及 1 盎司橙花水（如果想

真的道地，橙花水該從鐵線蕨的葉片倒入）。最後，加入 6 盎司柑橘利口酒，以冰涼的溫度，以及公壺盛裝侍酒。

結論

穀物、水和啤酒花三種原料，再透過酵母轉換。啤酒簡單得嚇人，如此簡單又能展現這般多元的感受。它深邃的琥珀色所包含的概念、感受與故事，遠遠超過我們獨自一人一生所能體會。我由衷希望本書能帶給你一些有關啤酒世界的重要概念，而且我保證你能獲得的回報絕對比投注的心力更多。現在，你我同行的旅途到了尾聲，但屬於你自己的旅程將持續不斷。

我們很幸運能活在一個啤酒世界裡什麼都可能的年代。這當然並非偶然。需要釀酒師、企業家及有識啤酒愛好者的努力、想像力與純粹叛逆來成就。啤酒與任何藝術一樣，是種互動體驗。傑出啤酒有賴於社群支持，並賦予意義。沒了社群，它就只是另一項工業化商品。只有當尋求、支持和享受啤酒的美好人們出現，啤酒才會跟著美妙。千萬別把它視為理所當然。

本書始於一杯啤酒，所以或許也該終於一杯啤酒。開瓶特別的啤酒，並倒進珍愛的杯中，給它時間完全沉降。啊，啤酒！舉杯，如無數前人的動作，並向某位特別的人敬酒。停下來聞聞，然後大喝一口。穀物、水、啤酒花等等。善用你的腦、心與靈魂，你就能品味啤酒蘊含的整個世界。

當負重擔的人被取悅。
居鄉野的人獲邀約，
隨著風味或幻想遍有；
助我，所有動人音律，
助我，立身寰宇。
歌頌這醉人麥酒。
西打酒客聚眾鼓譟，
西打酒品質無疑好，
然遇見佳釀便敗走；
縱有更好更飽滿紅酒為人渴求，
也須向醉人麥酒低頭。
喔！不論誰為我緊擁，
是實在鐵罐、棕褐酒甕，
或值得喝采的大杯酒；
獨居在桶裡或瓶中，
我讓寬厚的靈魂放風，
我仍願暢飲麥酒。
但面對怡人酒杯，
自潔淨容器讓細流落杯，
任多數魅力隨後遍有；
我要打賭，勝算很高，
異教神衹的瓊漿，
在麥酒面前只顯貧弱。
給我個大杯，將它滿上：
看它如何在杯中閃耀光芒；
喔，我該如何飲酒！
誰能品嘗這口超凡後，
再嘗蘭姆、白蘭地、葡萄酒？
或無視醉人麥酒？

喔，福至美酒！與主同在，
恩典同來，
健康與歡笑遍有；
此後讓我們為鐵罐酒杯加冕，
並暢飲醉人美酒，
嬉鬧著呼喚逝去時間。
即便在寫下這些段落當口，
酒吧的悅耳鐘聲喚我已久，
那兒歡樂永不生鏽。
別了，我的繆斯！
別了，我匆忙滿足味覺渴望，
憑藉著一口又一口的麥酒。

——約翰·蓋伊（John Gay, 1686-1732），〈麥酒行〉（Ballad on Ale）

啤酒與釀造術語

注意：啤酒類型可參考索引。

A

AAU： α酸單位（Alpha acid unit），啤酒苦味的國際測量單位。

Acetaldehyde乙醛： 啤酒中有青蘋果氣味的化學物。

Acetic醋酸味： 源自醋酸菌的醋香描述用語。常見於酸啤酒及桶陳啤酒。

Acrospire胚芽： 麥穀的幼芽，會在製麥過程中成長。

Adjunct輔料： 任何在釀造啤酒時加入麥芽的可發酵物，主要是米、玉米，以及烤小麥、烤大麥、糖等。

Adsorption吸付： 微觀層級微粒彼此依附的相關物理過程。在澄清及其他過程中很重要。

Aftertaste餘韻： 液體離開口腔後徘徊不去的風味。

Albumen蛋白： 麥芽中蛋白質的舊稱。其中多數會在啤酒釀造過程中凝結或分解。

Alcohol醇： 指分子含有一或多個羥基（hydroxyl groups, OH）的簡單有機化合物。發酵飲品中是乙醇。其他種類也會在啤酒等發酵產品出現，但含量較少。

Ale愛爾： 任何以頂層發酵酵母製造的啤酒。過去也用於指稱未使用啤酒花的烈性啤酒。在德州則是指任何酒精濃度在5%體積比（4%重量比）以上的啤酒。

Aldehyde醛： 一群可見於啤酒及其他食品的重要風味化學物。最常和啤酒的老化風味相關。

Alkalinity鹼度： 水質硬度測量單位，以碳酸鹽的百萬分之一濃度表示。

alpha acid： α酸。構成酒花風味苦味的複雜物質。

alt or altbier老啤酒： 以頂層發酵酵母製造的德式啤酒。包括科隆啤酒及杜賽道夫老啤酒。

Amino acids胺基酸： 構成蛋白質基礎的一群複雜有機化學物。對酵母的營養很重要。

Amylase澱粉酵素： 分為α和β。大麥及麥芽中分解澱粉的主要酵素。它們都能將澱粉長鏈分子分解成長度較短的可發酵糖。

ASBC美國釀造化學家學會： 北美建立啤酒分析標準的組織。

Attenuation發酵度： 啤酒成品中糖分被發酵的程度。

Autolysis自溶： 酵母細胞的自我消化及分解。如果啤酒沒有在主發酵後換桶而濾掉死亡酵母，這可能會產生肥皂般的異味。

B

°Balling巴林度： 麥汁中純糖占比的歐洲比重測量單位。以度表示。捷克共和國使用此測量系統。

Barley大麥： 穀類植物，大麥屬，在製成麥芽後是啤酒的主要原料。

Barrel桶： 商業啤酒釀造的標準單位。美制桶是31.5加崙；英制桶是43.2美制加崙。

Baumé玻美度： 透過將發酵前讀數減去發酵後讀數，測量酒精含量的比重量尺。

Beer啤酒： 廣泛指稱任何由大麥麥芽或其他穀物所發酵的飲品。原指含有啤酒花而非其他藥草的產品。

beta glucans：β 葡聚糖。麥芽中一群有黏性的碳水化合物。有些品種含量太多，會在分離麥汁及發酵時的造成問題，它們可能會沉澱成一團黏性物質。

Body酒體：一種啤酒特性，大抵由啤酒成品中存在的膠狀蛋白質複合物及不可發酵糖（糊精）決定。

Brettanomyces野味酵母：有時用於啤酒釀造的酵母屬別，能產生農場味（馬味）、鳳梨及其他香氣。

Bung桶塞：啤酒桶的木塞。

Burtonize波頓化：將水處理成貼近英國特倫河畔波頓鎮的樣貌，該鎮久以淺色愛爾聞名。

Buttery、butterscotch奶油味、奶油糖：丁二酮含量濃度達中至高等的風味描述用語。

C

Calcium鈣：釀造用水化學反應中很重要的礦物離子。

CAMRA真愛爾促進會：英國的傳統啤酒保存運動。

caramel malt焦糖麥芽：見crystal malt（結晶麥芽）。

Cara-Pils：一種經特別處理，用來增添淺色啤酒酒體麥芽的商品名。類似結晶麥芽，但未焙焦。也稱作糊精麥芽。

Carbohydrates碳水化合物：包含糖與其聚合物的化學物類型，如糊精和澱粉。

Carbonate：其一為啤酒添加二氧化碳氣體；或指鹼性水中與石灰岩相關的礦物離子。

Carbonation：因溶於啤酒中的二氧化碳產生氣泡。

Cask酒桶：英國術語，指稱用以出酒的桶型容器。

Cereal穀類：指一群種植作為糧食穀物的禾本植物物種。

Cheesy起司味：異戊酸的風味描述語，大多見於陳年啤酒花中。

Chill haze低溫混濁：啤酒冷卻時沉澱下來的霧狀蛋白質殘餘。

Chocolate巧克力麥芽：深棕色焙烤麥芽。

Cold break冷渣：在麥汁快速冷卻時快速沉澱的蛋白質。

Colloid膠體：在液體中非常小的微粒懸浮。啤酒是種膠體，和明膠一樣。和酒體、混濁及穩定性有關。

Conditioning熟成：啤酒熟化的過程，不論在酒瓶或酒桶中進行。在此階段，複雜的糖類慢慢被發酵，二氧化碳溶進酒中，而酵母沉降至底部。

Cone毬果體：啤酒花植栽用於啤酒釀造的部分；適當的稱呼是毬果體（花序），而不是花。

Conversion轉換：在麥醪中產生，由澱粉到糖的轉變。

Copper銅鍋：啤酒釀造用鍋，以傳統建材命名。

corn sugar玉蜀黍糖：葡萄糖，有時做為輔料添加。

crystal malt結晶麥芽：一種用於為琥珀及深色啤酒添加酒體及焦糖色彩、風味，經特殊處理的麥芽類型。有許多色度。

D

Decoction煮出式糖化：歐陸移出一部分麥醪煮沸後，再倒回以提升麥醪溫度的糖化技巧。

dextrin、dextrine糊精：一個無法被酵母正常發酵的長鏈糖家族。對啤酒酒體有所貢獻。

Diacetyl丁二酮：一種強大的風味化學物，帶有奶油或奶油糖的氣味。

diastase澱粉酶：一種出現在大麥及麥芽中的酵素複合體，負責將澱粉轉換為糖分。

diastatic activity糖化活性：一種麥芽或其他穀物將麥醪中澱粉轉換為糖能力的分析工具，以林特納度（degrees Lintner）表示。

diatomaceous earth矽藻土：極小的單細胞生物化石，幾乎純由矽構成，用於過濾預備裝瓶的啤酒。

disaccharide雙糖：由兩個單糖組合成的糖類。例如麥芽糖。

DMS二甲硫醚：一種啤酒中的強力風味化學物，帶有熟玉米的氣味。

dough-in下料：在糖化作業之初將碾碎的麥芽與水混合的過程。

draft、draught桶裝啤酒：來自酒桶的啤酒，相對於瓶裝啤酒。一般未經巴氏滅菌。

dry hopping冷泡啤酒花：一種將啤酒花在發酵尾聲時直接投入槽中或桶中，增添酒花香氣而不增添苦味的方法。

dunkel：德文「深色」之意，用於深色啤酒。通常指的是慕尼黑式的深色啤酒。

E

endosperm胚乳：穀物富含澱粉的部分，用作幼苗的食糧儲備。它是啤酒釀造發酵素材的來源。

entire全啤酒：古老術語，意為將前、中、後數道麥汁結合在一批啤酒中。始於1700年代倫敦的大型機械化波特啤酒廠中，今日已成為常見作法。

enzyme酵素：啤酒釀造過程造成一些十分關鍵的反應，包括澱粉轉換、蛋白質水解及酵母代謝中作為催化劑的蛋白質。高度仰賴溫度、時間及酸鹼值之類的條件。

esters酯類：由多種醇類完全氧化而形成的大群複合物，是啤酒果香的多數成因，頂層發酵的尤其如此。

ethanol乙醇：啤酒中的（乙基）醇；啤酒的醉人成分。

ethyl acetate乙酸乙酯：一種啤酒常見的酯類；少量帶果味，高濃度具溶劑感。

ethyl alcohol乙基醇：見乙醇。

European Brewery Convention歐洲啤酒釀造協會：歐陸的啤酒釀造標準組織。最常用於麥芽色彩的術語：EBC度（約為洛維邦色度／SRM的兩倍）。

export出口型啤酒：通常用於比重或等級較高產品的商業術語。

extract：其一，一種表示比重的說法；或是用於表示濃縮或糖漿型態麥汁的術語。

F

FAN，free amino nitrogen游離氨基氮：麥汁中的蛋白質裂解產物類型。包括胺基酸和較小的分子。顯示供給酵母營養的潛力。

fermentation發酵：酵母的生物化學過程，包括代謝糖類、釋出二氧化碳與酒精，以及許多重要的副產品。

fining：發酵後添加的澄清劑，協助移除啤酒中酵母及其他微粒。

firkin弗金：容量為10.8美制加崙或9帝國加崙（40.9公升）的英式酒桶。

first runnings第一道麥流、一番榨：自分離麥汁之初取得的富含糖分麥汁。以往用於製造烈性啤酒；今日會與同批其餘麥汁調和。

fusel alcohol雜醇：較高級（較複雜）的醇類，可見於所有發酵飲品中。

G

gelatin明膠：啤酒釀造中用作澄清劑。

gelatinization糊化：烹煮玉米或其他未發芽穀物以打破澱粉粒的細胞壁。讓澱粉呈現膠體狀態，使其易受酵素作用轉換為糖類。

germination催芽：使大麥發芽，製麥過程中最重要的步驟。

glucose葡萄糖：玉蜀黍糖或右旋糖。一種有時用於啤酒釀造的單糖。

gravity比重：原始比重。

grist穀粉：可供啤酒釀造使用的磨碎穀物。

grits粗粉：用於啤酒釀造，經除菌的磨碎玉米或米。

gruit古魯特：中世紀用於啤酒的藥草混合物。

gyle醪：單一批次的啤酒。

gypsum石膏：硫酸鈣（CaSO4），一種水中解離的酸性礦物離子，在淺色愛爾釀產中特別受歡迎。

H

hardness硬度：一個表示水中礦物質層級的術語，特別是鈣。

heterocyclics雜環化合物：環形的重要香氣分子，啤酒中各種麥芽香氣的來源。由梅納反應產生。

hop啤酒花：一種大麻科的攀緣藤蔓，其毬果體用於賦予啤酒苦味及獨特香氣。

hop back酒花過濾器：商業啤酒釀造中用於在麥汁煮沸後、冷卻前，濾除啤酒花和冷卻殘渣的過濾槽。

horsey、horse-blanket馬味、馬鞍味：用於描述野生野味酵母帶來的農場氣味。

hot break熱渣：在煮沸過程中，經啤酒花協助產生的蛋白質與樹脂快速凝結。

humulene律草酮：賦予啤酒花獨特香氣的化學物，為含量最多之一。

husk穀皮：大麥或其他穀物的外層覆蓋物。如果灑水執行不當，可能會為啤酒帶來粗糙、帶苦味的味道。

hydrolysis水解：酵素分解蛋白質及碳水化合物的反應。

hydrometer液體比重計：用於測量啤酒及麥汁比重的玻璃工具。

I

IBU國際苦度單位：廣獲接受的啤酒中酒花苦度表示方式。啤酒中溶有異構化 α 酸的百萬分之一濃度。參閱第4章的國際苦度單位。

infusion浸出式糖化：最簡單的糖化技巧，用於製造各種英式愛爾及司陶特啤酒。特徵為以單一溫度停止糖化，而非常其他糖化方式的一系列逐漸上升階段。

ion離子：水中礦物質帶有電荷的半分子型態。

Irish moss愛爾蘭苔：一種在煮沸麥汁時用來促進熱渣形成的海藻。也稱為鹿角菜。

isinglass魚膠：一種自某些魚（通常是鱘魚）的魚膘取得的明膠，在愛爾中用作澄清劑。

iso-alpha acid異構化 α 酸：啤酒中因煮沸改變化學性質的苦味酒花樹脂。經處理的啤酒花萃取物有時也在發酵後用於添加苦度。

isomerization異構化：麥汁煮沸過程中造成酒花 α 酸變得更苦，更能溶於麥汁中的化學變化。

K

kettle煮沸鍋：煮沸用容器，也以銅鍋之名為人所知。

krausen高泡：發酵中啤酒的厚實泡沫酒帽。

krausening高泡麥汁再發酵：在二次發酵的啤酒中添加發酵旺盛的青啤酒，以加速熟成。

L

lactic acid乳酸：一種有機酸，是乳酸桿菌的副產品，柏林白啤酒及部分比利時愛爾酸味的來源。

Lactobacillus乳酸桿菌：成員眾多的菌屬。可能是腐敗菌，或刻意添加至科隆啤酒或柏林白啤酒等產品中。

lactose乳糖： 無法被酵母發酵，在牛奶司陶特啤酒作為增甜劑。

lager拉格： 以底層發酵酵母製成，並在接近冰點的溫度陳放的啤酒。

lauter tun過濾槽： 一個給出糖用容器的術語。

lightstruck光照異味： 一種因暴露在短波長光（藍光）下而發展出的啤酒異味。即使只短暫暴露在日光下也能導致臭鼬般臭味形成。常常發生於在有燈光冰箱販售的綠瓶裝啤酒。棕色酒瓶是極佳的保護。

°Lovibond洛維邦色度： 啤酒及穀物色彩的測量單位，現今被較新的SRM法取代。仍常用於指稱穀物色彩。

lupulin蛇麻素： 啤酒中含有樹脂及香氣精油的樹脂般物質。

M

Maillard browning梅納褐變反應： 焦糖化反應，也以非酵素性褐變反應之名為人所知。是啤酒中焙烤色彩及風味的來源。

Malt麥芽： 發芽後經烘乾、焙烤的大麥或其他穀物。

malt extract麥芽精： 商業發行的濃縮預製麥汁。以糖漿或粉狀銷售，有多種色彩，有些已添加啤酒花。

maltose麥芽糖： 麥汁中主要可發酵素材的簡單糖類。

maltotetraose麥芽四糖： 由四個葡萄糖分子鏈結成的一種糖類分子。

maltotriose麥芽三糖： 由三個葡萄糖分子鏈結成的一種糖類分子。

mash糖化： 啤酒釀造中重要的過程，澱粉在其中轉換為糖類。多種酵素反應在43～74°C發生。

mash tun糖化槽： 進行糖化的容器。有多孔的假底讓液體流出。

melanoidins梅納汀： 在有蛋白質時加熱糖及澱粉形成的一群複雜的色素複合物。在啤酒釀造過程中焙烤穀物及煮沸麥汁時產生。

xmilling碾磨： 指磨碎或碾碎穀物。

mouthfeel口感： 飲品在風味之外的感官特質，如酒體與含氣量。

N

nitrogen氮： 用於測量麥芽中蛋白質含量的元素，也是重要的酵母營養物。並用於加壓司陶特啤酒。

O

original gravity，OG原始比重： 以比重顯示的麥汁強度測量；麥汁與水的相對重量比。

oxidation氧化： 氧和啤酒中多種成分發生的化學反應，最常造成濕紙或紙板異味。

oxygen氧： 酵母代謝中的重要元素，尤其在啟動階段，但也可能對長期儲存造成問題。參見氧化。

P

parti-gyle多醪： 古老的釀酒作法，其中第一道麥汁成為烈性愛爾，第二道成為一般啤酒，而最後、最薄的幾道麥汁成為輕啤酒。

pasteurization巴氏滅菌： 加熱滅菌的過程。用於近乎所有的大眾市場罐裝或瓶裝啤酒。

peptide：肽： 蛋白質片段。也是將胺基酸接上蛋白質鏈結的紐帶。

pH酸鹼值、氫離子濃度： 用於表示溶液酸鹼程度的對數量尺。7為中性；0為最酸；14為最鹼。量尺每一階相差十倍。

phenol酚： 為啤酒帶來辛香、煙燻感及其他香氣的化學物家族。

phenolic酚味： 指酚類等香氣的風味。

°Plato柏拉圖度：歐洲與美國基於麥汁純糖百分比的比重量尺。是巴林量尺的較新、較精確版本，

polishing上光：商業啤酒釀造裝瓶前最後一次過濾。讓啤酒晶瑩剔透。

polyphenol多酚：單寧，對啤酒中蛋白質凝結及冷渣形成十分重要。

polysaccharide多糖：單糖的聚合體。包括糊精至澱粉等多種複雜糖類。

ppb十億分之一：每公升1微克。

ppm百萬分之一：每公升1毫克。

precipitation沉澱：涉及物質自溶液析出的化學過程。

primary fermentation主發酵：酵母代謝麥芽糖及其他簡單糖類的初期快速活動階段。約持續一週。

priming投入發酵糖：在啤酒裝瓶或轉桶到酒桶前添加糖的程序。這會重啟發酵，增加二氧化碳氣壓。

protein蛋白質：對所有生物皆重要的含氮複雜有機分子。在啤酒中與酵素活性、酵母營養、酒帽持續力及膠體穩定性有關。它們可能會在糖化、煮沸及冷卻中分解或沉澱。

proteinase蛋白酶：將蛋白質分解為較小、較具可溶性單元的酵素。在50°C最為活躍。

protein rest蛋白質休止：在糖化過程中，於49～52°C停留20分鐘或更久，以消除可能導致低溫混濁的蛋白質。

proteolysis蛋白質水解：蛋白質被酵素分解或消化，出現於50°C左右的麥醪中。

proteolytic enzymes蛋白質水解酶：大麥及麥芽中天然存在的酵素，具有分解麥醪中蛋白質的能力。

Q

quarter夸特：一個英國測量單位，相當於336磅麥芽；448磅大麥。

R

racking轉桶：將發酵中的啤酒自一個容器轉到另一個，以避免沾染酵母自溶產生的異味。

rauchbier煙燻啤酒：一種產於德國、以煙燻麥芽生產的深色拉格。

Régie稅務濃度：仍用於一些比利時啤酒的比法比重量尺，如1.050 OG等於5.0稅務濃度。

Reinheitsgebot：巴伐利亞啤酒純淨法。施行於1516年。

runnings麥流：在出糖過程自麥醪汲取的麥汁。

runoff分離麥汁：在出糖過程自麥醪汲取麥汁。

S

saccharification糖化：麥醪中透過酵素活動將澱粉轉為糖的過程。

salt：其一，水中對啤酒釀造過程有多種影響的礦物質；或指氯化鈉。

secondary fermentation二次發酵：酵母代謝複雜糖類並吸收「青啤酒」風味的緩慢活動階段。可能需要數週或數個月。

session beer社交型啤酒：比重及酒精濃度較輕，設計成飲用時不會在風味、強度上對飲者造成太多負擔。酒精濃度一般低於4.5%；酒款範例包括英式苦啤酒、比利時小麥白啤酒，以及美式含輔料皮爾森啤酒。

set mash麥醪堵塞：有時會在出糖過程發生，使分離麥汁變得困難的狀況。

six-row六稜大麥：一種最常種植於美國、用於生產美式啤酒的大麥。高糖化活性使它非常適於糖化不具澱粉轉換能力的玉米或米輔料。

skunky臭鼬味：由啤酒過度暴露在光源下造成的微弱橡膠氣味。參見光照異味。

sparge出糖：以熱水淋濕糖化後的穀物，以取得麥汁所有可用糖分的程序。

specific gravity比重：一種密度的測量單位，以與水的相對密度表示。用於啤酒釀造以追蹤發酵歷程。

spelt斯卑爾脫小麥：一種介於大麥及小麥之間的穀物，自古以來便用於啤酒釀造。

SRM啤酒色彩標準參考方法：啤酒色彩的測量單位，以啤酒在分光光譜儀波長430奈米光線下所得光密度（吸光率）的10倍表示。幾乎和較舊的洛維邦色系一樣，洛維邦色系為以一組特別上色玻璃樣本測量。

starch澱粉：複雜的碳水化合物，糖類的長鏈聚合物，在糖化過程中轉換為糖。

starch haze澱粉混濁：啤酒中肇因於懸浮澱粉微粒的混濁。通常源於不正確的糖化溫度導致糖化不完全；或出糖溫度超過82°C，導致殘餘澱粉自麥醪中溶出。

steep浸泡：將大麥或小麥浸泡在水中以開始製麥的程序。

step mash階段式糖化：利用控制不同溫度的階段糖化技巧。

strike注水：將熱水加入碾碎麥芽以提升溫度並開始糖化。

T

tannin單寧：多酚、有獨特澀味的複雜有機化合物，自啤酒花及大麥穀殼中析出。

terpenes 烯：一群風味化學物，啤酒花精油的主要成分。

top fermentation頂層發酵：愛爾發酵於較高溫度進行，酵母發酵時停留在啤酒頂層。

xtorrefication焙燒：快速加熱穀物、讓它像爆米花一樣膨脹的程序。一般用於大麥及小麥。常用於英式淺色愛爾。

trisaccharide三糖：由三個單糖鏈結成的糖類分子。

trub渣：在麥汁煮沸及冷卻過程中析出的凝結蛋白質及酒花樹脂沉澱。

two-row二稜大麥：美國之外各地最常用於啤酒釀造的大麥種類。相較於六稜大麥，蛋白質含量較低，風味較纖細。

U

ullage缺量：木桶頂部留下的空間。

underlet槽底注水：自麥醪底部注水，讓穀物稍微浮起來，有助於更快、更完全的混合穀物與水。

undermodified修飾不足：用於製麥技術尚不精進的麥芽。

W

weiss白啤酒：指巴伐利亞或南德風格的德式小麥愛爾。

weisse：德文「白色」之意，指柏林式的酸味小麥啤酒。

weizen：德文「小麥」之意，同weiss。

whirlpool漩渦槽：在煮沸後將啤酒花及渣滓自麥汁中分離出來的裝置。麥汁以圓周運動方式攪動，並將固體集中在漩渦槽中央。清澈的麥汁自邊緣汲出。

wind malt風乾麥芽：一種不烘烤而以日光或風乾燥、顏色非常淺的麥芽。一度用於製造比利時小麥白啤酒。

wort麥汁：未發酵的啤酒，自麥醪所得的富糖分液體。

wort chiller麥汁冷卻器：用於將接近沸點的麥汁快速冷卻至接種酵母溫度的熱交換器。

Y

yeast酵母：各式各樣的微型真菌，許多品種用於啤酒釀造。

Z

zymurgy釀造學：發酵科學，也是美國自釀者協會的雜誌名稱。

延伸閱讀

Aidells, Bruce, and Dennis Kelly. *Real Beer, Good Eats*. New York: Knopf, 1992.

Cornell, Martyn. Beer: *The Story of the Pint*. London: Headline Book Publishing, 2003.

Hornsey, Ian. *A History of Beer and Brewing*. London: The Royal Society of Chemistry, 2004.

Jackson, Michael. *Michael Jackson's Great Beer Guide*. New York:DK Publishing, 2000.

_____.*Ultimate Beer*. New York:DK Publishing, 1998.

_____.*The Beer Companion*. Philadelphia:Running Press, 1993.

Mosher, Randy. *Radical Brewing*. Boulder:Brewers Publications, 2004.

Ogle, Maureen. *Ambitious Brew*. Orlando: Harcourt, 2006.

Oliver, Garrett. *The Brewmaster's Table*. New York: HarperCollins, 2003.

Perrier-Robert, Annie, and Charles Fontaine. *Beer by Belgium*, Belgium by Beer. Esch/ Alzette, Luxembourg: Schortgen, 1996.

Protz, Roger. *The Ale Trail: A Celebration of the Revival of the World's Oldest Style*. Orpington, Kent: Eric Dobby Publishing Ltd., 1995.

Sambrook, Pamela. *Country House bBrewing in England 1500-1900*. London and Rio Grande, OH: The Hambledon Press, 1996.

Saunders, Lucy. *The Best of American Beer and Food: Pairing&Cooking with Craft Beer*.Boulder: Brewers Publications, 2007.

Wells, Ken. *Travels with Barley:A Journey through Beer Culture in America*.New York: Wall Street Journal Books, 2004.

圖片版權

索引

照片或插畫之頁面以斜體表示，表格或圖表之頁面以粗體表示。

業界同聲推薦

本書作者在全球啤酒業界享有盛名，
多年來他以幽默口吻與豐富知識引領了無數讀者進入啤酒美妙的世界。
本書非常適合剛開始品飲精釀啤酒的酒友做為入門書，
更是所有啤酒相關從業人員不可錯過的經典之作！
——林幼航／美國精釀啤酒年會客座演講人（2015）

對於認真的啤酒玩家來說堪稱聖經的品飲大全，
完整介紹所有該知道的品飲知識，非常有幫助的工具書！
——姚和成／台灣單一麥芽威士忌品酒研究社創社理事長

本書堪稱啤酒書籍的經典，發行數年依舊雄踞啤酒暢銷書籍排行榜。
本書內容並不只侷限於品飲啤酒，尚有許多實用的啤酒釀造知識，
相信能讓讀者學習到品飲精釀啤酒的知識以外，
也能幫助許多自釀啤酒玩家提升釀酒技巧。我是職業釀酒師，
始終堅信一位傑出的釀酒師除了必須懂得啤酒釀造以外，
還必須懂得如何品飲啤酒，而《啤酒品飲聖經》就是這本工具書。
——段淵傑／台灣自釀啤酒推廣協會理事長

市面上最實用的啤酒工具書！2009年在北美一出版，
我身邊的每位啤酒愛好者的書架都有一本，也是許多專業啤酒講師的指定教材。
書籍編列邏輯分明、內文札實緊密再加上圖文並茂，讓讀者容易吸收與理解，
猶如啤酒入喉般的簡單！從釀造、侍酒到餐酒技巧等，
涵蓋全世界50種重要啤酒類別，這是每位啤酒人都應該具備的一本書！
——陳怡樺／台灣酒研學院創辦人

作者是美國自釀界的老前輩，我曾在2004年於芝加哥Siebel聽過他的品飲課，
當時《啤酒品飲聖經》的原書準備出版，我已排在預訂書單中。十幾年過去了，
終於等到繁體中文版。本書譯文流暢易讀，一般讀者都能從本書得到啤酒文化、
釀造、品飲等的相關知識，這是最佳的啤酒入門書。
——鍾文清／恆春3000啤酒博物館創辦人

第一次接觸啤酒，必定會被種類之廣之多之豐富給深深吸引……。
深入淺出的一本書。
——謝馨儀／台灣精釀啤酒俱樂部創辦人暨會長
（依姓名筆畫順序）